特高含水期砂岩油田密井网开发技术

——大庆油田杏北开发区稳产实践

杨野　张东　金辉　等著

石油工业出版社

内 容 提 要

本书以大庆油田杏北开发区开发实践为例，分析总结了砂岩油田在特高含水期面临的主要矛盾；记录了杏北开发区以密井网优化调整为主要技术手段，不断突破特高含水期开发瓶颈，并促进油田开发水平和采收率持续提升的整个过程；介绍了杏北开发区在特高含水期开发过程中探索形成的各项关键技术及主要成效，并对下一步技术发展的趋势及持续稳产的前景做出展望。

本书适合从事开发已经或即将进入特高含水期阶段同类油藏的石油科技工作者阅读参考。

图书在版编目（CIP）数据

特高含水期砂岩油田密井网开发技术：大庆油田杏北开发区稳产实践 / 杨野等著 . —北京：石油工业出版社，2023.4

ISBN 978–7–5183–5934–9

Ⅰ.① 特… Ⅱ.① 杨… Ⅲ.① 砂岩油气田–气田开发–研究–大庆 Ⅳ.① TE37

中国国家版本图书馆 CIP 数据核字（2023）第 045059 号

出版发行：石油工业出版社

（北京安定门外安华里 2 区 1 号　100011）

网　　址：www.petropub.com

编辑部：（010）64523535　　图书营销中心：（010）64523633

经　　销：全国新华书店

印　　刷：北京中石油彩色印刷有限责任公司

2023 年 4 月第 1 版　2023 年 4 月第 1 次印刷

787×1092 毫米　开本：1/16　印张：18

字数：420 千字

定价：100.00 元

（如出现印装质量问题，我社图书营销中心负责调换）

《特高含水期砂岩油田密井网开发技术——大庆油田杏北开发区稳产实践》

编 委 会

主　　任：杨　野

副 主 任：张　东　　金　辉　　姜贵璞　　任成峰　　王明信

委　　员：徐广天　　李金玲　　夏连晶　　董立军　　朱继红
　　　　　霍东英

编 写 组

组　　长：夏连晶　　徐广天　　李金玲

副 组 长：沈忠山　　付　斌　　胡　硕　　孔令维　　姜　怀

成　　员：（以姓氏笔画为序）

于凤林	王　帅	王　亮	王　雷	王　鹤
王卫学	王玉柱	王丽红	王丽敏	王维安
冉法江	白志强	邢小林	邢玉龙	曲　江
任冬珏	刘　敏	孙　丹	孙宇飞	孙继刚
杜　凯	杜　莹	李　健	李　鑫	李宇恒
李雪峰	杨　宁	杨海涛	来广军	肖建群
吴　盼	邸井东	汪　淼	汪振杰	张天琪
陈济强	郁　文	罗　鑫	岳　青	金　利
周振东	单　峰	赵　辉	赵柏杨	赵洪鹏
祖智慧	梅　梅	常　超	鄂雯飞	梁　鹏
梁晓江	蒋玉梅	蒋鸿建	韩少鑫	樊海琳
薛　辉				

前 言

这是一个大庆长垣老区油田在特高含水期，充分运用"两论"破解重重开发矛盾，努力提升采收率的奋斗历程。

杏树岗北部开发区（以下称杏北开发区）是大庆油田主力开发区之一，是大庆油田的重要组成部分。于1966年投入开发，2005年综合含水突破90%，进入特高含水期。面对日益突出的"层间、平面、层内"三大矛盾和资源潜力终将走向枯竭的自然规律，特高含水期老区油田应该如何探寻出路，如何破局？

通过杏北开发区数十年的摸索与实践，形成了一套针对非均质砂岩油藏的，以水驱井网加密、分层系开采、三次采油为主要手段的特高含水期增储稳产技术，在破解非均质油藏开发矛盾、延缓含水上升和提高采收率方面积累了大量实践经验，希望通过本书的总结和阐述，能够给同类油田开发以借鉴，对仍为祖国石油事业奋斗的同仁们以激励，对未来老区油田开发取得更高成就以铺垫，也对杏北开发区几代石油人的砥砺奋斗和卓越贡献以纪念。

本书是集体创作的结晶。一则，本书涉及前人大量的成果和经验；二则，本书的提纲经过编委会的多次讨论；三则，本书的内容涵盖油藏地质、开采工艺、地面运输等多个方面，由集体共同执笔。

本书由夏连晶、徐广天、李金玲等领衔组建的编写组共同编写完成，经张东、金辉、姜贵璞等编委会成员多次修订，最后由杨野审定。

本书在编写过程中，得到了大庆油田第四采油厂各位领导的热情关怀与支持，得到了石油工业出版社的大力帮助，在此深表谢意。

本书的参考文献只列举了公开出版的书、刊文献，大量油田内部资料均未列入，特此对作者表示感谢。

由于编者水平有限，难免存在许多疏漏和不妥之处，恳请读者批评指正。

谨以此书，奉献给为杏北开发区持续稳产和高质量发展做出贡献的开拓者，和肩负着"我为祖国献石油"光荣使命的石油战线工作者。

目　录

绪　　论

　　油田开发是一个实践、认识、再实践、再认识循环递进的过程，也是揭示矛盾、解决矛盾、发现新矛盾、解决新矛盾的螺旋演进的大工程。

　　杏北开发区是一个多油层纵列、多断层切割、油气水多相并存、平面渗透性复杂多变的砂岩油田，包含萨尔图、葡萄花、高台子和扶余4套油层组（以下简称为萨、葡、高油层和扶余油层），其开发实践过程大致可分为以下开发阶段：

　　1966—1985年为基础井网开发调整阶段。1966年，杏北大开发的序幕正式拉开，由此至1985年5月一次加密调整前，开发区主要面临着上产、高产、稳产需求下的一类油层注采失衡矛盾。针对这一主要矛盾，技术人员研究发展了一整套以"六分四清"[❶]为主导的分层注水、分层开采的地质、工艺和管理技术，支持了杏北开发区由自喷开采到机械开采的转变，缓解了层间矛盾，保持了地层压力，满足了杏北开发区这一阶段上产、高产、稳产的需求。这一阶段认识到了注采能力不足、注采不平衡的矛盾，认识到了平面水线不均衡的矛盾，认识到了一类油层层间不协调的矛盾，更进一步抓住了主要矛盾由一类油层内部向一类和三类油层层间转化的关键，为下一阶段开发调整奠定了基础。

　　1985—1993年为一次加密调整阶段。一次加密调整是为了解决一类和三类厚油层层间干扰这一主要矛盾而采取的开发措施，如何更好地发挥三类油层中较厚油层的生产能力，实现对一类油层的逐步接替是这一时期的关键。针对这一主要矛盾，采取了优化布井方式、细化开发层系、缩小注采井距的对策，增强了油层控制能力，为杏北开发区产量接替夯实了基础。

　　1993—2000年为二次加密调整阶段。这一阶段三类油层垂向非均质性导致的层间矛盾上升为主要矛盾，而厚油层的含水上升、产量递减加快也不容忽视。因此，"稳油控水"这一贯通上下阶段的需求，越发迫切起来。针对主要矛盾，杏北开发区成立了精细地质研究攻关队，开展了对薄有效层和表外储层的研究攻关和开发地质与工艺试验，如XW区表外储层现场试验、XYS区西部二次加密先导性矿场试验等。根据研究成果，部署了二次加密调整井网，目的层更为明确，为三类油层中薄有效层和表外储层，注采井距更为合理，普遍控制在200m左右，最小达到145m。同时，"稳油控水"整体工程进入实施阶段，一类油层的周期注水和高含水、高注入量油层的调、堵、封措施普遍应用，并针对一类油层局部潜力，钻打了一批高效"聪明井"，为以后的特殊井型高效挖潜储备了技术，这也是在认识和解决矛盾的特殊性方面的一次成功尝试。

---

❶ 六分是指分层注水、分层采油、分层改造、分层测试、分层研究、分层管理；四清是指分层压力清、分层产量清、分层注水量清、分层出水情况清。

迈入新千年，特别是 2005 年杏北开发区综合含水达到 90.14%，进入特高含水期，油田开发演进到更高级、更精细的阶段。

从问题上看，这一阶段与众不同的特点是已投入开发的各套井网含水均达到了较高水平，各类油层整体动用程度不断提高，剩余油普遍存在却又高度零散，常规注采调整的潜力相对变小，波及范围和驱油效率提高难度越来越大。这一开发阶段的主要问题是薄差油层的进一步动用与厚油层控水挖潜难题并存，主要矛盾是"薄差储层动用""厚油层控水挖潜"的需求与配套技术的不适应。

从认识上看，则是挖潜的难度与地质认识程度的不协调。如何有效解决上述主要矛盾成为特高含水期油田开发实践成败的关键。

从发展上看，国际上，自 20 世纪 50 年代开始，特别是经历了 70 年代能源短缺的刺激，各类提高采收率技术，特别是三次采油技术得到迅猛发展，化学驱、注气驱和热力驱等技术不同程度由室内实验、矿场试验，规模进入商业化和工业化应用阶段，有大量的成果可以参考，特别是美国和加拿大及欧洲等发达国家和地区。我国三次采油技术研究与应用起步较晚，于 50 年代开始室内研究，七八十年代，在大庆油田、玉门油田、胜利油田和新疆油田等开展了三次采油的先导性试验，特别是自 90 年代开始，由于国家东部能源稳定的需要，加速了三次加密和三次采油等规模挖潜技术的研究和矿场试验，积累了大量技术经验。从整体上观察，过去、现在和未来在同一空间展现了各自的影像，国内外不同油田区块的实践和认识可以相互研究借鉴，这对技术发展有多重叠加式的巨大促进作用。

在上述背景下，面对油田在特高含水期展现出来的主要问题和矛盾，杏北开发区牢牢把握《实践论》《矛盾论》的思想主线，贯彻创新、协调、绿色、开放、共享的新发展理念，在揭示前期各发展阶段具体矛盾发展规律，深入探讨如何进一步认识杏北开发区地质特征、特高含水期开发特征的基础上，形成了一批特高含水期精细开发、精准开发关键技术，有效促进了特高含水油田对于全新开发阶段的再认识和对创新性精准开发技术的再实践，推动了经营油藏、效益开发模式的绿色可持续再发展。

本书重点详细分析论述事关特高含水期地质开发成败的几大关键技术，包括：

（1）精细油藏描述技术。该系列技术解决的重点内容：一是精准构造描述技术。在对构造特别是断层的再认识方面，以精细地震资料精准解析为基础，创新研发了多级复杂断层构造建模方法，形成了逐级继承建模技术、断层内部空间建模技术、RMS 构造模型质量控制技术等技术系列，对断层的认识和解释取得了长足的进步。断层不再是单一的，而是多段多级复杂多变的，表现出"平面分区、走向分段、纵向分期"的特征，这一突破性认识为穿断层取心井资料所证实，断层研究得以从成因上突破，为多断点的组合、断层边部剩余油规模挖潜提供了理论依据。二是河道砂体长井段多部位取心及多井密集取心条件下的精准储层刻画技术。根据点坝砂体的沉积模式和识别依据，以及点坝砂体长井段多部位取心结果，形成了复合砂体精准刻画方法，也实现了点坝内部构型要素的定量描述。采用密集岩心资料，"区域骨架封闭剖面多路逐级闭合验证、控制对比技术"，实现了成因级单砂体对比，加深了对薄差储层刻画及地质特征认识，特别是对表外储层层内非均质特征及识别方法有了新突破。密集取心资料显示，表外储层具有较宽的渗透率分布区间，内部存在一定比例的渗透率大于50mD的优质砂体（优势条带），其岩性为粉砂岩或细砂岩，含油性以油浸为主，厚度一般小于0.2m，以大于50mD为主的优质砂体影响了表外储层的非均质性，进而影响了表外储层的有效动用。这一突破性认识，为提高三次加密投产效果，实现表外储层有效开发动用，提供了技术支撑。

（2）水驱精准开发调整技术。杏北开发区技术人员在深刻认识特高含水阶段油田开发矛盾的基础上，围绕建设全油田唯一一个"水驱精细开发示范厂"，探索形成了一系列水驱开发调整技术，推动水驱开发调整由精细向精准转变。

一是"两三结合"（三次加密与三次采油相结合）整体布局下的三次加密调整技术。二次加密调整后薄差储层动用程度提高，为油田接替稳产发挥了重要作用，但仍存在注采井距大、多向连通比例低、水驱控制程度水平低、薄差储层动用较差、表外储层水洗厚度小、地层压力水平低、全区产量递减较快等问题，自然递减率在三次加密调整前长期处于15%～18%。因此，杏北开发区自20世纪90年代部署二次加密井网以来，围绕产量接续的问题，超前谋划了物性差、连通差和含油性差的薄差储层开发思路和策略，1988年开始逐步开展了XW区表外储层注水开发现场试验，早于大庆油田1994年开展的4个区块三次加密调整先导性试验6年。1999年，XYS乙块并入大庆油田三次加密调整先导试验序列。在先导性研究和试验的基础上，自2001年起，结合油田开发形势和对薄差储层的认知程度，分两个阶段实施个性化三次加密井网部署：第一阶段以自身能形成完善的注采系统为主、以完善原井网注采关系为辅进行加密调整；第二阶段从2007年起，通过不断深化薄差储层渗流机理研究，明确了调整潜力分布及合理的开发井距，进一步扩大加密调整规模。立足于夯实稳健发展基础，最大限度增加可采储量，通过多年科研攻关和现场实践，形成了三次加密调整的优化设计技术，在薄差储层渗流机理、注采井距、井网构建（"两三结合"、新老结合、上下结合、层系结合）、完井工艺上实现了创新和突破，缓解了储采失衡矛盾，改善了薄差储层动用状况，表外储层动用比例由三次加密前的62.49%提高到68.75%，表外储层水洗厚度比例由14.2%提高到20.9%，三次加密产量贡献逐渐增大，水驱产量比例达到21.7%。"十五"以来，杏北开发区通过三次加密调整，大幅提升了可采储量，为持续稳产和控制产量递减做出了巨大贡献。目前，随着三次加密调整规模的不断扩大，表外储层已从零散、不可动的"边角料"逐步发展成了杏北开发区的产量主角。在超前意识和创新意识的带动下，三次加密调整改变了杏北开发区开发对象转移的被动局面，把一个"不得不"的被动性思路转变为一个"能不能、怎么能"的积极性做法，书写了特高含水期水驱加密调整的大文章。

二是层系井网优化调整技术。针对特高含水期区块射孔井段长、层系井网交叉严重、井距偏大等问题，2013年，以杏北开发区XS区东部为典型区块，开展了层系重组改善水驱开发效果试验，将调整前一套层系细分为两套层系，五套井网重组为三套井网，并进行了井网加密，实现了细划层段、细分层系、差层加密的目的。调整后，试验区共新钻井 180 口，利用老井 106 口，其中转注 28 口。层系井网调整实施后，水驱控制程度进一步提升，注采关系得到强化。

三是典型区块全生命周期的控水挖潜技术。立足"五个不等于"（油田高含水不等于每口井都高含水，油井高含水不等于每个层都高含水，油层高含水不等于每个部位、每个方向都高含水，地质工作精细不等于认清了地下所有潜力，开发调整精细不等于每个区块、每口井和每个层都已调整到位）理念，按照水驱全生命周期试验思想，在 XL 区东部先后开展了"十二五"水驱精细挖潜和"十三五"控水提效现场试验，用典型区块不断引领水驱开发，创新形成以"精准地质研究、精准方案设计、精准工艺措施、精准开发管理"为核心的精细挖潜和控水提效配套调整技术，为杏北水驱最大限度减缓老井产量递减，保持产量主导地位发挥了巨大作用。"十四五"以来，遵循新阶段油田高质量开发新要求，瞄准老技术的提档升级和新技术的推陈出新，超前探索特高含水期的开发规律和挖潜对策，继续强化示范区建设，为长垣水驱特高含水后期精准高效开发贡献力量。其中，杏北开发区解决特殊性开发矛盾的水驱特色创新技术发挥了重要作用，包括以下两类：

一类是以挖掘特殊部位剩余油为目的的断层边部大斜度井挖潜技术。开发经验和断层边部的数值模拟均表明，断层边部受油田长期躲避断层布井、套损防控及普通直井技术特性影响，存在难以动用的"墙角区"，剩余油相对富集。为高效挖掘断层边部剩余油潜力，在杏北开发区率先提出了"站高点、掏墙角"的挖潜思路，通过钻打平行于断层面的大斜度多靶点定向井（以下称大斜度井），高效挖掘断层边部富集的剩余油，并钻打了油田第一批大斜度井，平行断层 60m。2013 年，为深刻认识断层内部结构，明确断层附近物性特征及剩余油潜力，杏北开发区成功钻打了国内第一口穿断层取心井。基于穿断层取心的重要认识，结合大斜度井钻打的技术经验，系统总结并提出了断层边部大斜度井设计"定井区、定井位、定轨迹"的技术标准。2017—2019 年，断层边部大斜度井规模持续扩大，井轨迹距断层距离进一步缩减至 10～30m。2020 年，开展了断层边部"甜点"识别技术研究，通过对断层边部高产高效井动静态资料的统计分析，总结出"五参数"法潜力评价技术，为自动化、智能化的断层边部潜力筛查奠定了基础。通过 10 年的发展，杏北开发区共部署了 6 批 39 口断层边部大斜度井，大斜度井始终保持高产态势。其中，2018 年部署的大斜度井，最高单井初期日产油超过 40t，含水仅为 30%。截至 2021 年底，断层边部大斜度井已累计贡献原油 $26 \times 10^4 t$，为油田完成原油产量任务、高质量持续稳产做出了重要贡献。断层边部大斜度井挖潜技术目前已经在大庆油田推广。断层边部大斜度井挖潜实践也从一定程度上改变了油田以往"避断层"的布井思路，是由再实践到再认识的典型开发实例。

另一类是挖掘特殊砂体的水下分流河道砂体水平井挖潜技术。水下分流河道砂体在平面分布上具有"窄、散、薄"的特点，导致在水平井设计上面临定砂体难、定轨迹难、抓层难等三大难点，围绕解决以上难题，杏北开发区综合应用地震、测井、建模等多学科技术手段，攻关形成了水下分流河道砂体优化设计系列关键技术。自 2004 年钻打第一口水下分流河道水平井起，至 2021 年底，杏北开发区共钻打此类井 19 口，初期单井平均日产油 11.5t，综合含水 79.5%，累计产油 15.34×10⁴t。

（3）三次采油高效开发技术。厚油层从产量递减逐步被薄差油层接替，到再次成为开发主力之一，驱替剂的改变虽然是重要的一环，但不是主要的、决定性的。关键是一类油层作为油田初期开发对象，在油田大视野的观察范围内始终没有被忽视，三次采油技术的发展历程可以看作是对油层再认识的精彩范例，在杏北开发区体现的更是淋漓尽致。

1993 年左右，为再认识厚油层潜力，钻打了一批以厚油层为调整对象的"聪明井"，取得了较好的效果，认识到厚油层仍具备很大的潜力；1995 年，开展了 XW 区中部一类油层聚合物驱先导性矿场试验，通过 4 年多的试验，中心井阶段提高采收率 16.7 个百分点，对杏北开发区聚合物驱动态反映特点、驱油技术都有了较深的认识。

2001 年开始，分别陆续在 XSL 面积北部、南部等 10 个区块开展聚合物驱工业化推广。由此，杏北开发区逐步开始了从水驱到化学驱，从二次采油到三次采油的飞跃。2006 年以来，通过优化层系组合及井网部署，合理调整注入参数，逐步探索形成以"四个坚持"（坚持清配清稀体系注入、坚持优化调整注入参数、坚持合理控制注采速度、坚持优化实施措施挖潜）为核心的适合杏北开发区的聚合物驱油配套调整技术。同时，针对采用清水配制污水稀释聚合物体系的区块污水矿化度较高、黏度保留率较低、聚合物浓度偏高和聚合物用量较大、区块提高采收率低及整体开发效果较差等主要问题，2013 年在 XL 区中部 3 号注入站井区开展了 LH2500 抗盐聚合物驱先导性现场试验，取得了较好效果，提高采收率 17.01 个百分点，并形成了抗盐聚合物驱配套调整技术标准。一类油层抗盐聚合物驱油技术经过 6 年时间的攻关，试验取得了明显的增油降水效果，并推广到 XQ 区中部，为大庆油田在污水条件下高效聚合物驱开发开辟了一条提高采收率的新途径。

与聚合物驱并行开展的是三元复合驱开发实践，1994 年首次在 XW 区中块开展三元复合驱先导性矿场试验，该试验主要为了研究三元复合体系在大庆油田南部厚油层驱油的可行性，为推广复合驱油技术积累经验。试验区历时 3 年，提高采收率 25.00 个百分点。通过三元复合驱先导性矿场试验，认识到三元复合体系界面活性宽、稳定性好，能够有效降低残余油阻力系数，促进乳化作用，可进一步提高驱油效果。按照油田公司三元复合驱"十一五"工业化推广的要求，杏北开发区于 2007 年在 XYE 区东部 Ⅱ 块首次进行三元复合驱工业化推广，部署了注采井距 150m 的五点法面积井网，在开发调整过程中总结了宝贵经验。"十二五"期间，按照油田整体规划部署，坚持"三元快发展"的原则，开辟了 XL 区东部一类油层强碱三元复合驱示范性工业区，借鉴 XL 区东部强碱三元复合驱工业性示范区成功经验，强碱三元复合驱工业化应用规模不断扩大，在"十三五"期间推广至 XSS 区东部 Ⅰ 块和 Ⅱ 块，"十四五"期间推广至 XQ 区东部 4 个区块，开发规模不断扩大。目前，杏北开发区在三元复合驱开发方面，已经形成了"五化"开发模式，即控制程度最佳化、体系配方最优化、调整技术配套化、技术标准规范化、现场管理精细化。虽然取得了开创性的阶段成果，杏北开发区三元复合驱开发的步伐仍没有停止。

为了进一步挖潜厚油层顶部剩余油，较大幅度提高采收率，以点坝砂体内部建筑结构精细刻画技术为依托，以优化布井强化注采为手段，创新开展了 XL 区东部水平井直井联合三元复合驱现场试验，自 2007 年 3 月至 2015 年 9 月，试验历时 8 年时间，取得了阶段提高采收率 30.00 个百分点以上的技术效果，高于直井 10.2 个百分点，形成了 4 项配套技术，为水平井三元复合驱开发技术的进一步试验及工业化推广应用积累了宝贵经验。此项技术目前已在 XQ 区东部进行了规模推广，成为杏北开发区特色开发技术的代表。

（4）扶余油层工业化开发技术。杏北开发区扶余油层属于低孔隙度、特低渗透储层，先后经历了勘探评价阶段、试验开发阶段、工业化开发阶段三个阶段。

第一阶段勘探评价阶段，杏北开发区扶余油层勘探评价起步较早，1977—2012 年，先后部署探井、评价井和试验井 101 口，完成了对杏北开发区扶余油层储量评价工作；2012 年底，提交了探明地质储量。

第二阶段试验开发阶段，在扶余油层评价期间，为了尽早论证扶余油层工业化开发的可行性，借助萨、葡、高油层加密井网及三次采油井网分别于 2008—2012 年和 2012—2015 年先后开展了 XLJ 井区和 XQY 井区矿场性开发试验，试验阶段证实了扶余油层注水开发的可行性，取得了较好的开发效果。形成了油藏描述、超前注水、"上下结合"布井、油水井整体压裂完井等配套开发技术及高效举升和集输等配套工艺，为工业化开发奠定了坚实基础。

第三阶段工业化开发阶段，2019 年以来，为了缓解萨、葡、高油层产量递减压力，杏北开发区加快扶余油层的动用步伐，利用试验阶段取得的开发技术指导工业化开发，先后完成 XSW 区南块等 5 个区块产能建设。同时，不断加大配套技术及工艺攻关，进一步完善了适合工业化阶段的油藏描述、合理密井网布井、规模压裂技术，形成了低成本高效配套工艺技术系列，有效指导了后续区块开发动用。截至 2021 年底，扶余油层工业开发区块已具备一定产能，成为油田持续稳产的重要生力军。

（5）油田开发配套工艺技术系列。杏北开发区进入特高含水期开发阶段，为了实现地质工程一体化，在水驱方面，如何"注好水、注够水"是保证水驱有效开发的关键，为了满足油藏精细注水需求，杏北开发区创新开展"2593"精准分层注水工艺技术研究，为杏北开发区采用"5655"的细分标准提供了工艺支持；自主创新注水井测调技术，不断优化精准注水调整标准和工艺，自 2011 年至 2021 年，累计实施注采结构调整 8787 井次，将砂岩动用比例提高到 81.1%，形成了高效的注水井测调技术。

为实现层系井网老井综合利用，针对常规封堵工艺存在封堵工作量大、施工效率低、管柱使用寿命短等问题，配套研究了层系井网优化调整高效调层工艺技术，实现"封得住、解得开、寿命长、能测试、能深抽"的目标，该技术应用于 XSD 区块，取得了封堵成功率 100% 的效果；三次采油配套技术逐步完善配套。针对采出井见聚后杆柱运行阻力大、偏磨及漏失加剧的问题，杏北开发区以采油工程方案为源头，优化抽油机机型和抽油杆级别，在大庆油田内率先应用大流道抽油泵、低摩阻泵、杆管扶正优化技术，改善了抽油泵和杆柱的受力状态，有效降低聚合物驱采出井偏磨问题，延长聚合物驱采出井检泵周期；针对强碱三元复合驱采出井结垢，导致机采井检泵周期大幅缩短，严重影响采出井正常运行的问题，杏北开发区在三元复合驱矿场试验和工业化推广应用基础上，不断开展清防垢技术攻关，形成了"防、耐、除"的配套工艺技术。防垢上优选化学防垢剂，研制地面井口点滴加药工艺、计量间集中加药工艺，实现采出井连续加药，达到延缓结垢速度的目的；耐垢上应用了长柱塞短泵筒防垢泵、柔性金属泵等防垢泵，提高泵的耐垢性能，降低卡泵概率；在除垢上优选适合不同垢质的化学除垢剂，优化化学除垢工艺，针对套管结垢开展了水射流套管除垢技术攻关，满足不同井况套管除垢的需求，同时配套建立了"规范化、专业化、精细化"的管理模式，满足了三元复合驱工业化开发需求，三元复合驱采出井全过程检泵周期达到一年以上。

随着机采井数量逐年增加，生产成本不断上升，对机采井高效举升的要求越来越高。为此，杏北开发区开展了多项技术攻关：2007年创新发明了螺杆泵地面直接驱动技术，在大庆油田推广应用；2016年建立了油井"两率"❶全生命周期健康井闭环管理模式，形成了"磨、断、卡、漏"系列治理技术；2019年创新形成了智能不停机间抽技术；2020年在杏北开发区率先规模应用塔架式抽油机，攻关形成了配套举升技术；2021年研究了抽油机井智能精细调参技术，达到了机采井检泵率连续7年下降、机采能耗连续5年不升的良好效果。

油田进入特高含水期后，油层开采面临着剩余油分布零散、措施挖潜难度大的情况，2016年针对杏北开发区三类薄差储层动用程度低、挖潜难度大的问题，攻关了油水井精细对应挖潜技术，实现了油水井的对应挖潜、立体挖潜。在XL区中部试验区实施对应精准挖潜现场试验36井次，压裂后薄差层层数动用比例提高15.63%，砂岩厚度动用比例提高16.48%，薄差储层开发效果得到改善，进一步提高了单井产能。

针对杏北开发区水驱重复压裂井比例逐年递增，压裂效果逐渐变差的问题，2019年攻关了重复压裂井暂堵转向压裂工艺技术，使用化学封隔器在纵向上精细造缝、平面上压开新缝，有效扩大裂缝波及范围，最终提高了重复压裂井措施效果。

杏北开发区在发展过程中存在套损形势十分严重的情况，随着开发的不断深入，大段弯曲套损井、小通径套损井、活性错断井的比例也越来越多，为了解决大修技术匮乏的问题，2004年开展了正向段铣技术研究，2007年开展了活动导杆铣锥找通道技术研究，2020年以来开展了逆向段铣及多级组合打通道技术现场试验，修井成功率不断提高，取得了良好的效果。由于套损井加固密封效果不佳，2003—2007年，创新研制了膨胀管加固技术，该技术具有内通径大，密封承压效果好，锚定力高等特点，满足了小直径分注分采工艺的需求；2007—2011年，通过多年推广完善，形成了"自主设计、自主加工、自主施工"的修井技术系列，累计推广应用501井次，一次施工成功率达到99%以上。

（6）地面工程工艺技术随油田开发逐步发展完善。水驱开发阶段，为满足生产需求，地面系统形成了工艺成熟、稳定的"三级布站"集输方式、两段脱水工艺、"沉降＋过

---

❶ "两率"是一个指标，包括检泵率、返工率、检泵周期，但是返工率不作为考核指标，因此目前"两率"指的是检泵率和检泵周期。

滤"的污水处理工艺、"缓冲＋升压"的油田注水工艺，保障了油田高效注水开发。随着油田进入高含水阶段，油水井数及地面站库规模不断扩大，为了进一步节能降耗，地面集输系统研究发展了低温与常温集输技术、能量系统优化技术；注水系统研究发展了分压降压技术、系统优化调整技术，在能耗刚性增长的背景下，有效控制了地面工程系统耗电量和耗气量。杏北开发区聚合物驱工业化开发后，地面系统形成了"分散—熟化—外输—过滤"短流程配制工艺和"一泵多井"注入工艺，在满足聚合物驱注入需求的同时，也提高了地面建设的经济效益；发展了聚合物注入工艺黏损控制技术，使杏北开发区聚合物驱黏损始终优于公司指标；由于采出水含聚浓度逐步升高，对油田污水处理工艺与运行参数进行升级，满足普通聚合物驱、高浓聚合物驱采出水处理需求。这一时期，由于三次采油区块整体呈典型的周期性特点，进入后续水驱阶段，产液量逐渐降低，水聚驱采出液性质趋于一致，三次采油区块呈现出水驱站库老化、整体负荷偏低的问题。因此开展水聚驱优化调整技术研究，明确含聚浓度界限、合并站库负荷率界限、低负荷站库优化调整方式，进一步提高系统效率、降低改造投资。杏北开发区三元复合驱工业化开发后，地面系统形成了"集中调配、分散注入、低压二元、高压二元"的配注工艺，满足不同注入阶段的开发需求，保证注入体系质量，保障生产运行平稳；由于采出液性质发生了较大的变化，三元复合驱开发给地面工程工艺技术的应用带来了更大的挑战，地面集输系统通过明确三元采出液淤积结垢规律及乳化的机理，应用站间三管集油工艺、转油站大罐沉降工艺、不停产不动火除垢工艺，优化脱水及加热炉工艺和运行参数，保障站库平稳运行，降低外输油含水及放水含油；地面污水处理系统在不断促进工艺完善的同时，积极应用气水联合反冲洗技术、新型大阻力布水破板结过滤罐技术、过滤罐在线清洗技术，提高滤料再生效果及过滤罐运行效率；同时，为解决多元化开发方式下污水系统的突出矛盾，发展形成"分质处理、平衡水量、均衡负荷、节点管理"4项污水处理技术，使水质达标率保持在70%以上。

发现矛盾和解决矛盾，实践认识和再实践再认识，这一过程永无止境。本书也对未来发展中的矛盾问题做出了预见性的分析。

中国特色社会主义已经实现第一个百年奋斗目标，正向第二个百年奋斗目标行进。在这承前启后、继往开来的历史新起点，油田面临形势发生重大而深刻的变化。百年变局和世纪疫情相互交织，能源安全形势日趋严峻复杂，对能源保障提出了更加迫切的需求。杏北开发区经过长期开发，即将进入新的开发阶段。踏上新征程，迎接新挑战。我们清醒地看到，前进的道路上既有油田改革发展带来的难得机遇，也面临着许多现实的矛盾和问题，油田继续发展的潜力与矛盾共存。一方面，储采失衡矛盾突出，提高采收率技术亟需攻关；水驱调整潜力越来越小，开发调整难度越来越大；三次采油后续水驱区块越来越多，增油贡献越来越小。另一方面，特高含水后期剩余储量较多，仍是重要的开发阶段；三类油层三次采油、化学驱后继续开采技术正处于试验阶段，工业化推广后可实现储量接替；特高含水后期，含水上升率及储量递减率减缓，仍具有较长开发年限。通过持续攻关提高采收率技术增加可采储量，同时继续做好两驱精准开发、精准管理工作，高质量推进数字化油藏、智能化油藏建设，延长杏北开发区开发年限，实现"百年杏北"科学、有序、效益开发。

面对未来发展中资源潜力逐渐枯竭这一主要矛盾，以及老区增储品质差、潜力小这一矛盾的主要方面，杏北开发区将持续贯彻"资源有限、科技无限"的发展理念，大力攻关新技术、开辟新战场，在特高含水后期持续稳产这条路径上不断摸索、砥砺前行。

回首 50 多年的开发历程，杏北石油人以《矛盾论》起笔，以《实践论》落笔，一字字、一句句，写下了"我为祖国献石油"的壮美篇章，今后我们将把这篇大文章续写下去，创造"百年油田"的辉煌。

第一章 杏北开发区地质特征及各阶段开发矛盾认识

杏北开发区属于受构造控制的块状砂岩油气藏，储层沉积环境复杂、非均质性严重，油田开发始终受到层内、层间、平面三大矛盾的困扰。1966—2021 年，杏北开发区走过 56 载风雨历程，开发过程中各类指标不断变化，开采方法不断调整，具有阶段性递进发展的特点。在不同的开发阶段，杏北石油人不断深化油田开发矛盾认识，积极探索解决油田开发难题方法，获得了以"六分四清"为内容的分层开采技术、多轮次加密调整技术，以及不断完善发展油田开发配套工艺技术的成功实践，实现了杏北开发区 $700 \times 10^4 t$ 以上高产稳产 23 年的伟大成就，迄今仍保持年产油 $300 \times 10^4 t$ 以上的水平，践行着"我为祖国献石油"的光荣使命。

第一节 油田地质特征

一、油田概况

杏北开发区位于大庆油田长垣杏树岗构造北部，北以杏一区一排与萨尔图油田南部开发区接界，南以杏八区一排与杏树岗油田南部开发区接界（图 1-1）。含油面积 197.9km²，地质储量构成为：一类油层（葡 I 1—葡 I 3）地质储量占 35.5%，三类油层地质储量占 64.5%。油藏类型属受构造控制的块状油气藏。杏北开发区分为七大开发区块，其中纯油区 5 个，即 XYS 区（行列）、XYZYC 区（行列）、XSL 区（行列）、XSL 区（面积）、XQ 区，过渡带 2 个，即 XDB 过渡带和 XXB 过渡带。

杏树岗构造的勘探工作与大庆长垣的勘探工作同步。1959 年，地质部东北物探大队完成了大庆地区整个构造带的地震工作，发现杏树岗构造，构造长度 19.5km、宽度 10.0km、闭合面积 185km²。1960 年 1 月，杏树岗构造的第一口预探井开钻，1960 年 3 月 30 日喷出工业油流，证实了油田存在，同年，根据钻探资料，初步研究了杏树岗油田构造特征、油层分布、储层性质、油气水性质等地质特征。1962 年 7 月，按照石油工业部党组提出的大庆油田要

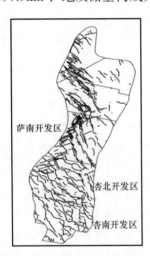

图 1-1 杏北开发区位置示意图

设"四条防线"和留"大仓库"的方针，杏树岗油田留作"仓库"，以弥补萨尔图油田产量递减。同年，杏树岗西部钻了2口探井、2口资料井，并进行了试油，核实了含油边界，扩大了杏树岗探明二级储量面积。截至1964年，累计完成28口探井、3口资料井，探明二级储量面积192.3km²，探明二级储量面积和三级储量面积合计316km²。1966年7月，杏树岗油田XYS区开发方案编制完成；1966年10月24日，松辽石油勘探局第四采油指挥部成立；1966年11月11日至1966年12月6日，XY区三排28口采油井投产，为杏北油田开发拉开序幕。

杏北开发区自1966年投产以来，先后经历基础井网投产、一次加密调整、二次加密调整、三次加密调整、聚合物驱工业化推广、三元复合驱工业化推广等开发历程，形成水驱、聚合物驱、三元复合驱三驱并存的开发格局。

杏北开发区在开发调整过程中，开采原则始终将调整油层的三大矛盾、提高油田采收率放在首位，坚持实践—认识—再实践—再认识的科学思想方法，不断发展和创新开发技术。通过早期分层注水保持油层压力、适时转变开采方式、不断深入研究油层地质沉积特征、多次进行井网加密调整、高含水期实施"稳油控水"、特高含水期进行注采系统调整、开展工业化三次采油、采油工程和地面工程在各个开发阶段形成配套技术，使油田开发水平不断提高。截至2021年12月底，共投产油水井16128口（采油井9446口，注水井6682口）。累计产油3.26×10⁸t，地质储量采油速度和采出程度分别为0.58%和50.08%，综合含水94.94%，累计注水量25.09×10⁸m³，累计注采比1.13，地层压力9.52MPa，总压差−1.46MPa。

二、构造与断层

杏树岗构造是大庆长垣中部的一个三级构造，构造比较平缓，两翼基本对称（图1−2），西翼倾角4°～5°，东翼倾角2°～3°，构造轴向为北东14.5°。长轴20.4km，短轴7.33km，最深闭合等高线（葡Ⅰ组顶面）为海拔−875m，闭合面积80.8km²。构造高点偏西北，海拔深度为−780.6m，向南缓慢倾没。

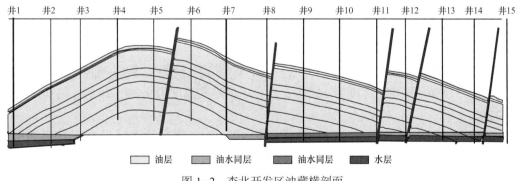

图1−2 杏北开发区油藏横剖面

整个构造被断层复杂化，在萨Ⅱ外含油边界内，共识别断层220条（葡Ⅰ顶），均属于正断层，断层走向多呈北西—北西西走向，个别呈北东走向，断距一般30～60m，最大断距 125m，断层倾角 40°~76°，平面延伸长度一般 1.5~3.0km，最大 7.8km，断层面形态以座椅形占多数。

三、储层地质特征

杏北开发区储层主要分布在下白垩统青山口组反旋回的晚期和姚家组复合旋回的早期，属于河流—三角洲沉积。萨尔图、葡萄花和高台子油层共划分为 6 个油层组、22 个砂岩组、69 个小层、102 个沉积单元。

（一）沉积特征

杏北开发区共发育 102 个沉积单元，其中，葡Ⅰ1—葡Ⅰ3 内 7 个单元为三角洲分流平原相沉积，发育大规模河道砂，物性、含油性较好，属于一类油层；其余 95 个单元为三角洲前缘相沉积，多次水进水退，湖岸线频繁迁移，各单元发育砂体类型复杂多样，属于三类油层。

受沉积环境影响，储层砂体主要分为 6 种类型：高弯度分流河道砂体、低弯度分流河道砂体、顺直型分流河道砂体、三角洲内前缘坨状砂体、外前缘滨外坝砂体、外前缘席状砂体。根据沉积环境和砂体类型的不同，将油层划分为多种沉积微相：三类油层沉积微相类型分为水下分流河道、主体薄层砂、非主体薄层砂、表外及泥岩尖灭；一类油层沉积微相类型分为河道砂、废弃河道砂、河间砂、表外及泥岩尖灭。

（二）岩石物理特征

1. 岩性

岩石构成为长石—石英砂岩，其中长石含量 41.4%，石英含量 31.3%，岩屑含量 9.9%，胶结物含量 17.4%。岩屑以酸性喷发岩为主，尚见石英岩、安山岩、千枚岩、片岩等。胶结物以泥质为主，其矿物成分由伊利石（36.6%）、高岭石（29.9%）、绿泥石与蒙皂石混合物（33.5%）构成，胶结类型主要以接触式、接触—孔隙式为主。

岩石颗粒磨圆度较好，一般为次尖—次圆，占统计样品数的 68.8%。岩石结构以细砂为主，其含量在 50.0%~57.5% 之间，中砂含量在 1.1%~22.1% 之间，粉砂含量在 11.6%~38.0% 之间。粒度中值在 0.120~0.195mm 之间，分选系数 3.0 左右。

2. 物性

孔隙度：萨尔图油层孔隙度为 15.5%~31.1%，平均孔隙为 23.8%；葡萄花油层孔隙度为 14.3%~31.9%，平均孔隙度为 24.2%；高台子油层孔隙度为 9.6%~28.8%，平均孔隙度为 22.3%。

渗透率：萨尔图油层平均空气渗透率为 408mD；葡萄花油层平均空气渗透率为 578mD；高台子油层平均空气渗透率为 128mD。

含油饱和度：原始含油饱和度为 60.2%~72%。

3. 孔隙结构

杏北储层为砂岩油层，其孔隙以岩石颗粒、杂基及胶结物间的空间，即"粒间孔隙"

为主，孔隙大，喉道粗，连通性好，最大孔隙半径可达 29.6μm，孔隙半径大于 0.5μm 的孔隙体积占 64%～85%。杏北开发区储层均质系数为 0.46，非均质程度高。纵向上由葡Ⅰ1～葡Ⅰ3 层向上、向下两个方向孔隙结构参数逐渐变差，渗透性逐渐降低。各油层组之间在渗透率接近时，孔隙结构并无明显的差异。

（三）油层非均质特征

层间非均质性：杏北开发区各小层和沉积单元之间垂向上砂体厚度变化大，有单层厚度 10m 以上的水上分流河道砂体沉积，也有厚度为 0.2m 的外前缘薄层砂沉积，渗透率级差最大可达到几千以上，垂向非均质性强，油田开发过程中的层间矛盾突出。

平面非均质性：杏北开发区超过 90% 以上油层以前缘相砂体沉积为主，砂体为席状沉积，平面相突变快，不同类型砂体渗透率和孔隙结构特征差异较大，平面非均质性强。

层内非均质性：油层内部渗透率差异主要是由于岩石韵律和夹层引起的。杏北开发区萨、葡、高油层层内非均质性受 5 种类型储层影响，即正韵律储层、反韵律储层、多段多韵律储层、复合韵律储层和韵律性不明显的储层。

（四）储层流体特征

1. 油气水成分构成

杏北开发区原油属于低含硫、高凝固点的石蜡基原油。原油相对密度 0.8535，黏度 14.85mPa·s，凝固点 27.02℃，蜡熔点 52.4℃，含蜡量 24.6%，含胶 9.45%，析蜡温度 39.7℃，地层温度 51.7℃。

杏北开发区天然气成分以碳氢为主，约占 94%，其中甲烷含量占 78.87%，重烃（乙烷、丙烷、丁烷）含量占 15.32%，氮气含量占 4.16%，酸性气体（CO_2、H_2S）含量很少。

杏北开发区油田水属 $NaHCO_3$ 型陆相生成水，pH 值 8.5 左右，总矿化度为 8217.5mg/L。各类离子含量也同大庆长垣其他油田一样有"三高"（氯离子、钾钠离子、重碳酸根离子含量高）、"二稳"（钙离子、镁离子含量稳定）、"一少"（稀有元素和环烷酸含量少）的特点。

2. 流体渗流特征

储层流体的渗流特征可以用相对渗透率曲线表现出来。按照我国石油天然气行业物性分级标准，根据空气渗透率值，杏北开发区储层可以分为特高渗透层（渗透率 $K \geqslant 2000mD$）、高渗透层（渗透率为 $500mD \leqslant K < 2000mD$）、中渗透层（渗透率为 $50mD \leqslant K < 500mD$）、低渗透层（渗透率为 $10mD \leqslant K < 50mD$）、特低渗透层（渗透率为 $1mD \leqslant K < 10mD$）、超低渗透层（渗透率 $K < 1mD$），分别绘制相对渗透率曲线（图 1-3 至图 1-8），其各类储层相对渗透率曲线各项指标数据见表 1-1，由表中可以看出：曲线的各项指标与油层渗透率有密切关系，渗透率降低时，储层渗流能力变差，束缚水饱和度升高，油水两相共渗区间变小，油水两相交点饱和度增大，最终采收率变小。

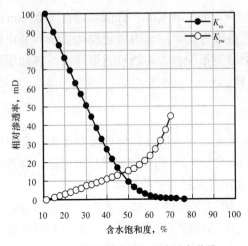

图1-3 特高渗透层相对渗透率曲线

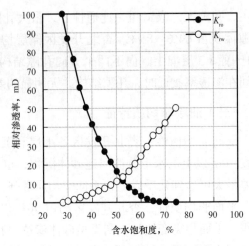

图1-4 高渗透层相对渗透率曲线

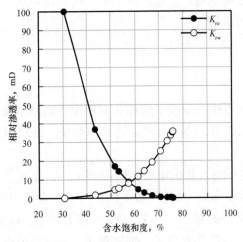

图1-5 中渗透层相对渗透率曲线

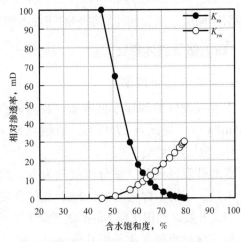

图1-6 低渗透层相对渗透率曲线

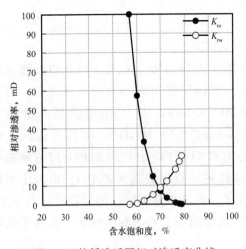

图1-7 特低渗透层相对渗透率曲线

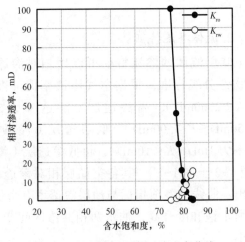

图1-8 超低渗透层相对渗透率曲线

表 1-1　杏北开发区各类储层相对渗透率曲线各项指标数据表

类别	特高渗透层	高渗透层	中渗透层	低渗透层	特低渗透层	超低渗透层
层位	葡 I 2$_1$	萨 II 12	萨 III 11	萨 III 5	萨 II 9	夹层
产状	饱含油	含油	油浸	含油	油浸	油斑
空气渗透率，mD	4454	1053	245	76.6	2.97	0.0008
束缚水饱和度，%	11.2	27.9	30.4	45.3	56.7	74.5
残余油饱和度，%	23.8	25.6	24.2	21.0	21.5	16.5
油水两相跨度，%	51.1	46.5	45.4	33.7	21.8	9
两相交点饱和度，%	46.7	52.3	57.2	63.6	69.8	80.4
最大含水饱和度，%	73.0	74.4	75.8	79.0	78.5	83.5
最终采收率，%	69.0	64.5	65.2	61.6	50.3	35.3

第二节　杏北开发区开发阶段的划分

杏北开发区自 1966 年 11 月 10 日投入开发，到 2021 年底，按照采油速度及产量变化趋势划分为 4 个开发阶段：上产阶段、高产稳产阶段、产量递减阶段和科学稳产阶段（图 1-9）。

一、上产阶段（1966—1977 年）

1966 年 11 月，杏北开发区 XYS 区基础井网三排井投产，拉开了杏北开发区开发的序幕。1972 年完成了纯油区基础井网基建投产，产量稳步上升。基础井网为萨、葡、高油层一套层系合注合采，其主要开采对象是主力油层（葡 I 1—葡 I 3）和非主力油层中有效厚度不小于 2.0m 的厚油层，采用行列井网和面积井网两种布井方式，切割距介于 1.6～2.0km 之间，面积井网地区采用四点法面积、不规则面积的注水方式，油水井距为 300～600m。此时处于自喷开采阶段，早期通过笼统注水，保持地层压力，提高自喷开采能力。为了调节高渗透层与低渗透层的层间矛盾，逐步过渡到分层注水。为了进一步减小层间干扰，在分层注水的基础上，实现分层开采和分层管理，又逐步过渡到"六分四清"为主要内容的分层注采技术，在改善层间矛盾的同时，为下一步差油层的潜力挖潜奠定了基础。该阶段主要通过提高注水压力和注水强度，提高地层能量，同时放大生产油嘴，提高生产压差，提高产液量。在提高注入水利用率的同时，逐步投产中间井排和过渡带，注采系统进一步完善。该阶段主要通过加强注水、提高地层压力，保证采油井生产能力旺盛，截至 1977 年，年产油量 690.81×10^{4}t，即将突破年产油量 700×10^{4}t 大关。

二、高产稳产阶段（1978—2000 年）

随着 1978 年 XDB 和 XXB 过渡带相继投产，基础井网全面部署完成。1978 年，年产油量达到 730.26×10^4t，首次超过 700×10^4t。由于在上一阶段主要通过提高注入压力，大幅度提高产液量，保持上产，注入压力已经普遍高于油层破裂压力，流动压力普遍高于饱和压力，依靠提高地层压力放大生产压差已不再适用，自喷开采已经不能保持稳产。同时，过高的注水压力导致注水井套损速度加快。为实现油田长期稳产，1981 年由自喷开采转为机械采油，通过降低流压提高产液量。

1983 年自喷井全面转抽后，流动压力大幅下降，产液量大幅升高，但是由于主力油层长期高速开采，采出程度、综合含水和水淹程度越来越高，稳产条件越来越差。非主力油层受合采井中的层间干扰、连通状况差的影响，动用较差，仅稳产了三年，产量开始下降。为解决主力油层与非主力油层开发状况不协调的矛盾，1985 年开始进行一次井网加密调整。一次加密调整对象为非主力油层中的有效厚度小于 2m、渗透率小于 0.15D 的油层中未见水层和未动用层，井网形式采用反九点法面积井网、五点法面积井网和四点法面积井网布井方式，注采井距介于 200～400m 之间。根据储层物性特征，XW 区三排以北的西部地区分萨尔图油层和葡 I 4_2 及以下油层两套层系开发，XW 区三排以南和过渡带地区为萨、葡、高一套层系开发。一次加密调整井网应用独立的井网和完善的注采系统，开采动用非主力油层，进一步缓解了层间矛盾。

在此期间，全力抓住一次加密调整井网投产，注水全面受效、压力恢复的有利时机，通过压裂和换泵，提高产液量，使其始终保持旺盛的生产能力。同步对基础井网采用补孔、老井转注和钻打更新井完善注采系统，提高注入能力，采出端通过增大生产压差和措施增产控制产液递减。1990 年以前，获得高产稳产的途径主要依靠提高产液量，此时，油田综合含水已经达到 74.55%，处于高含水后期开发阶段，继续稳产面临以下困难：一是"提液上产"潜力越来越小，持续稳产要求与老井递减加快矛盾愈加突出；二是液油比增加，地面集输压力大，油田生产建设出现全面紧张局面；三是剩余未动用储量主要为薄差储层，挖潜难度越来越大。

面对开发困境，自 1991 年开始，紧紧围绕"稳油控水"，即"注够水还要注好水，提液量还要控制含水"的开发原则，努力开展储采结构、注水结构和产液结构调整工作，实现了原油产量上升、含水持续 10 年不升的奋斗目标。通过精细地质研究，加深了厚油层油水分布特征认识，明确了薄差储层剩余油分布特点，奠定"稳油控水"物质基础；通过完善注采系统，提高注入量，恢复地层压力。在注采平衡的前提下，不断加强以细分注水层为重点的注水结构调整，提高注入水波及体积和利用率，夯实稳产根基；在合理调整注水结构的基础上，充分利用油田多油层非均匀水淹的特点，调整两套井网产液强度，合理调整产液结构。同时，开展二次井网加密调整，改善薄有效层和表外储层的动用状况。杏北开发区于 1994 年 1 月开始陆续实施二次加密井网调整，二次加密调整的主要对象是未动用或动用较差的薄有效层（有效厚度 0.2～0.4m）和表外储层，对少部分未动用的有效厚度为 0.5～1.0m 的表内厚层也进行了调整。二次加密调整井网部署中，XSL 区（行列）为线性井网，XDB 和 XXB 过渡带 I 条带及 II 条带内侧采用 190m×190m 的斜行列注水井网，其他区块井网形式为五点法或四点法面积井网。开发层系方面，除 XYS 区东部为葡 I 4 及以下油层外，其他区块二次加密调整均为萨、葡、高一套层系开发。采油工艺方面，研究应用热泡沫混气水洗井、小直径封隔器、细分注水管柱、配套堵水工艺，保障了各项开发工作的顺利开展。

这一阶段，通过实施细分层系井网加密、油井转注等注采系统调整及注采结构调整措施，贯彻"稳油控水"开发策略，直击油田开发"三大矛盾"，实现了油田稳产高产的成功实践。该阶段达到了原油产量 700×10⁴t 以上 23 年，其中 800×10⁴t 以上 11 年，阶段累计产油 18154.78×10⁴t，阶段地质储量采出程度 27.88% 的开发效果。

三、产量递减阶段（2001—2008 年）

杏北开发区经过长期稳产后，2001 年水驱含水为 87.33%，进入高含水后期开采。2005 年水驱含水达到 90.40%，进入了特高含水期开发阶段。此时，水驱开发经过长期注采结构调整，区块与层系间含水差异变小，控含水调整难度越来越大；剩余调整对象以薄差层为主，油层薄、渗透率低、含油丰度低，单井产量低，接替稳产难度大；措施井油层条件变差，含水升高，措施效果变差，杏北开发区控制产量递减率难度较大。

面对稳产需要，通过多轮次加密调整对储层及剩余油的认识进一步加深，杏北开发区逐步探索大幅度提高采收率技术的工业化推广，一类油层三次采油技术和三类油层加密调整技术登上杏北历史舞台，至此，杏北开发区进入三次采油开发阶段，实现了开发方式由单一水驱向水驱、聚合物驱、三元复合驱"三驱"并存的战略化调整。

聚合物驱通过增加注入水黏度，改善油水流度比，提高波及体积和驱油效率。三元复合驱加入高分子质量聚合物的同时，再加入一定量的表面活性剂和碱，不但可以改善油水流度比，还可大幅度降低油水界面张力，从而降低束缚水饱和度，提高原油采收率。三次采油以开采一类油层为主，井网类型为五点法面积井网，2001 年由 XSL 区（面积）开始工业化聚合物驱推广，2007 年由 XYE 区东部 II 块开始三元复合驱工业化推广；三类油层加密调整以挖掘动用差的表内储层及表外储层为主，立足于 2000 年 XYS 区乙块开展的三次加密调整配套技术现场试验，2002 年开始陆续实施三次加密调整。三次加密调整井网均采用萨、葡、高一套层系开发，早期投入开发的井距较大，为 200m 和 250m。由于该阶段三次采油、三类油层加密调整处于工业推广初期，投产区块较少，无法在短期内弥补产量降幅，导致 2001 年至 2008 年，杏北开发区年产油由 674.01×10⁴t 下降到 425.31×10⁴t，以聚合物驱为主的三次采油和以开采薄差储层为主的三次加密调整井产量占年产油比例由 3.5% 变化为 32.0%，但产量递减仍较快，老油田如何在特高含水期实现持续稳产呢？

四、科学稳产阶段（2009—2021 年）

技术人员深刻剖析产量下降原因，探索稳产上产对策，杏北开发区从 2009 年开始逐步进入科学稳产上产阶段。

精细地质研究围绕开发关键和难点问题，2005 年由依托密井网资料过渡到井震结合描述阶段，2006 年过渡到基于取心资料的精细油藏描述阶段，提高了油藏描述的精度，对构造特征、储层发育及剩余油位置的认识越来越清楚，通过更好地认识并描述油藏非均质性，指导油田实施针对性的调整对策，油藏描述成果在水平井和大斜度井挖潜、两驱精准挖潜上得到了较好的应用。

自 2010 年以来，水驱开发在精细认识地下的基础上，在老油田高效开发上进行了一系列的探索和实践，形成了一系列精细挖潜和控水提效配套调整技术。优化注采系统方面，在不断加深对薄差储层认识的基础上，以提高井网利用效率为目标，三次加密调整井布井方式由一套井网优化为"两三结合、新老结合、上下结合、层系结合"的个性化布井方式，同步推进长关井、套损井治理工作，完善注采关系，稳固开发根本；针对层段间干扰严重的问题，细分层划分原则由"666"逐步细化为"65535"，纵向上划分的同时，将平面连通性考虑在内，调整由层间向平面转移，进一步提高了油层动用程度；针对层间与层内注水强度差异大的问题，优化测配调水技术，配注砂岩厚度由层段射开砂岩厚度转变为连通砂岩厚度，定性注水逐步转变为定量注水，提高了注水调整的精度，进一步改善了水驱开发效果；面对剩余油分布越来越零散、措施潜力越来越小的实际，不断深化"一井一工程，一层一对策"的措施挖潜模式，量化各项措施选井选层标准，提升措施挖潜水平，同步加快新技术攻关，保障了措施增油效果。截至 2021 年底，水驱产量占比仍保持在 60% 以上，低成本未措施产油 90% 以上，稳固了产量"压舱石"的地位。

三次采油始终以最大限度提高采收率为核心，聚合物驱工业化推广以来，通过优化层系组合，合理缩小井距，逐步形成了注入参数匹配设计、注入方式优化调整、注采界限控制和分类井组调整 4 项成熟配套调整技术系列。为破解污水体系聚合物驱开发难题，进一步提高聚合物驱效率，降低开发成本，逐步开展污水条件下抗盐聚合物驱现场试验及工业化推广，并形成了"必须坚持注入与采出压力调整到位""必须坚持参数设计与油层匹配到位""必须坚持因井施策与精准调控到位""必须坚持体系质量全过程管控到位"的"四必须、四到位"抗盐聚合物驱开发技术系列，污水体系聚合物驱效率进一步提升，推广区块阶段效果显著。三元复合驱 2007 年进行工业化推广以来，探索形成了"控制程度最佳化、体系配方最优化、调整技术配套化、技术标准规范化、现场管理精细化"的"五化"开发模式，形成了布井方案优化设计技术、动态跟踪调整配套技术、精细生产管理模式等主要技术系列，并取得了平直联合三元复合驱的成功实践。截至 2021 年底，三次采油工业化区块 25 个，试验区 10 个，连续保持产油量百万吨以上 18 年，累计产油 $2658 \times 10^4 t$，为该阶段持续稳产发挥重要作用。

经过一系列开发调整，杏北开发区年产油量由 2010 年的 $401.00 \times 10^4 t$ 上升到 2014 年的 $410.54 \times 10^4 t$，保持 $400 \times 10^4 t$ 以上 6 年，截至 2021 年，两驱年产量仍保持在

300×10^4t 以上，通过科学挖潜，实现了再次稳产。

杏北开发区投入开发以来，不断加深对地下油层的认识，直面各阶段开发矛盾，并及时制订开发调整对策，始终以油田上产稳产为中心，掌握油田开发主动权，获得了调整挖潜的成功实践。下一步，继续坚定不移推进精准开发，努力减缓产量递减速度，同时超前攻关油田挖潜瓶颈技术，储备接替稳产储量潜力，实现杏北开发区高质量振兴新发展。

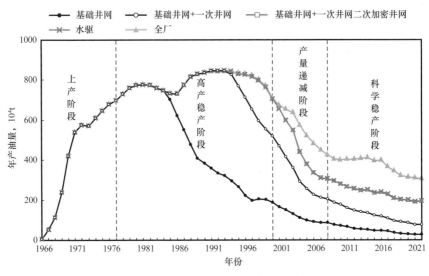

图 1-9　杏北开发区开发阶段划分曲线

第三节　油田进入特高含水期之前的开发对策及效果

2005 年，杏北开发区水驱综合含水达到 90.14%，正式进入特高含水期开发阶段（其中，2000 年基础井网水驱综合含水 90.88%）。2000 年以前，针对含水上升快、油层动用不均衡等矛盾所研发并实践的"六分四清"分层开采和多轮次加密调整等技术，支撑了杏北开发区由自喷开采到机械开采的开采方式的转变，满足了这一阶段上产、高产的需求，为杏北开发区维持 700×10^4t 以上稳产做出了巨大贡献，也为杏北开发区特高含水期各类开发调整技术深入研发打下了坚实基础。

一、"六分四清"分层开采技术

大庆油田通过在萨中开发区进行分层配注试验，总结出了开发调整的"六分四清"技术，"六分"是指分层注水、分层采油、分层改造油层、分层测试、分层研究和分层管理；"四清"是指分层注水量清、分层产油量清、分层压力清、分层含水率和水线前缘位置清。"六分四清"是对多油层油藏开发提出的主要工艺要求。

油田开发初期，油田成功实施了内部横切割注水后，保持了旺盛的产能，然而很快就暴露出新的问题。注水开发三年，近一半的采油井见到了注入水，当时的油田采收率只有5%，按这样的开发指标预测，油田的最终采收率很低。分析认为出现这种不利局面的主要原因是油田的非均质性严重，油田小层多，油田采用笼统注水方式，注入水先在高渗透层突进，其突进速度是低渗透层的几十倍，突进的水很快将低渗透层中的油包围住，这些油很难再动用，使含水率快速上升（当时达到了7%左右），油藏的"三大矛盾"（即层间矛盾、平面矛盾和层内矛盾）凸显出来，严重干扰了未见水层的生产能力，大幅度降低了油田的采收率。因此，大庆油田科技工作者创新研发和全面推广适用于非均质多油层的单管分层开发工艺，研发出"六分四清"分层开发工艺，使采收率提高数倍，至今仍指导着油田开发调整工作。

（一）"六分四清"技术在杏北开发区的发展

袁庆峰曾说过"杏北开发区一次采油开始的同时，二次采油就得以实施"。杏北开发区一经投产，便进入"六分四清"分层开采阶段，由于和萨尔图油田相连，油层相通，地质特点基本相同，因此，采用萨中开发区的开发原则和技术政策界限，即坚持"以提高采收率为核心，在一个比较长的时间内稳定高产"的总方针，坚持"早期内部分层注水保持压力"开发的基本原则。

在投产初期，杏北开发区注采基本保持平衡，地层压力保持在原始压力附近，获得了较好的开发效果。但是，很快就出现了注采不平衡而形成的大幅度地下亏空，造成地层压力下降、产油量下降、含水上升的被动局面。分析其经验教训主要有以下几点：一是思想上"重采油、轻注水"，工作上没有认真贯彻执行"分层注水保持压力"的基本原则；二是思想上"怕水害"，工作上遇到矛盾就控制分层水量；三是"均衡注水，均衡开采"的思想影响没有及时消除，分层注水中较长时间严格限制了一类油层的注水；四是油田开发管理不配套，多方面工作不适应。

通过总结经验教训，杏北开发区技术人员逐步加深了对"早期内部分层注水保持压力开采"的认识，特别是认识到"提高和保持较高的油层压力，采油井就可以保持旺盛的生产能力和自喷能力"，现阶段"应以开发好主力油层为主实现高产稳产"，"开发好主力油层首要条件是注好水"等。同时，在测试方面，测试资料解释经历了由开发初期的手工操作到微机辅助下的常规试井解释，最终逐步发展到测静压数据以数字化形式地面实时直读，通过实施油井与水井对应同步测压，实现了油井与水井地层压力关联分析使用，提高了注水井地层压力资料的应用程度。此外，通过进一步做好油层地质研究、分层动态分析和分层配注方案的编制、注入水质、注水泵压、分层注水工具和现场施工、分层资料录取、注水井日常管理等多个环节的工作，油田的开发调整水平不断提高，油田开发效果得到改善。

（二）杏北开发区分层注水技术

为了缓解层间平面矛盾、改善油层动用状况、控制产量递减速度，杏北开发区油藏系统通过不断分析总结分层注水开发经验，依据不同井网的特点制订了针对性的分层注水标准。基础井网和一次加密调整井网，通过开展 XSL 区（面积）现场试验，制订了增加单井注水层段以及控制层段渗透率级差 4 以内的定性定量细分标准；二次加密井网，由于主要调整层没有渗透率解释结果，无法按照级差的标准实施细分，为保证二次加密井吸水比例达到 50% 以上，制订层段内层数小于 10 个以及砂岩厚度小于 6m 的定量细分标准；三次加密井网，通过现场实践和摸索，逐步确定了层段内砂岩厚度级差 5 以下、射开层数 7 个以内以及表内层数不能超过 2 个的定量细分标准。

20 世纪 70 年代末，杏北开发区针对注水井数不断增加，井下作业施工不能满足配注调整需要，发展完善了以可洗井压缩式封隔器和偏心式配水器为核心的分层注水技术。80 年代末，针对套变逐年增多，套管修复后内通径缩小的问题，研制了过套损点小直径分层工艺，满足了套管变形或套管损坏修复后通径大于 100 mm 的注水井分层注水需求。90 年代末，针对薄隔层分层注水需求，研制了"两小一防"细分注水工艺，实现了"小隔层、小卡距、防上顶"目标。

杏北开发区油藏属于非均质油藏，自油田开发初期以来，三大矛盾始终存在，并且贯穿于油田开发全过程，而"六分四清"是解决矛盾的根本遵循，适用于油田开发的各个阶段。随着油田开发中地层含水的逐渐上升、开发对象的逐渐变差，围绕"六分四清"的井网加密调整、动态开发调整、配套工艺技术等也在不断进步，为杏北开发区地层压力的平稳保持、注水效率的不断提高奠定了基础。截至 2004 年，在"六分四清"技术的推动下，杏北开发区取得了采油速度 1.07%、含水上升率 0.19% 的较好开发效果。

二、多轮次加密调整技术

国内外大量油田开发实践证明，油田开发进入不同阶段，及时对井网进行加密调整，对稳定油田产量，提高采油速度都是十分有益的，尤其以非均质多层砂岩为主的杏北开发区，开发井网不可能一次部署完成，需要伴随油田地质资料的积累，油层地质特征、非均质性程度、剩余油分布、产能特征等认识的不断加深，各种配套测试、监测和开发技术的更新发展，来实施多次的层系井网部署和调整，以达到不断提高水驱控制程度、化解平面和层间矛盾，提高采收率的目的。在杏北开发区进入特高含水期开发之前，在基础井网保持平稳开发的基础上，通过实施一次加密调整和二次加密调整（表 1-2），实现了产量平稳接替，含水基本不升的开发效果。

（一）基础井网的开发特征和实施效果

杏北开发区是在未完成详探，开发准备不足的情况下部署基础井网的，1966 年 7 月，《萨尔图油田 NS 区至杏树岗油田 XS 区地区开发方案》完成编制，拉开了杏北开发区开发的序幕。由于当时对油层地质情况认识较为肤浅，只认为杏北油层发育状况应该与萨南相近，就参照 SNSB 区的开发方案，在 XYS 区采用了相同切割距的行列井网形式。在基础井网开发实施过程中，逐步意识到了油层发育的差异性，因此后期的基础井网开始有所变化，XS 区以南的行列部分切割距有所调整，东部地区和最南部的 XQ 区调整为面积注水。

表1-2　杏北开发区基础井网、一次加密井网和二次加密井网调整部署情况

井网名称	射开对象	主要开采对象	层系组合	布井方式	注采井距 m
基础井网	钻遇的萨、葡、高油层	一类油层和有效厚度不小于2.0m的厚层	萨、葡、高（一套层系）	行列井网 四点法面积井网 不规则面积井网	400～600
一次加密井网	三类油层中有效厚度小于2.0m的表内层及表外储层	三类油层中有效厚度0.5～2.0m的厚层	萨Ⅱ、萨Ⅲ、萨Ⅱ+萨Ⅲ、萨Ⅲ及以下、葡Ⅰ4及以下、萨+葡（差油层）（6套层系）	反九点法面积井网 五点法面积井网 四点法面积井网	200～400
二次加密井网	三类油层中表内薄层+表外储层	三类油层中表内薄层+表外储层	萨+葡（差油层）（一套层系）	反九点法面积井网 五点法面积井网 四点法面积井网	145～300

杏北开发区基础井网自1966年11月投产，截至1984年底，大致历经了三个阶段：

（1）基础井网排液拉水线阶段。1966年11月，XYS区三排排液井投产，相继XE区和XS区经过很短时间的排液基本上同时投注，进入排液拉水线阶段。1967年12月至1968年11月，XS区至六区三排陆续投产投注，也进入了排液拉水线阶段。由于拉水线阶段仅两年时间，排液井综合含水仅有2.71%，只有主力层中发育较好的油层见到了一注井的注入水，全排水线拉成程度较低。

（2）基础井网全面开发阶段。基础井网投入全面开发后，注水工作满足不了油田开发需要，主要体现在以下几方面：一是生产井投产后，注水井排上的二注井未按设计要求转注，造成油水井数比过高；二是注水井转注不及时，地下严重亏空，造成油层压力大幅度下降；三是注水泵工作不正常，泵压低、供水不足及注入水质差等原因，造成了1969年下半年至1971年出现三次大幅度地下亏空。由于注水井主力油层注水状况不正常，造成油井地层压力恢复过猛、含水上升过快。因此，杏北开发区狠抓完善注采系统和油田注水工作，通过中间井排注水井、部分排液井转注和注水泵压提高，使纯油区开发效果得到了明显改善。

（3）油井全面由自喷改机械抽油阶段。由于地下能量充足，杏北开发区开发初期采取自喷采油。1981年以后，随着油层压力日益降低，当地层供给的能量不足以把原油从井底举升到地面时，油井停止自喷。1981年，为了提高产量，杏北开发区从XY区东部转抽降压试验区开始，全面推进自喷采油转为机械采油，至1984年底，全部机械采油362口，占开发区总采油井数的51.6%。为了尽快完成开采方式转变，1985年在进行一次加密调整的同时，加大了老井转抽力度。在基础井网开发阶段和一次加密井网调整阶段，针对转抽初期产液高的实际情况，采用深井泵采油，在常规游梁式抽油机的基础上，研发应用了偏置式抽油机、双头驴头抽油机等多种抽油机类型，并对动力系统和控制装置进行了优化，满足了该阶段的开发需要。1984年和1985年是杏北开发区自喷转抽最集中的两年，转抽井当年增产油量占老井措施增油量的80.2%和92.8%，对全区稳产起到了重

要作用。1986 年底，杏北开发区基础井网基本完成了开采方式的转变。

为恢复油层压力，保持油井产能，减缓产量递减速度，确保全区稳产，从 1987 年开始对基础井网进行了以完善和强化注采系统为主要目的的综合调整，一是积极增加注水井点，努力降低油水井数比；二是在厚油层精细地质和剩余油富集区域研究的基础上，努力寻找布置以主力油层为主的厚油层高效调整井和更新井；三是加强以分层注水为基础的注采结构调整，努力提高注入水波及体积，改善水驱油效果。通过上述工作，基础井网的开发效果进一步提升。

截至 2000 年底，基础井网共有采油井 598 口，平均单井核实日产油 1.32t，累计产油 12247.96×10⁴t，综合含水 95.39%，地层压力 10.54MPa，平均流压 3.66MPa，生产压差 6.88MPa，地饱压差 −3.34MPa，采油指数 0.19t/（MPa·d），采液指数 4.16t/（MPa·d）；注水井 327 口，平均单井日注水 39.16m³，平均单井注入压力 11.57MPa，累计注水 60439.93×10⁴m³，累计注采比 0.95。

（二）一次加密调整的设计和实施效果

基础井网投产后，经过十多年的开发实践和反复研究，20 世纪 80 年代初又对地质储量进行了复算，对油层地质特征有了比较清楚的认识，特别是认识到了一类油层和三类油层性质差异很大，同井开采层间干扰严重的问题。

一类油层为以中高渗透率为主的河道砂岩，油层性质好，而三类油层为以低渗透率为主的薄层席状砂，油层物性差，同井合采时，主力油层吸水能力强，油层导压性能好，注水受效快，压力水平高，生产能力强；而非主力油层吸水能力低，油层导压性能差，注水受效差，油层压力水平低，生产压差很小，甚至没有生产压差，生产能力发挥不出来。根据历年测试找水资料分析，主力油层的储量比例占 40%，但产量占比 69.4%~76.6%，非主力油层产量占比还不到 30%。实际资料分析表明，随着油田含水上升，层间干扰加剧，非主力油层启动压力升高，吸水厚度减小，吸水能力降低。以 XYS 区差油层为例，1966 年至 1968 年，吸水厚度占比 82%，平均注水强度 17.4m³/（d·m），启动压力 0.7MPa；1980 年至 1982 年，吸水厚度比例下降到 51.1%，平均注水强度只有 5.7m³/（d·m），启动压力 9.8MPa。合采情况下，非主力油层生产压差随含水上升而不断缩小，含水上升到一定程度时，全井就接近于单采主力油层了。

基于油田进入高含水期开采后，基础井网主油层与非油层合采，井网井距对中低渗透层适应性的矛盾，为了从根本上改善非主力油层出油状况，充分发挥其生产潜力，维持全区稳产，杏北开发区开始进行一次加密井网调整（表 1-3）。

1. 调整的对象

一次加密调整对象为非主力差油层中未见水和未动用层，已见水层不调整。有效厚度小于 2m、渗透率小于 0.150D 的层为重点调整对象，主力油层中葡 I 1 油层性质和动用比较差，对葡 I 1 的未见水和未动用井点，当葡 I 1 和葡 I 2 之间具备一定隔层条件时可作为调整对象。

表1-3 杏北开发区一次加密井网调整原则

井网	开发层系划分原则	井网部署原则
一次加密	（1）按差油层性质、动用状况、产油和吸水能力的差异划分调整层系； （2）为了减少层间干扰增加动用厚度，每套层系内的渗透率极差应小于5； （3）为了保证一定的经济效益，平均单井产量纯油区应达到15t左右，过渡带应达到10t左右，当划分层系厚度较小，不能保证产量指标时，应合并为一套层系开采； （4）层系间应具有分布稳定的隔层，隔层厚度应大于3m，不够3m的井点要进行隔层调整	（1）在考虑与原井网衔接好的基础上，采用比较强化的面积注水方式； （2）新、老井均匀分布，避免油水井同井场，井距225～350m； （3）原井网合采井中，非主力油层厚度较大的，有必要在旁边布新井单独开采； （4）注水井排布加密差油层注水井； （5）根据原井网的注采关系和油层发育状况，按断块布井完善注采系统

2. 开发层系划分情况

杏北开发区的萨、葡、高油层的非主力油层均为三角洲前缘相沉积，但受埋深、物性等因素影响，油层之间存在较大的层间差异，在一套层系合采的情况下，葡I 4及以下油层动用较差，因此，在具备一定厚度的条件下，需要细化开发层系。

根据杏北开发区非主力油层从北往南有比较明显区域性变化的特点，XW区三排以北的西部厚度较大，砂岩总厚度在25m以上，萨II组油层的砂岩厚度大于12.9m，萨III组及以下非主力油层的砂岩厚度大于12.5m，具备划分两套层系的地质基础，因此，XYS区（行列）、XSW区（行列）及XSL区（面积）北部一次加密调整为萨II组油层和萨III组及以下油层两套开发层系。但是在XYE区东部调整井完钻后，发现萨II组油层水淹比例比预计严重，可调厚度偏小，而萨III + 葡I 4及以下层系井段过长，油层偏多，厚度偏大，层间干扰过大。针对该情况，依据调整井的测井解释结果，除了202号和226号断层以东及215号计量间地层已按原设计层系射孔投产外，对XYW区西部（行列）区块其他地区的开采层系进行了重新组合，将萨II组改为萨尔图层系，将萨III组 + 葡I 4及以下层系改为葡I 4及以下层系。

由于XW区三排以南非主力油层的砂岩厚度变薄，不具备划分两套层系的条件，XSL区（面积）南部、XL区（行列）和XQ区采用一套层系合采。同理，XYZYC和XB过渡带地区也采用一套层系合采。

3. 井网部署情况

实践证明，对砂体形态复杂、渗流阻力较大的低渗透差油层，采用面积注水方式适应性较强。根据油水井距与水驱控制程度关系、不同渗透率油层合理井距数值模拟结果，以及井距、可调厚度与单井控制储量的关系，确定一次加密调整采用五点法井网时，合理井距为250～300m。

XYS区（行列）一次加密调整井网的层系相对较复杂，包括萨II、萨III及以下层系、萨II + 萨III、葡I 4及以下层系，并在三排注水井排上部署了萨 + 葡（差油层）层系的注水井，局部地区零星部署萨 + 葡（差油层）层系的采油井。其中萨II、萨II + 萨III层系没有单独部署注水井点，靠中间井排的萨葡合注井及三排上的萨＋葡（差油层）层系的注水井点构成方形网格反九点法井网，排距 350m，井距 250m；萨Ⅲ及以下层系和葡Ⅰ4及以下层系是 200m×250m 方形网格五点法井网。XYZYC 地区采取萨＋葡（差油层）一套层系井网开采，是井距 250m 的正方形网格五点法井网。XSL 区（行列）的 XSW 区部署了萨Ⅱ＋萨Ⅲ和葡Ⅰ4及以下两套层系，均采用 200m×200m 的五点法面积井网。南部的 XL 区由于三类油层发育变差，纵向难以划分成两段开采，因此为萨＋葡（差油层）一套层系开采，采用斜五点法面积井网。XSL 区（面积）北块一次加密井部署了萨Ⅱ＋萨Ⅲ、葡Ⅰ4及以下两套一次加密井网，均采用注采井距 225m 的四点法面积井网，两套井网呈嵌套关系；与 XL 区类似，XSL 区（面积）南块由于三类油层发育变差，纵向难以划分成两段开采，为萨＋葡（差油层）一套层系开采，井网形式与北块相同，采用注采井距 225m 的四点法面积井网。XQ 区一次加密井网为萨＋葡（差油层）一套层系开采，采用 400m×300m 的长方形网格五点法井网。XDB 和 XXB 过渡带采用四点法面积井网，注采井距 250～300（250）m（表 1-4）。

表 1-4 杏北纯油区一次加密井网部署状况

区块	层系	布井方式	排距 × 井距 m×m	投入开发时间
XYS 区（行列）	萨Ⅱ、萨Ⅱ＋萨Ⅲ	反九点法井网	350×250	1985.7
	萨Ⅲ、葡Ⅰ4及以下	五点法井网	200×250	
	萨＋葡（差油层）	三排注水井排上		
XYZYC 区	萨＋葡（差油层）	正方形网格井网	300（250）×250	1985.1
XSL 区（行列）	萨Ⅱ＋萨Ⅲ	五点法井网	250×250	1986.8
	萨Ⅲ、葡Ⅰ4及以下	五点法井网	250×250	
	萨＋葡（差油层）	斜五点法井网	200×400	
XSL 区（面积）	萨Ⅱ＋萨Ⅲ	斜四点法井网	注采井距 225	1989.5
	葡Ⅰ4及以下	四点法井网	注采井距 225	
	萨＋葡差	四点法井网	注采井距 225	
XQ 区	萨＋葡差	五点法井网	400×300	1988.1
XDB 过渡带	萨＋葡差	四点法井网	注采井距 300、250	1993.10
XXB 过渡带	萨＋葡差	四点法井网	注采井距 300、250	1991.10

4. 一次加密调整开发效果

1993 年，杏北开发区全面完成了一次加密调整方案的实施，一次加密调整井网的水驱控制程度达到 87.8%，差油层的有效厚度动用程度由调整前的 20.1% 提升至调整初期的 37.9%，各区块一次加密调整井投产初期平均单井日产油 13.0t，初期平均含水 41.5%

（表1-5），取得了较好的开发效果，为杏北开发区上产至$800×10^4$t以上及综合含水10年不升起到了重要作用。

表1-5　杏北开发区一次加密井网油井投产效果统计

区块	开采层系	井数口	平均单井初期投产数据				
			日产液 t	日产油 t	综合含水 %	产液强度 t/（d·m）	产油强度 t/（d·m）
XYS区（行列）	萨Ⅱ	53	16.3	12.9	20.86	0.86	0.68
	萨Ⅲ及以下	92	17.2	12.6	26.51	0.53	0.39
	萨Ⅱ+萨Ⅲ	142	22.1	14.3	34.97	0.64	0.41
	葡Ⅰ4及以下	108	15.9	11.7	26.51	0.74	0.55
XYZYC区	萨+葡（差油层）	181	20.7	10.2	50.99	0.59	0.27
XSW区（行列）	萨Ⅱ+萨Ⅲ	101	36.6	15.9	56.45	1.25	0.54
	葡Ⅰ4及以下	114	21.1	14.6	30.73	1.2	0.77
XL区（行列）	萨+葡（差油层）	264	33.5	20.8	37.69	0.94	0.58
XSL区（面积）北块	萨Ⅱ+萨Ⅲ	103	19.6	11.1	43.34	0.52	0.29
	葡Ⅰ4及以下	126	12.3	8.0	34.75	0.52	0.35
XSL区（面积）南块	萨+葡（差油层）	122	23.2	13.9	40.14	0.67	0.4
XQ区	萨+葡（差油层）	257	35.8	17.6	47.63	1.15	0.57
XDB过渡带	萨+葡（差油层）	382	13.5	7.7	43.3	0.68	0.37
XXB过渡带	萨+葡（差油层）	339	18.8	11.8	37.31	0.75	0.45
总计/平均❶	—	2384	22.3	13.0	41.5	0.79	0.47

截至2000年底，一次加密调整井网共有采油井1631口，平均单井核实日产油0.90t，累计产油$7808.67×10^4$t，综合含水95.18%，地层压力9.78MPa，平均流压3.03MPa，生产压差6.75MPa，地饱压差-2.06MPa，采油指数0.13t/（MPa·d），采液指数2.77t/（MPa·d）；注水井978口，平均单井日注水35.29m³，平均单井注入压力11.90MPa，累计注水$61020.21×10^4$m³，累计注采比1.21。

（三）二次加密调整的设计和实施效果

一次加密调整后，基本解决了非主力油层动用状况差的问题，但调整井中仍有油层性质明显不同的表内厚层、表内薄层及表外储层同井开采，油层间差异大，层间干扰大等问题。随着杏北开发区一次加密调整的不断推进，除了投产较晚的XDB和XXB过渡带，纯油区各区块陆续进入高含水期开采，各种矛盾不断暴露并加剧，尤其差油层的动

❶ 本书表中"平均"均为加权平均。

用状况更差，产量均已出现递减，为进一步挖掘差油层储量潜力，减缓产量递减，杏北开发区于1994年开始进行二次加密井网调整（表1-6）。

表1-6 杏北开发区二次加密井网调整原则

井网	开发层系划分原则	井网部署原则
二次加密	（1）一套层系可调厚度不低于10m，保证单井控制一定的地质储量，具备一定的生产能力； （2）统一层系内油层的沉积条件应大体相同，油层性质接近； （3）有利于新、老井网的衔接； （4）表内储层与表外储层在平面上是相互连通不可分割的砂体，在布井时表内储层与表外储层要统一考虑	（1）新老井综合考虑，总体上全面均匀加密，不布同井场井，以利于地质认识和后期井网的综合利用； （2）二次加密要尽量部署在一次加密调整井网的分流线上和滞留区； （3）二次加密采油井与原井网老注水井的距离，一般应大于150m

1. 调整的对象

根据对油层动用状况的分析和XW区表外储层试验区（1987年）的试验资料以及密闭取心资料，有效厚度小于0.5m的油层和表外储层动用较差，而XW区表外储层开采试验证明有效厚度0.2~0.4m的表内储层和表外储层合采干扰较小。因此，二次加密调整原则上把萨、葡、高油层中未动用的外前缘相Ⅰ类、Ⅱ类和Ⅲ类油层中有效厚度小于0.5m的油层和表外储层作为调整对象。

2. 开发层系划分情况

依据各区块可调厚度，XYS区西部、XSL区（行列）、XQ区和XSL区（面积）南部均划分为萨、葡、高油层一套层系开采。XYS区东部在1993年针对萨尔图油层进行了大规模的更新补充调整，当时由于对葡Ⅰ4及以下油层动用状况和可调厚度的认识不够清楚，故未做调整。因此，1998年通过对XYS区东部非主力油层进行精细地质研究，深入分析葡Ⅰ4及以下油层的动用状况，1999年编制了杏树岗油田XYS区东部葡Ⅰ4及以下油层二次加密调整方案，确定该区块的二次加密调整开发层系为葡Ⅰ4及以下油层。

3. 井网部署情况

二次加密调整井网除了XSL区（行列）为线性井网外，其他区块井网形式为五点法面积井网或四点法面积井网（表1-7）。

表1-7 杏北纯油区二次加密井网部署状况

区块	布井方式	排距 × 井距 m × m	投入开发时间
XYS区（行列）	反九点法井网	300（250）×250	1994.1
XYZYC区	五点法面积井网	225×225	2000.12
XSL区（行列）	线性井网	200×200	1994.12
XSL区（面积）	四点法面积井网	注采井距225	1997.2

续表

区块		布井方式	排距×井距 m×m	投入开发时间
ZQ 区		五点法面积井网	200×300	1997.7
XDB 过渡带	Ⅰ条带、Ⅱ条带内侧	斜行列井网	190×190	2002.6
XXB 过渡带	Ⅰ条带、Ⅱ条带内侧	斜行列井网	190×190	2003.1
	Ⅱ条带外侧、Ⅲ条带	五点法面积井网	150×150	2010.8
	Ⅳ条带	四点法面积井网	注采井距145	

XYS 区西部部署二次加密调整井网时，考虑了一次加密调整井萨尔图层系完善注采系统的需要，第一排间注、间采，基础井网第一排上老井之间布两口采油井，中间井排间注间采，构成 300（250）m×250m 的反九点法面积井网，后期根据开发情况逐步转为斜线状五点法注水方式。由于 1993 年 XYZYC 地区针对区内成片套损的情况补钻了一套以萨尔图层系为开采对象的更新调整井，该区块的二次加密井网主要对葡Ⅰ4 及以下层系进行调整，采用 200m×250m 五点法面积井网。XSL 区（行列）、XSL 区（面积）北块和 XQ 区二次加密井采用萨+葡（差油层）一套层系开采，分别部署了 200m×200m 线状注水井网、225m×225m 的四点法面积井网和 200m×300m 的五点法面积井网。XDB 和 XXB 过渡带Ⅰ条带及Ⅱ条带内侧二次加密调整采用 190m×190m 的斜行列注水井网。2010 年，XXB 过渡带北块Ⅱ条带外侧至Ⅳ条带进行二次加密补充调整，Ⅱ条带外侧与Ⅲ条带单独部署了 150m×150m 的五点法面积井网，Ⅳ条带在原井网分流线上部署采油井，原井网采油井转注，共同构成 145m×145m 的四点法面积井网。

4. 二次加密调整开发效果

通过二次加密调整，薄有效层和表外储层的动用程度明显提高。根据环空测试资料统计，薄有效层动用比例在 72% 左右，表外储层动用比例在 50% 左右。各区块二次加密调整井投产初期平均单井日产油 6.6t，初期平均含水 63.6%，取得了较好的开发效果（表 1-8）。

表 1-8　杏北开发区二次加密井网油井投产效果统计

区块	井数 口	平均单井初期投产数据				
		日产液 t	日产油 t	综合含水 %	产液强度 t/（d·m）	产油强度 t/（d·m）
XYS 区（行列）	394	16.4	5.8	62.97	0.51	0.18
XYS 区东部	152	14.0	6.5	53.43	0.61	0.28
XSW 区（行列）	491	21.3	8.6	53.83	0.90	0.36
XL 区（行列）	200	21.4	8.2	58.28	1.00	0.39

续表

区块	井数口	平均单井初期投产数据				
		日产液 t	日产油 t	综合含水 %	产液强度 t/（d·m）	产油强度 t/（d·m）
XSL 区（面积）南块	82	17.3	4.4	74.79	0.95	0.24
XQ 区	357	22.4	8.5	60.41	1.03	0.39
XDB 过渡带（Ⅰ条带、Ⅱ条带）	66	16.2	5.1	68.77	0.85	0.26
XXB 过渡带（Ⅰ条带、Ⅱ条带）	68	17.3	6.9	60.07	0.77	0.31
XXB 过渡带（北块Ⅱ条带、Ⅲ条带、Ⅳ条带）	270	10.2	1.5	85	2.75	0.41
合计 / 平均	2080	18.1	6.6	63.6	1.04	0.31

截至 2000 年底，二次加密调整井网共有采油井 1883 口，平均单井核实日产油 0.81t，累计产油 2633.01×10^4t，综合含水 94.78%，地层压力 9.13MPa，平均流压 2.96MPa，生产压差 6.17MPa，地饱压差 -1.93MPa，采油指数 0.13t/（MPa·d），采液指数 2.51 t/（MPa·d）；注水井 1177 口，平均单井日注水 38.82 m^3，平均单井注入压力 11.22MPa，累计注水 $40803.87 \times 10^4 m^3$，累计注采比 1.69。

杏北开发区自投入开发以来，根据不同含水阶段的开采特点和暴露出的问题，积极采取有效措施，开展多轮次加密调整，保持了油田旺盛的生产能力。尤其是进入高含水阶段后，通过实施一次加密及二次加密调整，使得油田生产水平迈上了新的台阶，1978 年至 2000 年，年产油量保持 700×10^4t 以上稳产 23 年，为中国经济高速发展时期的能源供给贡献了力量。

三、杏北开发区"稳油控水"的调整政策及成功实践

至 1990 年末，杏北开发区已经注水开发 25 年，综合含水 74.55%，进入高含水后期开发阶段。在中低含水开发阶段，主要依靠加强注水不断提高地层压力，放大生产压差，保持自喷开采旺盛生命力。在高含水开发阶段，全面转抽，进行了一次加密井网调整，依靠降低流压，提高产液量保持稳产。原开发政策在本阶段已不再适用，面对稳产要求，提出了"稳油控水"开发调整方针，即以"注够水还要注好水，提液量还要控制含水"为开发调整原则，解放思想，转变观念，全力抓好注水结构、产液结构调整工作，开启了"稳油控水"的开发实践。

（一）深化剩余油分布认识，奠定"稳油控水"地质基础

一是加深对一类油层油水分布认识。"七五"期间，随着井网加密，开展了油层再认识和剩余油分布研究，认识到非均质多油层油田动用及水淹状况存在差异。物性最好的葡Ⅰ3_2 和葡Ⅰ3_3 层，水淹面积在 95% 以上，高水淹只占 50%，中、低水淹还有 20% 和

30%。应用地质研究成果，认识到杏北开发区仍存在原井网未钻遇、断层遮挡、曲流带内部废弃河道影响、受层间和平面干扰影响的河间薄层砂、受重力影响的正韵律河道砂顶部等形成的剩余油富集带，为一类油层挖潜调整提供了重要依据。

二是研究三类油层剩余油分布特点。根据油井分层测试资料，一次加密调整井中还有 30.2% 的砂岩厚度油层和 17.9% 的有效厚度油层未动用。非主力油层不同沉积类型的油层，水淹状况有很大差异，调整潜力有所不同。表外储层是表内储层砂体的自然延续，可与仍未动用的薄差油层进行二次加密调整，增加可采储量。三角洲前缘相水下分流河道砂体，大部分呈中、高水淹特征，基本不需要加密调整；按照平面分布特点，非主体薄层砂和表外储层充填于主体薄层砂之间的，若注采不完善，远离主体薄层砂和注水井，仍有部分潜力可继续挖潜；若以非主体薄层砂、表外储层为主呈席状分布的，大部分区域未水淹，是二次加密调整的主要对象。

三是研究油田构造特征。利用一次加密调整井资料，编制井排构造横剖面图、断层平面图和油层组构造图，对钻遇断层的 1618 口井 2237 个断点进行了精细断层组合，断层要素、延伸长度发生较大变化的断层有 19 条，断层数目发生了变化，由 92 条增加到了 142 条。断层的精细识别，为寻找更多的断层遮挡型剩余油创造了条件。

总体来看，杏北开发区仍存在动用不好及未动用的油层，这为井网加密、注采系统调整、注采结构调整提供了重要的物质基础。

（二）强化注水结构调整，夯实"稳油控水"开发基础

在充分认识剩余油的基础上，提高注水强度，保持地下能量充足。加强细分层段定量注水，减缓层间干扰，提高注入水波及体积，改善储量动用状况，夯实"稳油控水"开发基础。

一是完善注采系统，改善注水状况。基础井网受套损影响，部分区域注采系统不完善，通过钻打更新井、老井转注、补孔等措施，井网不完善状况有所改善，1997 年，注采比提高到 1.57，地层压力稳步恢复；一次加密调整井网逐步实现油井投产当年排液井全部转注，二次加密调整井油水井同步投产；同时，对老井进行工艺改造，实现分层注水，新注井下分层管柱，直接分层注水，1990 年至 1995 年，分层注水井数由 346 口增加到 1084 口，分注率由 34.6% 提高到 73%，分注率明显提高；通过加大增注措施力度，提高低含水井层注水能力。为降低钻关❶对开发的影响，抓好钻机运行，优化钻关距离，钻关距离由 600m 到 450m，又缩小到 300m，减少钻关影响注水量。通过以上工作，注采系统逐步完善，注水状况明显改善，地层压力得到了稳步恢复。

二是加大以细分层为重点的注水结构调整。为了保证"稳油控水"目标的实现，按照"单卡控制高含水层的注水强度，加强动用不好、含水较低层的注水强度"的原则，不断加大以细分层为主的注水调整力度，细分层注水井数不断提高，分层注水井单井层

---

❶ 钻关——为防治钻打新井时，地层压力过高，造成井喷，同时防治地层压力过高，不利于管外水泥凝固，所以，钻打新井时，周围注水井暂时关井，停止注水。

段数不断提高，高含水、高渗透厚油层注水量得到控制，含水相对较低的中低渗透差油层注水量有效增加。据测试资料统计，XSL 区（面积）细分前后，吸水层数比例由 45.7% 增加到 52.7%，平均单井新增吸水层数 6 个，新增动用砂岩厚度 4.7m、有效厚度 2.2m，提高了注水利用率。注入状况好转的同时，产出状况也得到改善，含水较高的主产液层比例由 48.4% 下降到 39.1%，含水上升速度得到控制，自然递减减缓，油层压力回升，油层动用状况得到改善。

（三）优化产液结构调整，控制含水上升速度

在努力改善注水状况、合理调整注水结构的基础上，充分利用杏北开发区多油层非均匀水淹的特点，根据各类油层动用状况，分层系、分井网合理调整产液强度，努力实现提高产液量的同时，控制含水上升速度。

一是合理调整两套井网产液比例。对于处于特高含水期的基础井网，在保证产油量递减逐步减缓的前提下，降低高含水层产液量和产液比例，产液量占比由 1991 年的 74.23% 下降到 2000 年的 49.92%，有效降低了综合含水；一次加密调整井网由于新井的不断投产，并集中实施了提液措施，含水相对较低的产液井和产液层比例逐年增加，一次加密调整井产油量所占比例不断增加，弥补了基础井网产量递减，保持了杏北开发区的稳产。

二是有效提高二次加密调整井的投产效果。由于地下储层情况错综复杂，二次加密调整井投产初期，其调整对象薄差层除解释厚度外无任何其他解释参数。无水淹解释资料导致射开部分见水层，声幅曲线反映固井质量不准确，导致射开部分窜槽井段。为改善二次加密调整井开发效果，积极开展了调整挖潜工作。首先，结合现有吸水剖面、产液剖面和邻井水淹层解释等多种资料，研究水淹及剩余油特点，精准确定射孔层位。将有限的声波变密度测井工作量更多地应用到采油井上，避免固井质量不好井段的射孔。通过精心编制射孔方案，取得了二次加密调整井单井产量比设计方案高 0.7t、含水比方案低 0.35 个百分点的开发效果。其次，在二次加密调整井中增加限流压裂工作量，表外储层动用程度和油井产能进一步提高。另外，推广"两早三高一适时"的注水开发技术，提高注水质量。针对低渗透薄层和表外储层渗流阻力大、压力损失后恢复慢的特点，"早注水"，对于产能区块，油水井同步注水过渡到注水井提前投注。针对射开层数多、油层发育差异较大、薄层见水后含水上升速度快的特点，"早分层"，试注到配注间隔由 176 天逐步缩小到 86 天。优化布井方式，XSL 区采用线状注水方式，"提高注采井数比"，"提高注入量"，保证"高注采比"，1991 年至 2000 年，累计注采比由 1.02 提高到 1.14，注水量有效提升，建立水质处理站，提高注入水质。对二次加密调整井网中高含水井适时治理，改善开发效果。

三是改善措施效果，拓宽挖潜措施领域。随着油田含水逐渐升高，油井措施效果越来越差，油田开发效益逐步变差，同时，措施选井选层难度越来越大。对此，积极开展改善措施效果研究。一方面，研究总结措施选井原则，改善措施效果；另一方面，加强"措施前培养，措施中监督，措施后保护"全过程动态管理，措施井提前 3～9 个月注水

调整，使全区保留一批储备措施井，逐步掌握了油田措施增产主动权。措施实施后，不断加强动态跟踪，及时开展动态监测，实施跟踪保护措施，提高了措施增油幅度，延长了措施有效期。试验对比分析，是否实施全过程动态管理，初期单井增油差 2.5t。同时，研究增加措施挖潜对象，在处于特高含水阶段的基础井网中，挖潜动用程度较低的非主力油层，取得了较好的压裂效果。开展一次加密调整井重复压裂，二次加密调整井压裂试验，取得了好的效果，拓宽了调整挖潜领域。

"稳油控水"方针，以提高经济效益为核心，践行"注够水还要注好水，提液量还要控制含水"的开发调整原则，明显改善了水驱开发效果，提高了注水波及体积、可采储量的增长和油层能量的恢复，减缓了油田产量递减速度，延长了油田稳产期，提高了水驱采收率和经济效益，是高含水后期油田开发调整的正确方针。

四、油田开发配套工艺技术

杏北开发区建设 56 年来，针对油田开发不同阶段面临的矛盾，采油工程技术与地面工艺技术不断创新发展，形成了人工举升工艺、增产改造工艺及节能、修井工艺、地面集输工艺、地面水处理及注水工艺等技术系列，为油田高产稳产提供了技术支撑。

（一）人工举升工艺

杏北开发区自 1981 年后由自喷采油转为机械采油，举升方式先后应用了游梁式抽油机举升、电泵举升和螺杆泵举升。在基础井网开发调整和一次加密调整阶段，杏北开发区全面转为机械采油，针对转抽初期产液高的实际情况，借鉴国内外机械采油技术，采用深井泵采油，主要分有杆泵和无杆泵两大类。有杆泵采油采用的是常规游梁式抽油机，为提高节能效果，在常规游梁式抽油机的基础上，对四连杆机构进行优化设计，杏北开发区应用了偏置式抽油机、双头驴头抽油机、偏轮抽油机、摆杆抽油机、大减速比抽油机和偏杠铃抽油机等节能型抽油机。在动力系统上以三相异步电动机为基础进行了优化设计，应用了高转差电动机、高启动力矩电动机、永磁同步直流电动机、双速电动机、双功率电动机、复式电动机等节能电动机，在控制装置上应用了可控硅调压电控箱、星角转化电控箱等节能电控箱。在这个阶段为了满足高产液井举升的需求，开展了大排量潜油电泵采油技术的现场试验及推广。在一次加密调整阶段末期，部分单井产液量低，为此开展了小排量螺杆泵技术的现场试验与推广。自一次加密调整阶段末期以来，部分单井产液量低，为此开展了螺杆泵技术的现场试验与推广，螺杆泵具有举升高效、安装管理方便、井况适用性强等优势，通过多年技术攻关，目前螺杆泵技术已经完善。随着单井产量递减，电泵井逐渐不适应开采需要，使用数量逐渐减少，杏北开发区举升方式仍然以游梁式抽油机举升和螺杆泵举升为主。

（二）增产改造工艺

从 1973 年开始，杏北开发区为了改善萨尔图、葡萄花油层的中、低渗透油层的动用程度，应用普通分层压裂工艺技术。1981 年至 1990 年期间开采层系向主力油层边部中、低渗透层连通比较好的部位转变，应用投球法压裂技术，该技术在普通分层压裂工艺基础上增加了投球工艺，很好地改善了杏北开发区具有层多、薄特点采出井的剖面，提高了中、低渗透油层储量的动用程度。1991年开始，为实施"稳油控水"，长垣油田进入二次和三次加密调整开发阶段，杏北开发区为了开发剩余油高度分散的难采储层、低渗透薄互储层和表外储层，在二次和三次加密调整井应用限流法压裂完井改造技术，采用滑套式分层压裂管柱，通过严格控制射孔密度，以尽可能大的压力注入排量进行施工，提高了压裂措施效果。

（三）修井工艺

杏北开发区自20世纪70年代出现油井套损以来，由于当时套损以变形为主，针对此类井，采取胀管整形后吊管加固的工艺治理。到了90年代末期，套损由简单的变形发展成为以变形为主，间或出现较严重的错断，针对此类井，杏北开发区成立厂内修井队伍，应用了胀管整形，创新了非坍塌型小通径套损井找通道技术，以及对断口整形后进行密封加固的修井工艺，同时开展了中深部取换套技术、侧斜和侧钻技术等的研究与应用。

（四）地面集输工艺

开发初期采用自喷采油方式，集输工艺主要采用萨尔图流程，在井场设有计量分离器和水套炉联合装置，集油管道上设有干线加热炉，解决高寒地区"三高"（高凝固点、高黏度、高含蜡）原油降黏保温的技术问题。随着采油工艺逐步转变为机械采油，为了避免油气损耗，地面集输系统开始进行大规模的密闭流程改造，集油工艺逐步调整为双管掺水流程，集输布局改为"计量站—转油站—脱水站"的三级布站方式。在一次加密调整井建设时期，地面脱水工艺进一步优化，一段用游离水脱除器取代了压力沉降罐，以脱除含水油中大部分游离水，二段采用复合电脱水器进行电化学脱水，脱水工艺流程为：中转站泵输来液→游离水脱除器→脱水加热炉→复合电脱水器→好油缓冲罐→外输泵→外输加热炉→外输。集输系统布站方式及脱水工艺一直沿用。

（五）地面水处理及注水工艺

随着含水率的上升以及注水量的增大，为了避免浪费清水资源，同时解决污水外排的环保问题，将注水水质由清水调整为污水，并建设含油污水处理站。根据基础井网及一次加密井网对注水水质的要求，污水站主要采用一次重力沉降除油、一次重力过滤流程，出水含油不大于20mg/L、悬浮物含量不大于20mg/L、粒径中值不大于5μm，处理后污水进入注水站进行回注，注水站主要采用注水储罐缓冲、多级离心泵升压的工艺流程来满足注水压力需求。随着油田对非主力油层的开采，回注水质标准提高，从1991年开始采用两级压力过滤进行污水深度处理，出水水质提高至含油不大于5mg/L、悬浮物含量不大于5mg/L、粒径中值不大于2μm。

第四节　油田进入特高含水期面临的主要问题及矛盾

"十五"末期，杏北开发区经历了10年的稳油控水实践，油田总体开发形势是注采继续保持平衡，地层压力稳定，年产油量始终保持在$600×10^4$t以上。但随着可采储量采出程度不断提升，尤其是2005年以后，杏北开发区综合含水已经突破90%，油井的采液指数和液油比急剧增长，产量递减速度加快，加之新增可采储量有限，储采失衡日趋严重，如果不改变可采储量下降的趋势，油田的持续稳产岌岌可危。杏北开发区位于大庆油田长垣中部，含油面积已基本圈定，寻找垂向新开发层位和平面外扩资源的潜力有限，如何大幅度提高采收率以带动可采储量增长是油田进入特高含水后期产量接续的必经之路。2000年前后，杏北开发区超前探索了一类油层三次采油和水驱加密调整等多项提高采收率现场试验，并且取得了较好效果，为水驱和聚合物驱（简称两驱）的产量结构战略调整奠定了坚实的基础。在油田开发实践—认识—再实践—再认识的过程，现场试验的成功已经实现了从实践到认识的一次飞跃，杏北开发区在两驱并存的新开发阶段，需要围绕减缓产量递减速度，不断应对新变化、新形势下的新挑战，逐步明确增加可采储量的应对举措，改变剩余可采储量下降的现状。

一是由储层非均质性导致的三大矛盾日益突出，但基础地质认识不足。油田采收率的进一步提高，需要以基础地质认识的进一步提高为基础。在特高含水期之前，为支撑"六分四清"的开发方针，以平面上刻画油砂体、垂向上划分自然层的方式，描述储层非均质性，虽然对储层的划分不够细致，但因为其简单易用、便于工业化推广，且能够在一定程度上反映地下状况，在油田开发初期水驱开发阶段发挥了重要作用。随着采出程度的不断提高，剩余储量动用难度越来越大，人们发现油田开发矛盾已经由砂、泥之间深化到了油砂体内部，现有的以区分砂和泥为主要目的的油藏描述成果已经不足以支撑破解开发矛盾，在特高含水期进一步提高采收率，建立在认清砂体成因模式、内部物性差异和当下剩余油分布状况基础上的精细油藏描述研究势在必行。

二是一类油层厚油层增储潜力巨大，但提高采收率技术尚未定型。杏北开发区一类油层属于河流相沉积储层，物性好、厚度大，砂体发育具有典型的正韵律特征，层内非均质性较强，加之油水物性和黏度造成的渗流差异，河道底部动用程度明显高于顶部，影响了注水开发的波及体积和驱油效率。随着对储层认识的不断加深、开发调整不断精细、累计产油不断提升，厚油层底部的低效无效循环日益加剧，水驱开发效率明显下降，通过常规的注水调整手段已经无法满足进一步提高采收率的需求。数据表明，杏北开发区三分之一的地质储量集中在一类油层，具有较好的物质基础，而其水驱开发阶段的采出程度仅为40%左右，仍有近$1.4×10^8$t的地质储量亟待挖潜。同注水开发技术相比，化学驱提高采收率是一项高投入、高产出、高风险的技术，尤其是面对千差万别的地下油藏条件，采用化学驱既是机遇也是挑战，需要在方法优选、可行性研究、实施方案设计、先导性试验、工业化推广中总结经验教训，逐步定型探索杏北开发区一类油层的提高采收率技术。

三是三类油层薄差储层动用难度较大，"增储控含水"技术急需攻关。杏北开发区三类油层垂向上发育 95 个沉积单元，交替分布着内外前缘相砂体，具有典型的湖盆升降频繁、水体深浅变化带来的多旋回特征，加剧了层层之间、井井之间的非均质性，造成了薄差储层难动用的现象。伴随三次采油技术的发展，一类油层的大量水驱储量已经转向三次采油，水驱开发对象必然要面对薄差储层提高采收率的发展趋势。杏北开发区经过多轮次加密调整的注采系统完善，稳油控水阶段的注采结构调整，水驱井网之间、层系之间的含水差异逐步减小，剩余油分布更加零散，注采调整和措施增油效果逐渐变差，油藏开发不仅仅只能依靠单一技术手段，需要从油藏精细解剖、剩余油精细描述、井网精细优化、注采精细调整、措施精细挖潜等方面全方位、多角度出发，提高薄差储层的挖潜空间和开发水平，减缓水驱产量递减趋势。另外，因套损形势不断加剧，套管损坏机理及高效防护措施已成为不可忽视的重要攻关课题。

四是随着杏北开发区对一类油层和三类油层的开发不断深入，油田开发配套工艺技术急需创新。杏北开发区逐步进入特高含水开发阶段，地下矛盾越来越突出，产量递减越来越快，油田开发难度也越来越大。杏北开发区自 2001 年开始进入聚合物驱工业化推广阶段，2007 年开始进行三元复合驱工业化推广阶段，化学驱分注工艺和举升工艺都不成熟，采用分注工艺单井最多分注 2 层，地面设备冬季冻堵，无法满足分注需求；聚合物驱过程中，杆、管偏磨严重；采用三元复合驱，杆、管、泵结垢严重，油井检泵率居高不下，化学驱后低效与无效循环严重，低成本、可深调、高强度的调堵工艺技术需要攻关，满足一类油层化学驱后上、下返要求的封堵工艺技术迫切需要研究。针对三元复合驱开发阶段采出井结垢严重的问题，需要创新研究"防、耐、除"工艺技术，满足三元复合驱的高效开发。在地面工艺方面需要研究定型运行时率高、体系质量合格率高的配注工艺，以及满足高黏度、高乳化性采出液集输和污水处理的工艺技术。随着油田开发对象转向三类油层，三类油层的开发特点也开始显现，薄差储层多，剩余油分布零散，层间含水差异小，挖潜难度大，导致三类油层出现了注采困难，低效井多、开发效益差等问题，急需配套的精准改造增产增注技术攻关，满足三类储层不同剩余油类型挖潜需求，同时在地面工艺方面，需要研究优化地面建设布局，简化集输、注水、污水处理等工艺流程，提高油田开发效益，同时针对加密井的规模开发带来深度注水量大幅增加的问题，深度污水处理和深度注水系统能力布局需要进一步优化扩增；随着杏北开发区扶余油层工业化开发区块的陆续投产，受到储层特征、原油性质等因素的影响，在高效举升工艺、压裂工艺、清防蜡工艺等方面急切需要进行攻关，在地面工艺方面需要研究与之配套的精细水质处理技术、精细高压注水技术以及高凝固点原油集输和计量工艺，以满足扶余油层工业化开发。随着油田含水不断上升，油田产液和措施工作量增加，机采举升能耗越来越高，作业成本逐年提升，生产成本上升已成必然趋势，如何在稳产的同时降低成本和能耗，杏北开发区需要加大作业技防措施应用力度，针对杆管偏磨、泵漏失和扶正器优化等方面的问题和需求进行技术攻关，降低油井作业两率控制，围绕提高举升系统运行效率，大力推广新型高效举升工艺技术，攻关抽油机井系统节能优化评价技术，实现机采节能降耗；在地面工艺方面，探索高含水阶段地面系统节能降耗技术，进一步提高油田开发效益。另外套损形势依旧不容乐观，复杂套损井修复技术需要攻关，目前技术无法满足开发需求。其中小通径井修复成功率比较低，吐砂吐岩块复杂套损井修复治理没有有效手段，有落物井报废比例比较高，围绕提高套损修复率、提高疑难套损井修复成功率、降低有落物报废井比例三个目标，需要研究攻关相应技术手段。

面对油田在特高含水期展现出来的主要问题和矛盾，杏北开发区牢牢把握《矛盾论》《实践论》的思想主线，贯彻创新、协调、绿色、开放、共享的新发展理念，形成了一批特高含水期精准开发关键技术，有效促进了特高含水油田对于全新开发阶段的再认识、对创新性精准开发技术的再实践，推动了经营油藏、效益开发模式的绿色可持续再发展。接下来，本书将分别从精细油藏描述、水驱精准开发、三次采油提效、致密油效益开发、套管综合防护几个关键技术领域，系统地介绍杏北开发区在突破特高含水期各类开发瓶颈方面的主要做法，在高水平技术发展方面的主要成果，以及在油田采收率提升和高质量持续稳产方面取得的主要成效。

第二章 密井网精细油藏描述及应用技术

对于石油地质和开发工作来说，斗争对象在地下，看不见、摸不着。如何更好地认识、描述并改造地下，从而指导油田开发取得更好的效果，是石油技术工作者孜孜不倦的追求。油田进入特高含水期以来，各类开发矛盾日益突出，给油田开发带来了艰巨的挑战，也对精细油藏描述工作提出了更高的要求。回顾特高含水期油田开发的历程，正是一代代石油人灵活运用各种资料，在实践中摸爬滚打，最终实现对地下认识和开发效果不断突破的过程。

第一节 精细油藏描述技术的发展

随着井网的加密及开发程度的加深，因油藏非均质性导致的油田开发"层内、层间、平面"三大矛盾日益突出。为更好地认识和描述油藏非均质性，指导油田实施针对性的调整对策，破解开发矛盾，杏北开发区在1996年率先成立了油田第一支精细地质研究攻关队，集中力量攻关精细油藏描述技术。之后，随着杏北开发区井网密度的提高，三维地震资料的采集，精细油藏描述技术快速发展，根据所用资料的不同，形成了多样化的技术体系和丰富的成果认识。

一、基于密井网资料的精细油藏描述

随着新建产能区块的部署，精细油藏描述逐年逐区块同步开展，成果精度不断提高。构造描述方面，形成了井断点识别、断点归位组合、断层平面刻画等技术，明确了杏北开发区断裂系统北西、北北西走向的基本格局；储层描述方面，确定了杏北开发区水上分流平原和水下三角洲前缘两大沉积环境，以及一类油层南厚北薄、三类油层南薄北厚的整体沉积特征，通过与砂体沉积环境、成因模式相结合，实现了超覆沉积边界、单一河道边界等单砂体级别精细刻画。

二、井震结合精细油藏描述

实践证明，通过井网加密丰富钻井与测井资料，能够提高油藏描述的精度，但井间资料缺失和依据不足的问题始终存在。面对油田特高含水期暴露出的复杂开发矛盾，亟须从资料和技术上做出新的突破。2002年，针对大庆油田长垣扶杨油层勘探、评价研究需要，在杏树岗地区进行了三维地震精查，采样面元40m×20m。2005年，由大庆油田

物探公司完成了叠后时间偏移处理，填补了杏北开发区三维地震资料的空白。相比井资料百米以上的间距，地震资料具有横向分辨率上的巨大优势，以此为依托，杏北开发区大力发展井震结合技术，相继形成了井震结合构造解释及建模、地震沉积学储层描述、地震反演砂体刻画、剩余油量化模拟等技术，精细油藏描述成果的质量再次得到较大的提升。

三、基于取心井资料的精细油藏描述

杏北开发区自应用化学驱技术之后，层内单砂体连通差、层间非均质等制约采收率进一步提高的开发矛盾逐渐显现，同时随着水驱开发程度的加深，诸如储层动用不均衡、低效无效循环等开发矛盾更加突出。为更好地认清地下，指导开发，杏北开发区多次开展各具特色的取心及相关研究工作，地下储层的真实特征得以直观地呈现，通过与开发生产实践紧密结合，相互印证，实现了油藏描述技术和地质认识的多项突破。

第二节　精细油藏描述研究成果及认识

油田进入特高含水期后，杏北开发区依托密井网开发阶段丰富的研究资料，通过反复探索、实践和创新发展，形成了多学科融合的研用一体技术体系，研究对象由特高含水期前的油砂体转变到细分沉积单元、单砂体及断层内部结构，油藏描述技术实现了从"工业化普及"到"精细化""精准化"的突破，工作方向逐渐由认识地下转变为调整地下，在破解特高含水期开发矛盾、促进油田开发高质量发展中发挥了重要作用。

一、精细构造描述技术及主要成果

（一）井震结合构造描述

1. 随井网加密的滚动构造研究

杏北开发区在大庆油田首先实现井震结合构造研究全覆盖，应用井震联合构造建模方法，建立了杏北全区油层组级构造模型。此后，随着井资料的增多，对构造模型进行滚动更新，即依据新井资料开展井震结合构造再认识（表2-1），以新认识指导构造模型更新，以更新后的构造模型指导新一轮开发调整及井位部署。按照上述模式，实现了实践—认识—再实践的良性循环，促进构造认识水平和模型成果精度的不断提高。

2. 井震结合构造研究取得的成果及应用

（1）构造刻画精度提高。

杏北开发区进行井震结合构造研究后，识别断层数量由113条上升到249条（图2-1），大量在井间发育的小断层得到识别和刻画；其中对69条断层的认识加深，对断层首尾形态、空间位置、组合关系等特征的刻画更加精细，断点组合率从89.7%提高到97.8%。

表 2-1　2013—2021 年杏北开发区井震结合构造再认识区块信息统计表

年份	区块名称	面积，km²	井数，口	断层数，条	断点数，个	断点组合率，%
2013	XQ 区东部	15.7	593	18	203	94.6
2014	XYS 区西部Ⅱ块	9.06	1046	18	314	94.4
	XL 区中部	6.5	652	8	249	95.6
2015	XSS 区东部	21.1	2194	18	458	95.8
2017	XQ 区中部	11.62	887	24	211	95.9
2018	XQ 区东部	15.7	1756	18	527	97.2
	XYS 区西部Ⅱ块	9.7	2157	43	805	94.7
2021	XW 区西部	12.6	1559	13	368	94.8

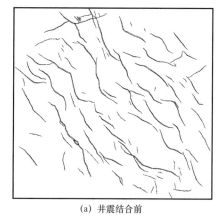
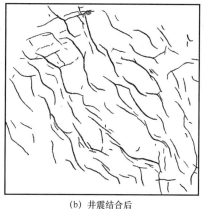

(a) 井震结合前　　　　　　　　　(b) 井震结合后

图 2-1　杏北开发区葡Ⅰ顶面井震结合前后断层平面叠合图

（2）指导新布井区块井位移动。

井震结合构造研究成果在油田特高含水期各项开发调整（如特殊井型精准挖潜，详见本章第三节）中起到了关键作用，尤其在井网加密过程中，创造性地将三维构造模型应用于指导开发井位部署，在断层附近合理移动井位，提高了目的层钻遇率。如图 2-2 所示为一口以萨尔图油层为主要开采对象的开发井，根据模型显示原井位将断失萨Ⅱ5—萨Ⅲ7-1 单元，将井位向东北方向移动 50m 后，避免了 10.5m 砂岩的断失。应用该方法在杏北开发区多个区块优化井位设计，共指导断层附近移动井位 75 口井，为高质量的密井网开发打下了坚实基础。

（二）基于穿断层取心的断层精准刻画

1. 穿断层取心的目的意义

特高含水期剩余油零散分布，但在断层边部受构造和注采不完善影响，剩余油相对集中。2011 年，杏北开发区在油田内首创断层边部大斜度井挖潜技术（详见本章第三

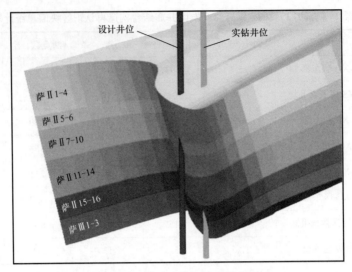

图 2-2　断层区井位移动示意图

节），实现了对断层边部剩余油的高效动用，效果显著。为充分认清断层边部地质特征及剩余油状况，加深对断层边部开发矛盾的理性认识，促进断层边部大斜度井挖潜技术不断完善，2013 年，在杏北 275 号断层边部设计并钻打了国内首口穿断层大斜度取心井（图 2-3），从断层上升盘穿过断层到达下降盘，在断层部位连续取心 114m，获取了宝贵的断层带岩心资料，为深化断层认识、提高断层刻画精度提供了新的依据。

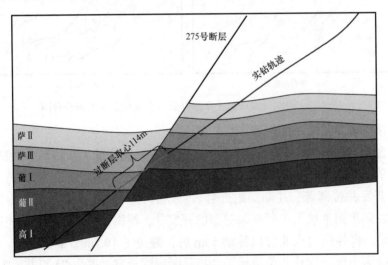

图 2-3　穿断层取心井轨迹剖面图

2. 基于穿断层取心的构造描述新突破

（1）证实了断层具有复杂的内部结构。

① 断层具有断层核加破碎带的二元结构。通过岩心观察，发现多个具有滑动特征的断裂带，并明确观察到了断层核与破碎带二元结构特征。断层核滑动面表面光滑，并有明显擦痕 ［图 2-4（a）］；破碎带在砂泥岩中具有不同的微构造特征：在砂岩中发育变形

带［图 2-4（b）］，在泥岩中发育裂缝和泥岩涂抹［图 2-4（c）］，在介形虫层中发育断层角砾岩，发育多期方解石脉［图 2-4（d）］。

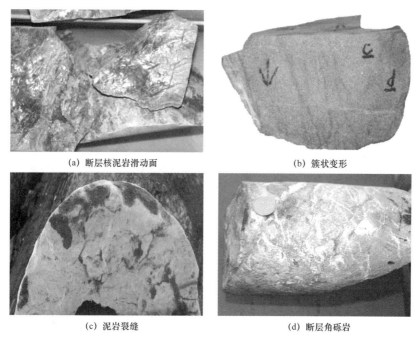

（a）断层核泥岩滑动面　　　　　　　　　　（b）簇状变形

（c）泥岩裂缝　　　　　　　　　　　　　　（d）断层角砾岩

图 2-4　断层核及破碎带岩心特征

　　在滑动面周围岩心中，均发现有破碎带的特征。通过镜下观察发现：在泥岩中破碎带表现为细小的张性裂缝（图 2-5）；在砂岩中破碎带表现为变形条带与裂缝，变形带颗粒较小，孔隙内被外物填充，渗透率较围岩一般降低 2～3 个数量级（图 2-6）。

　　② 断层具有多断面侧列叠覆的构型特征。通过对穿断层取心井岩心和测井资料的联合解释，识别出 3 个连续的井断点，并发现葡 I 2₂ 地层 3 次重复的现象。由此推断，断层具有多个断面的复杂结构，提出断层侧列叠覆的构型模式（图 2-7），实现了岩心、测井和地震解释结果的吻合（图 2-8）。

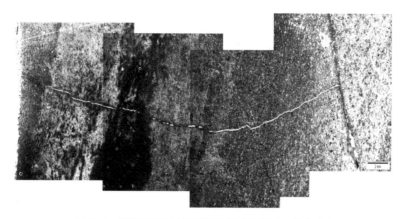

图 2-5　断层破碎中泥岩裂缝微观特征（5 倍放大）

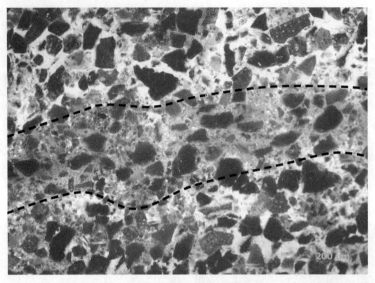

图 2-6　碎裂带和围岩镜下 50 倍放大特征对比图（虚线内为碎裂带）

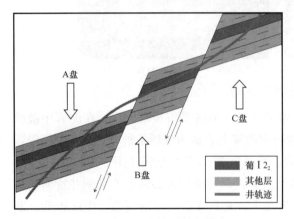

图 2-7　侧列叠覆断层构型模式

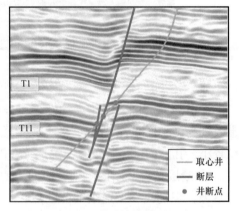

图 2-8　取心井侧列叠覆模式地震解释
T1——级地震标准层，与萨Ⅱ油层组顶面地质分层界线相对应；T11—二级地震标准层，与葡Ⅰ油层组顶面地质分层界线相对应

（2）深化了对断层演化规律及成因机制的认识。

通过对取心资料表现出的断层侧列叠覆现象的深入研究，总结出侧列叠覆断层的三种成因机制，为深刻认识断层、精准刻画断层提供了重要依据。

① 构造多期演化机制。大庆油田长垣断层经历了断陷期、坳陷期和反转期的构造运动，晚期构造运动使早期断层复活，但不同时期形成的断层并不完全遵循一个面，在多期断层的继承部位形成多级组合的断层形态，现今构造样式都是多期构造样式叠加的结果。

② 砂泥岩塑性差异演化机制。在垂向上具有较大塑性差异的地层中，断层在塑性较差的地层中成核，在塑性较强的地层中形变，导致断层分段、叠覆生长（图 2-9）。

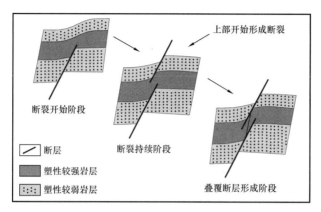

图 2-9　砂泥塑性差异导致断层侧列叠覆成因模式图

③ 剪切应变雁列式演化机制。在斜向拉张应力作用下，断层分布会表现出雁列式的断层带。根据简单剪切应变椭圆，雁列式断层带对应了应变主位移带，而雁列式断层带中的单条断层则对应应变椭圆中的 R 剪切破裂（图 2-10）。

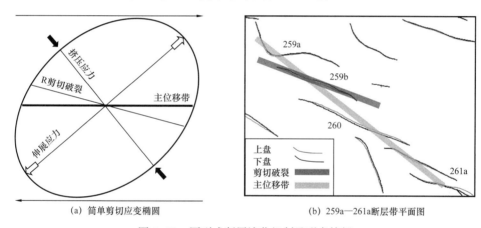

(a) 简单剪切应变椭圆　　　　　　　(b) 259a—261a断层带平面图

图 2-10　雁列式断层演化机制及形态特征

侧列叠覆断层的三种演化机制并不是孤立存在的，而是在断层生长发育的漫长地质时期内共同作用。

（3）进一步明确了断层内部结构特征。

以断层的演化规律和多级组合模式为指导，结合杏北开发区丰富的井断点资料，实现了断层内部结构的精准刻画。针对断层在不同部位的构型特征，总结出 3 种多级组合型断层构型模式。

① 侧列叠覆构型模式。在尾端部位，断层具有断距小、构造运动能量弱的特点。物理模拟实验显示，其特点符合开始破裂阶段和破裂增大阶段（图 2-11），垂向分段生长形成的各段小断层尚未贯通，形成侧列叠覆的构型特征。

② 坡坪组合式构型模式。依据砂泥岩塑性差异条件下的断层物理模拟实验，侧列叠覆断层继续演化会形成上下贯通的大断层（图 2-12），在垂向上断层倾角多次变化，从而形成断坡—断坪交替出现的坡坪组合式构型特征。

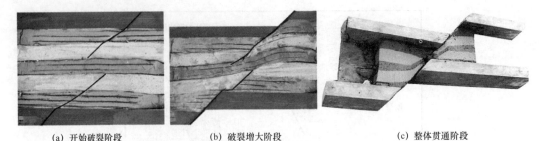

(a) 开始破裂阶段　　　　　　　(b) 破裂增大阶段　　　　　　　(c) 整体贯通阶段

图 2-11　侧列叠覆断层形成过程物理模拟

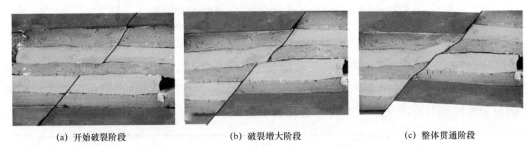

(a) 开始破裂阶段　　　　　　　(b) 破裂增大阶段　　　　　　　(c) 整体贯通阶段

图 2-12　坡坪组合式断层形成过程物理模拟

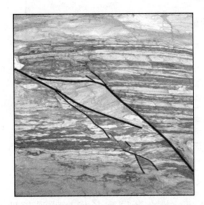

图 2-13　"透镜状"断层带形成模式图及
野外露头

③ "透镜状"构型模式。侧列叠覆断层继续演化会形成"透镜状"的多条断层组合，多条断面的断距一般有较大差距，其中断距较大的是坡坪式主体断面，在"透镜"区域断层带宽度增大，野外露头资料证实了侧列叠覆断层的这一特点（图 2-13）。在杏北开发区大断层中也有体现，如 250 号断层（图 2-14），在相邻的两条过井地震剖面上，分别识别两条主体断层面，井点断距在 60m 以上，主体断层面附近地震同相轴有扭曲、混乱等特征，为"透镜状"断层分支和破碎带的体现。

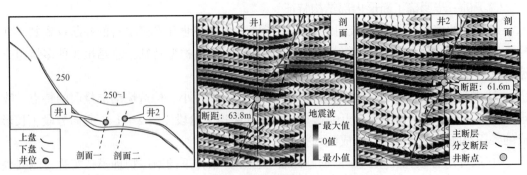

图 2-14　250 号断层边部"透镜状"断层带特征

断层的侧列叠覆、坡坪组合、透镜状三种构型模式在演化上一脉相承，其演化历程可划分为3个阶段（图2-15）：

a.断层演化初期，在塑性差的多个部位形成断层核，并发育为初期小断层，受统一应力系统控制，具有垂向斜列的特点；

b.断层演化中期，断层规模增大，形成侧列叠覆的断层组合；

c.断层演化后期，断层在垂向上整体贯通，形成断坡—断坪组合的坡坪式正断层，为断层主体，断层其他部分成为断层分支，与断层主体构成透镜状的形态。

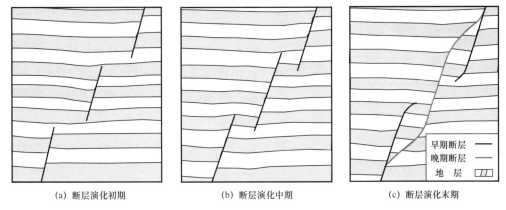

(a) 断层演化初期　　　　　　(b) 断层演化中期　　　　　　(c) 断层演化末期

图2-15　断层内部结构演化模式图

（4）解决了"一井多断"现象的地震解释难题。

统计杏北开发区的断点测井解释结果，一口井发育多个断点的现象普遍存在，占全部钻遇断层井数的32.4%，占断点总数的54.6%。根据断点与断层的对应关系，可将"一井多断"现象分为两类。

① 多断层一井多断：一口井分别钻遇在三维空间上相邻排列的多条断层；

② 单断层一井多断：一口井穿过单一断层形成多个井断点（图2-16）。

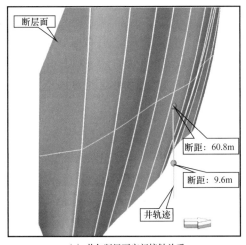

(a) 井与断层面空间接触关系

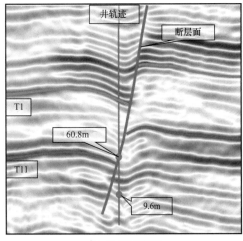

(b) 过井地震剖面

图2-16　"一井多断"现象示意图

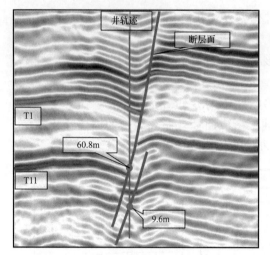

图 2-17 "一井多断"现象侧列叠覆模式地震
剖面解释

按照单一断面的断层模式，单断层"一井多断"必然引起井震矛盾，导致"多余"断点无法组合和解释，而基于多断面侧列叠覆的模式（图 2-17），则能够实现多个井断点的归位组合和成因解释，并能保证井震资料解释结果的统一。

通过穿断层取心以及相关岩心资料的综合研究，解决了断层研究领域的系列瓶颈难题，断层研究从密井网井震结合的"精细化"转变到断层内部结构解剖的"精准化"，构造认识程度及构造描述技术水平得到了大幅提高，为断层边部高效挖潜、精准开发提供了重要支撑。

二、精细储层描述技术及主要成果

（一）密井网储层精细解剖技术

前人研究资料表明，在青山口组至嫩江组沉积时期，大庆长垣地区处于大型河流三角洲相与湖相过渡带，砂质沉积物发育，而其两侧的齐家—古龙凹陷和三肇凹陷在此时期处于湖相环境，沉积物以泥质为主。在沉积差异压实及长垣下伏基底持续隆升双重作用下，大庆长垣地区形成"沉积构造"，基底的隆升作用与杏北开发区小层的形成与演化密切相关。以此为指导，杏北开发区持续发展密井网储层精细解剖技术，为指导油田开发提供了重要支撑。

1. 沉积单元统一细分对比

按照"大格架控制，小区块解剖"的思路，实现了杏北开发区细分层调整和沉积相图的全覆盖。对比过程中，形成了单砂体"成因移界"对比方法，当河道砂因沉积时期不同导致存在相位差异，出现"骑墙"层现象时，将对比界线暂时定在砂体中间，区块统一对比结束后，顺物源方向追溯该类河道砂体，按照砂体成因将对比界线进行统一调整，有效解决了沉积单元细分对比窜层的问题。

2. 复合砂体单一河道识别

根据测井曲线形态、层位等特征，在大面积复合河道中侧向划分界限，识别单一河道（图 2-18），重点识别单一河道边界的 4 类特征：

（1）不同单一河道砂之间存在不连续的河间砂和废弃河道；

（2）不同单一河道砂体层位高程存在差异；

（3）不同单一河道砂体之间厚度存在差异；

（4）同一河道内测井曲线形态、韵律变化相似、层位相当。

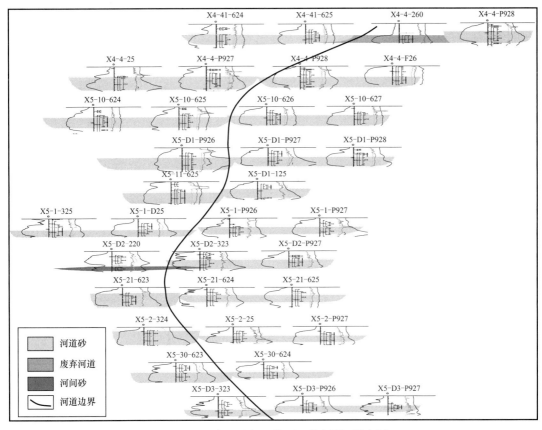

图 2-18 杏北开发区单一河道边界识别实例

3.密井网开发区块沉积边界刻画

经过反复实践，形成了"古地势分析＋密井网测井剖面解剖"的沉积边界确定技术。应用测井曲线剖面图，判断出古地势高低，进而确定沉积基准面，沉积基准面与单元界限的交线即为沉积边界（图 2-19）。按照古地势东高西低、北高南低的趋势，精细确定出南北向和东西向两条沉积边界（图 2-20）。

（二）基于取心资料的精准砂体刻画

为深刻认识储层发育状况及特高含水期剩余油分布特征，杏北开发区针对不同类型储层进行了多次取心。与测井资料相比，岩心资料具有更加直观、信息更加丰富、结果更加准确的优势，通过与密井网测井资料联合应用，突破了精细油藏描述研究瓶颈，提高了解决开发矛盾的能力。

1.水平井取心精准刻画一类油层内部结构

杏北开发区一类油层三角洲分流河道十分发育，经过多年注水开发，虽已不同程度水淹，但储量仍占有较大比例。一类油层中葡 I 3₃ 单元为曲流河沉积，点坝砂体相对发育，其内部侧积夹层、废弃河道的存在加剧了储层非均质性。为认清点坝展布特征及厚油层砂体内部结构，深化对点坝内注采井连通关系及剩余油的认识，2006 年开展水平井长井段多部位取心。

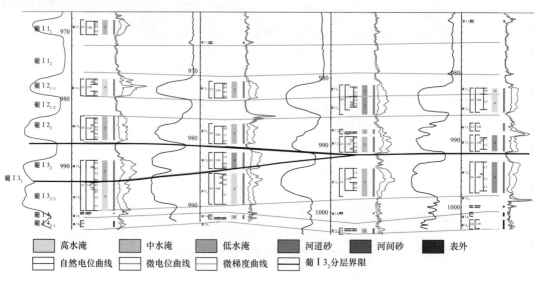

图 2-19 葡 I 3₂ 单元超覆边界识别连井剖面

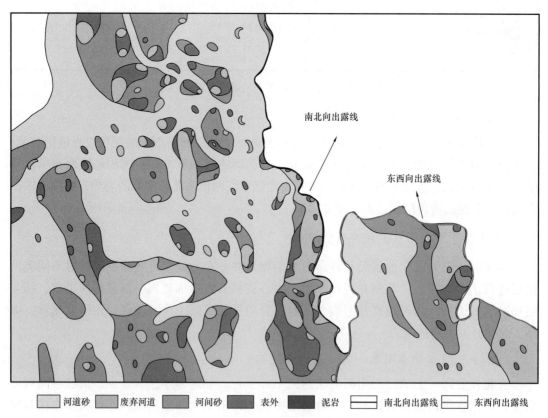

图 2-20 葡 I 3₂ 单元沉积边界识别平面图

1）点坝内部水平取心井岩心特征

通过对水平取心井的岩心观察，总结点坝砂体内部的以下特征：

（1）可观察到大段块状泥岩，对应测井曲线显示的两期河道间自然伽马（GR）高值回返，表明曲流带内部点坝砂体间具有残留泥岩，该泥岩指示了不同砂体间的叠加区；

（2）点坝砂体内夹层发育厚度薄，多为10cm以下，且主要以泥质夹层发育为主；

（3）河道不同部位夹层密度不同，垂向上夹层多集中发育在河道中上部，平面上越靠近废弃河道，夹层发育越密集；

（4）与岩心资料对比，依据测井曲线识别点坝砂体内夹层的识别率较低，仅为23%。

2）水平井取心取得的认识及技术突破

（1）形成复合砂体的分级刻画方法。

依据点坝砂体的沉积模式及识别依据，最终形成了划分时间单元—识别废弃河道—预测废弃走向—识别单一河道—确定点坝规模的复合砂体精细刻画方法。

① 基于"旋回对比、分级控制"的原则，准确划分时间单元；

② 以现代沉积理论为指导，根据井点钻遇废弃河道的不同部位，将废弃河道细分为完全废弃、高度废弃、中度废弃和轻度废弃4种类型（图2-21）；

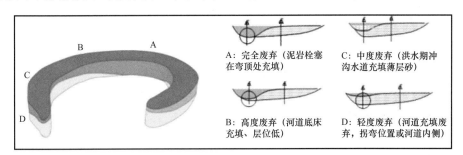

图2-21　废弃河道类型划分示意图

③ 依据测井曲线响应差异性，结合水平井轨迹及录井岩屑描述特征，准确判断水平段钻遇砂体类型，指导废弃河道平面组合及沉积相刻画；

④ 明确单一河道边界识别标准，识别单一河道；

⑤ 根据砂体剖面位置差异、砂体厚度变化、渗透率变化三方面特征，以"废弃河道定边、厚度渗透率定位"的方式，精细雕刻多个单一点坝组合方式（图2-22）。

（2）点坝内部构型要素的定量描述。

点坝内部建筑结构参数包括：单一点坝侧积体及其间侧积夹层的具体分布形态、规模（宽度、厚度）、走向和倾向，针对每一项参数，形成定量描述技术（图2-23）。

① 单井侧积夹层识别及侧积体视厚度描述。单一侧积体钻井厚度即为侧积体视厚度。据岩心观察，葡 I 3$_2$ 段点坝侧积体单层厚度为1~2m。单井上，以侧积夹层为边界划分单一侧积体，统计出侧积体厚度（图2-24），实现每个点坝单一侧积体的平均厚度定量计算。

② 侧积夹层倾向的判断。主要根据点坝砂体的侧积过程判断侧积夹层的倾向，即侧积夹层总是向废弃河道方向倾斜。

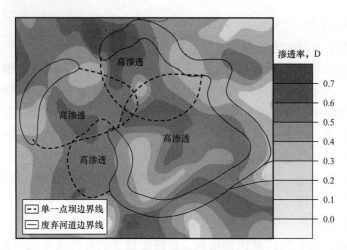

图 2-22 点坝砂体渗透率等值图

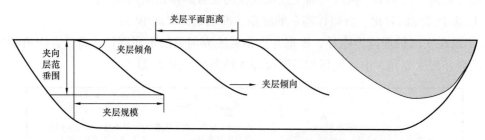

图 2-23 点坝侧积体内部建筑结构参数名称示意图

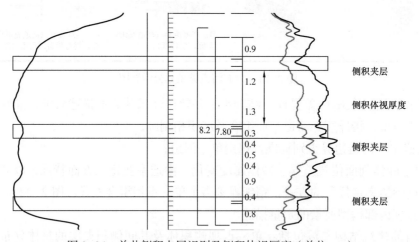

图 2-24 单井侧积夹层识别及侧积体视厚度（单位：m）

③ 侧积夹层倾角的计算。应用对子井确定侧积夹层倾角（图 2-25）。对子井选取条件：井距尽量小（小于 50m）；两井连线方向与夹层侧积方向平行。若两井连线方向与夹层侧积方向存在夹角，将两井连线在侧积方向上进行投影后再进行计算；根据倾角是否符合理论值，判断对子井是否钻遇同一夹层。夹层倾角计算公式为：

$$\alpha = \arctan(H/L) \tag{2-1}$$

式中　α——侧积夹层倾角，（°）；

　　　L——井距，m；

　　　H——夹层间距（当对子井钻遇同一侧积夹层）或砂岩顶面高差（当对子井钻遇同
　　　　　一废弃河道），m。

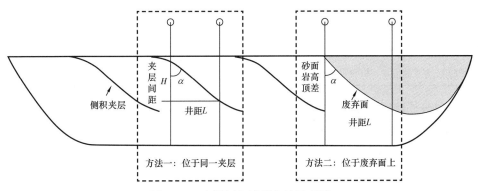

图2-25　夹层倾角计算方法示意图

④ 侧积体水平宽度计算。首先据平面沉积微相图，测量出废弃河道平均宽度；根据 Ethridge Schumm 关系式，侧积体水平宽度为废弃河道宽度的 2/3。

⑤ 侧积夹层的垂向延伸距离。点坝为半连通体。侧积夹层的垂向延伸距离约为点坝砂体厚度的 2/3。

2. 密集取心精准刻画薄差储层

1）密集取心的背景

随着三次加密调整和三次采油开发的不断深入，杏北开发区各类油层都已不同程度水淹，剩余油高度分散，综合含水高、采出程度高，面临着密井网条件下如何进一步深度挖潜的系列问题：一是深化一类油层内部非均质性及剩余油认识，寻找三元复合驱后开发及上返潜力；二是实现三类油层水下分流河道、河口坝、薄差储层以及表外储层展布特征和动用状况的精细刻画，应用水驱调整技术进一步挖潜。要解决上述问题，需依靠丰富的取心资料，开展各类砂体的综合地质研究，深化储层的连通关系认识，明确微观孔隙结构及剩余油的变化规律，揭示多层系、多井网下的剩余油分布特征，为两驱深度挖潜提供地质依据。

杏北开发区 XL 区东部区块在三元复合驱开发前已经钻打了 2 口取心井，在这 2 口井连线 1000m 内，加密钻打 5 口密闭取心井，该连线上钻井总数达到 20 口。丰富的钻井资料、测井资料和取心资料，为更加细致、准确地开展综合地质研究，认清剩余油开发规律，进一步明确一类和三类油层的剩余潜力打开了新的突破口。

2）密集取心取得的认识及技术突破

（1）形成了表外储层精细表征及有效动用技术。

表外储层 532 块岩样精细描述结果显示，表外储层中存在厚度较薄、渗透性较好的优势条带，样品占比达到 23.2%，表外储层优势条带与常规表外储层性质对比见表 2-2。

该部分砂岩岩性、物性、含油性均优于常规表外储层。从微观特征上看，优势条带的喉道半径、渗流能力、可动流体比例与表内砂岩更加接近，易形成有效动用。从动用状况上看，表外储层的水洗样品以超薄有效层为主，水洗级别以中强水洗居多，厚度占比低。

表 2-2　表外储层优势条带与常规表外储层性质对比表

储层类型	岩性	含油性	产状	有效渗透率，mD	动用状况
优势条带	细砂岩、粉砂岩	油浸、油斑	均质块状	>20	中强水洗
常规表外	泥质粉砂岩、粉砂质泥岩	油斑、油迹	条带状、斑块状	1~20	弱未水洗

① 针对表外储层动用差异，形成了表外储层的精细表征技术。

一是形成表外储层优势条带识别技术。将微电极幅度差、微球、微电位、伽马、密度、声波、三侧向幅度差、深侧向、浅侧向共 9 条测井曲线与岩心渗透率建立相关性图版（图 2-26）及优势条带识别标准，形成了基于 DLS 测井系列的独立识别流程（图 2-27），识别准确率达到 80%。

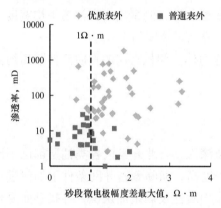

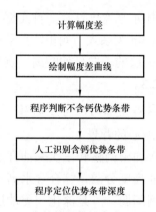

图 2-26　表外储层优势条带识别图版　　图 2-27　表外储层优势条带识别流程图

二是形成表外储层优势条带平面相刻画技术。依据表外储层优势条带受水动力影响的强弱，结合取心井中表外砂岩样点数据，以沉积相图的方式刻画表外储层优势条带平面展布特征，总结出 5 类独立表外储层平面发育类型（图 2-28），优势条带发育与表内储层整体呈现"就近"原则。

② 针对优势条带，实现"提控结合"分类治理，提高注水波及体积。从相对渗透率曲线特征来看（图 2-29），优势条带两相跨度大，同时可动流体相对密度大，相对容易动用，整体渗流特征与表内薄层相似，具有动用即强水洗的特征。依据这种两极分化的特征，确定强渗部分以控制为主，未动用部分提高注水波及体积的调整思路。"十三五"期间在杏北开发区实施注采结构调整 175 井次，5 年累计增油 3.74×10^4t，获经济效益3145.34 万元。从以表外储层为主要开采对象的三次井网开发情况来看，平均年含水上升0.27 个百分点，产量递减速度得到有效控制。

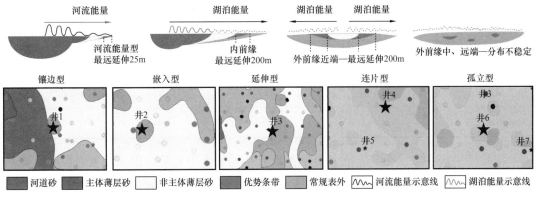

图 2-28　表外储层优势条带平面发育 5 种类型

（2）实现了微观孔隙结构及微观剩余油的精细表征。

应用全直径岩心 CT 可视化测试技术，定量分析了不同类型储层（三元复合驱后的河道砂、水下分流河道砂、前缘席状砂等）的孔隙度和孔隙体积等孔隙结构参数，通过二维切片和三维模型展示各类孔隙结构及分布特征，深化了对微观孔隙结构和微观剩余油变化规律的认识。

① 深化了砂体非均质性认识。超精度全直径岩心扫描结果显示（图 2-30），随着孔隙度和渗透率的降低，岩石骨架颗粒逐渐变小，均质性变差，粒间孔隙分布更加复杂。

② 明确了驱替前后微观孔隙结构变化规

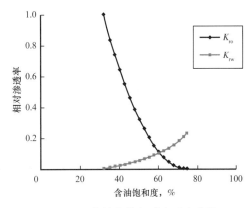

图 2-29　优势条带相对渗透率曲线

律。利用全直径岩心 CT 可视化及数字化的优势，优选储层物性相近的两块双胞胎岩心（表 2-3），开展驱替特征对比，保证实验样品一致性和驱替过程可对比性。

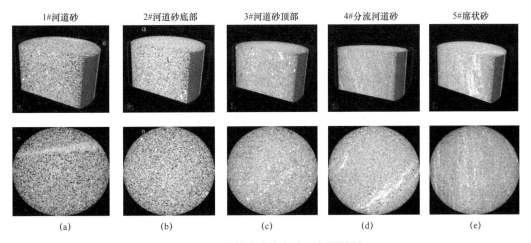

图 2-30　超精度全直径岩心扫描结果
图（a）（b）显示孔隙分布均匀，图（c）（d）（e）显示孔隙分布不均匀，含有大小不同的致密带

表 2-3　双胞胎岩心储层参数信息表

注入阶段	孔隙度 %	平均孔隙直径 μm	平均喉道直径 μm	孔喉比
原始状态	23.6	112.43	50.82	2.21
原始状态	24.1	109.29	43.94	2.49

实验结果表明，水驱和三元复合驱的面孔率均呈上升趋势，但三元复合驱对孔隙结构的影响更大。

当水驱注入达到 1PV 时，注入端面孔率变化比采出端明显；当注入达到 15PV 极限时，面孔率整体增大 1%～3%（图 2-31）。

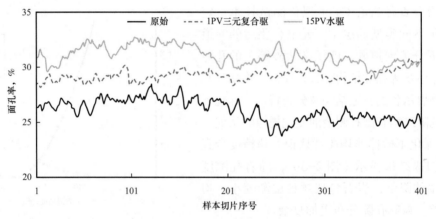

图 2-31　水驱面孔率变化曲线

当三元复合驱注入达到 1PV 时，面孔率增加幅度比水驱大，注入端面孔率比采出端变化更大；当注入为后续水驱 15PV 时，整体面孔率增加不大（图 2-32）。

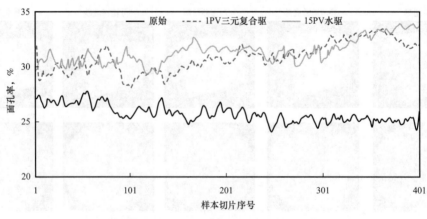

图 2-32　复合驱面孔率变化曲线

随着水驱和三元复合驱驱替倍数的增加，小喉道数量减少，大喉道逐渐增多（图2-33和图2-34）。

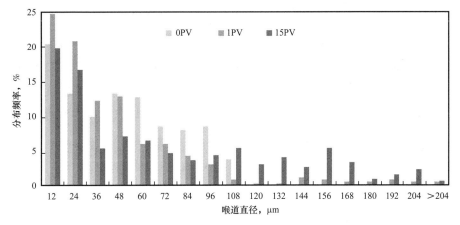

图2-33　水驱样品喉道分布图

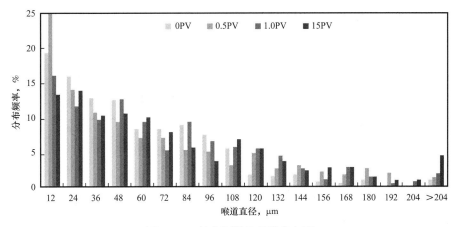

图2-34　复合驱样品喉道分布图

（3）明确了两类油层特高含水期剩余油分布特征。

① 一类油层剩余油分布特征。密集取心井区内，钻打了一口水平取心井，厚砂体的顶部、中部和底部的岩心资料反映出一类油层不同部位剩余油分布及驱油效率特征（图2-35）。岩心资料显示，含油饱和度从油层顶部至底部呈现明显的递减趋势，说明在一类厚油层内部，剩余油主要在顶部赋存；驱油效率从油层顶部至底部呈现明显的递增趋势，说明水驱开发对油层底部的驱替效果较好，油层顶部动用难度相对较大。

② 三类油层剩余油分布特征。密闭取心井水洗资料显示（图2-36），特高含水期有效砂岩的动用效果呈现出差异化。其中有效厚度大于0.5m的油层呈现动用比例高、驱油效率低的特征，说明该类储层内出现了强势渗流通道，剩余油已经向层内转化。而有效厚度小于0.5m的油层呈现动用比例低、驱油效率高的特征，说明该类储层受平面注采关系的影响，仍存在剩余潜力。

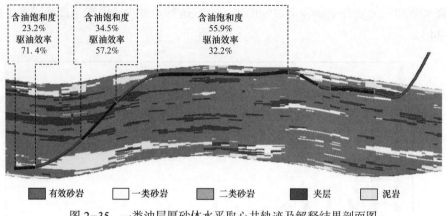

图2-35　一类油层厚砂体水平取心井轨迹及解释结果剖面图

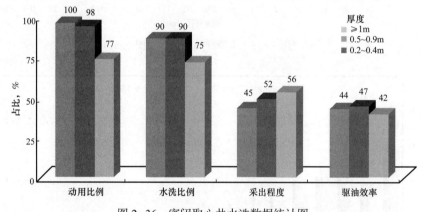

图2-36　密闭取心井水洗数据统计图

三、油藏数值模拟技术及主要成果

从2002年开始，在大庆油田公司开发事业部和勘探开发研究院的组织和指导下，杏北开发区系统开展了多学科油藏研究工作，经过多年的累积和发展，建模数值模拟一体化工作流程日益完善，为了不断满足油田开发需求，攻关发展了油水同层模拟、表外储层模拟、化学驱模拟等技术，实现了数值模拟技术多样化、应用范围全覆盖的高质量发展。

（一）密井网剩余油量化模拟关键技术

杏北开发区经过多轮次加密调整和化学驱部署之后，开发生产历史数据成倍增加、分层系注采关系复杂，使剩余油量化模拟的难度大幅提高。为能准确地描述油田不同开发时期剩余油状况，针对密井网条件下的剩余油量化模拟技术进行了探索及实践，对部分关键环节做出优化。

1. 建立地质模型

多学科油藏研究要建立数字化的三维地质模型。作为油藏描述的最终成果，地质模型是油气藏的类型、几何形态、规模、油藏内部结构、储层参数及流体分布的高度概括，同时是油藏综合评价和油藏数值模拟的基础，也为新油田开发方案设计和老油田综合调整提供依据。

1）模型参数优化

（1）油藏数值模拟区边界。

模拟区边界的划定要保证区内流体的真实流向不变，意味着模拟区要尽可能以油藏边界、封闭断层或压力对称线为模拟区边界。对于多套井网开采的研究区块，边界的划定主要考虑对于油藏动态影响最大的井网。

（2）模拟层与网格系统。

用于油藏数值模拟的地质模型需要达到如下要求：模拟层划分不能粗于调整措施的纵向级别；平面网格剖分要能够满足对储层砂体分布、属性变化和开发过程中压力、饱和度变化描述的精度要求。

2）井与模型一致性处理

井网加密后，测井资料及其解释成果极大地丰富，同样的单井资料错误、不同批次钻井基础信息不统一等问题也大幅增加，造成了井与井之间、井与最终构造模型之间不一致的现象，主要体现在井分层与对应模型层位不一致、井分层与断层两盘不对应两个方面，为保证数值模拟过程用全、用准开发井资料，需要对上述问题进行处理。

（1）井分层与模型层位一致性处理。进行油层组顶面和各沉积单元顶面深度修正，防止"穿层"现象发生。

（2）井分层与断层上、下盘对应性处理。修正模型中的断层，保证井分层与断层上、下盘的对应关系。

3）相控属性建模

（1）沉积相数字化。应用 GPTMap 软件建立沉积相工区并绘制沉积相带图，将沉积相工区转换到 GPTModel 软件中。工区转换后可以将井数据、分层界限数据、沉积相带图、区块断层数据以建模数据形式加载软件中，实现沉积相带图由图形向数字化转换。

（2）相控属性建模。采用相控确定性算法，由井点数据通过井间预测建立地质模型。该建模方法主要适用于砂体厚度、孔隙度和渗透率等与沉积相相关的地质属性。

2. 模型初始化

模型初始化的主要目的是将地质建模成果继承到数值模拟软件中，通过给定基准面深度及对应压力，相对渗透率曲线和毛细管压力曲线等初始参数，计算获得油藏初始状态下的压力及饱和度分布情况。

1）相对渗透率曲线的处理及应用

统计大庆油田砂岩储层 837 个岩心非稳态油水相对渗透率实验数据，根据相对渗透率曲线各端点与渗透率的统计关系，计算出不同渗透率对应的相对渗透率曲线。在模型中根据每个网格的渗透率值进行匹配。

2）PVT 曲线的确定

采用多次脱气形式 PVT 实验资料描述储层油气高压物性。以 222 口井脱气实验结果，对 6 条 PVT 实验曲线进行校正，得出杏北开发区饱和状态下原油平均高压物性参数（表 2-4）。

表 2-4　杏北开发区原油平均高压物性表

泡点压力 MPa	溶解气油比	油相体积系数	油相黏度 mPa·s
0.1013	0.567	1.038	17.348
1.1013	6.012	1.050	12.174
2.1013	11.175	1.061	10.200
3.1013	16.058	1.072	9.056
4.1013	20.660	1.082	8.280
5.1013	24.982	1.091	7.704
6.1013	29.023	1.100	7.254
7.1013	32.783	1.108	6.889
8.1013	36.263	1.116	6.584
9.1013	39.462	1.123	6.323
10.1013	42.380	1.129	6.098
11.1013	45.018	1.135	5.900
12.1013	47.375	1.140	5.723
13.1013	49.451	1.145	5.565
14.1013	51.247	1.149	5.422
15.1013	52.762	1.152	5.292
16.1013	53.997	1.155	5.173
17.1013	54.951	1.157	5.063
18.1013	55.624	1.158	4.961
19.1013	56.016	1.159	4.867
20.1013	56.128	1.160	4.779

3）油藏描述常数和油藏初始状态的确定

油藏描述常数包括储层流体物性、储层岩石物性和油藏温度压力等基本参数（表 2-5）。这里油藏的初始状态是指油藏模拟开始时的油藏状态。对于构造圈闭的油藏来说，储层流体处在重力和毛管压力平衡的状态，采用重力和毛管压力平衡的方法进行油藏初始化。

表 2-5　油藏基本参数表

参数	数据
地面原油密度，g/cm³	0.852
地下原油黏度，mPa·s	6.7
原始饱和压力，MPa	9.7
原始气油比，m³/t	46.4
油体积系数	1.104
原油压缩系数，MPa⁻¹	8.63×10^{-6}
地面水密度，g/cm³	1
水体积系数	1
地下水黏度，mPa·s	0.6
水压缩系数，MPa⁻¹	4.74×10^{-6}
岩石压缩系数，MPa⁻¹	8.6×10^{-6}
油层中部深度，m	1133.55
原始地层压力，MPa	11.63
油层中部温度，℃	49.8

3. 历史拟合

1）历史拟合的原则

历史拟合是通过对油藏开发过程的数值模拟，反求或修正各项地质参数，使地质模型与油田实际开发历程和规律相符合，达到准确分析和预测剩余油的目的，总体上遵循以下原则：

（1）拟合指标，在保证产液量的前提下，以含水拟合为主，兼顾压力拟合；

（2）拟合顺序，从区块到单井再到单层；

（3）参数调整，从影响全区参数到影响井网参数再到影响单井单层参数。

2）历史拟合的标准

（1）区块、单井的日产油量与累计产油量准确匹配，累计产油量相对误差小于2%；

（2）区块、单井的日产水量、含水拟合趋势应相同；

（3）区块、单井的含水拟合分为初、中、后三段，各段样点数分别占总样点数的40%、30%和30%，相应的合格界限为绝对误差分别小于10%、5%和2%，三段合格的样点数应占总样点数的80%以上；

（4）区块、单井的计算含水曲线与实际含水曲线的见水时间一致；

（5）将油井静压作为地层压力的目标值进行拟合，二者趋势相同，拟合相对误差小于10%的样点数占总样点数的80%以上；

（6）校正后的油井实测压力与井网格压力趋势相同；

（7）拟合合格井数大于 75%。

（二）油水同层数值模拟技术

相比纯油区，过渡带地区发育油水同层，存在边水入侵或原油外流等特性，为精确描述过渡带地区剩余油分布特征，建立了一套能够准确描述油水同层段含油饱和度以及油藏边界能量交换的方法。

1. 油水同层含油饱和度初始化

相关研究表明，油藏岩石的毛细管压力和湿相饱和度之间存在良好的对应关系，通过对二者关系曲线——毛细管压力曲线的拟合，可建立毛细管压力与流体饱和度参数之间的转换桥梁。为建立毛细管压力与流体饱和度的对应关系，引用 J 函数这一无量纲的过渡数据，通过对毛细管压力曲线的统计分析得到平均化毛细管压力曲线，实现对油藏流体初始垂向饱和度分布的估算。

1）统计 J 函数样本点

收集杏北开发区 8 口取心井岩心资料，根据 J 函数数学模型将实验室测得的毛细管压力和含水饱和度对应数据点转换为 J 函数和标准化饱和度对应的数据点。J 函数公式为：

$$J\left(S_{wn}\right)=\frac{p_c}{\sigma}\left(\frac{K}{\phi}\right)^{\frac{1}{2}} \qquad (2-2)$$

式中　$J\left(S_{wn}\right)$——J 函数；

　　　S_{wn}——岩心标准化饱和度；

　　　p_c——毛细管压力，MPa；

　　　σ——界面张力，mN/m；

　　　K——空气渗透率，mD；

　　　ϕ——孔隙度。

2）分级拟合 J 函数曲线

为消除不同物性岩心样本之间的差异性，减少误差样点对拟合曲线的影响，需要对样本点进行分级统计处理。选用与岩石物性相关性较好的渗透率属性进行分级，分别拟合出不同渗透率级别区间的 J 函数—标准化饱和度的幂函数关系（图 2-37）。

3）校正实验室测量毛细管压力曲线

得到各渗透率级别的实验平均毛细管压力后，需要将实验室内平均毛细管压力换算为油藏条件下毛细管压力。利用数值模拟的概念模型能够将最大毛细管压力值校正到合理范围内，首先根据目标区块开发井电测解释结果确定油水同层高度，利用数值模拟概念模型调整最大毛细管压力 $p_{c\,max}$，使模型中同层高度与区块一致；其次根据渗透率分级平均化曲线中的最大毛细管压力求出曲线的校正系数，公式为：

$$\eta_x=\frac{p_{c\,max}}{p'_{c\,max}} \qquad (2-3)$$

式中　η_x——校正系数；

　　　$p'_{c\,max}$——渗透率分级平均化曲线中的最大毛细管压力，MPa；

　　　$p_{c\,max}$——数值模拟概念模型中的最大毛细管压力，MPa。

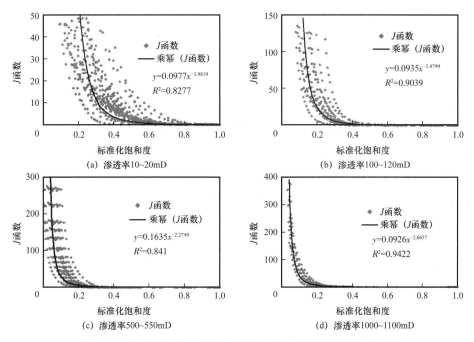

图 2-37　分级统计的 J 函数—标准化饱和度的幂函数关系曲线

利用某渗透率级别曲线的系数 η_x 来校正各饱和度对应的毛细管压力值，公式为：

$$p'_c = \eta_x p_c \tag{2-4}$$

式中　p'_c——校正后毛细管压力，MPa；

　　　p_c——校正前毛细管压力，MPa。

最终得到数值模拟中应用的毛细管压力曲线（图 2-38），实现对油藏初始状态流体饱和度分布的模拟。

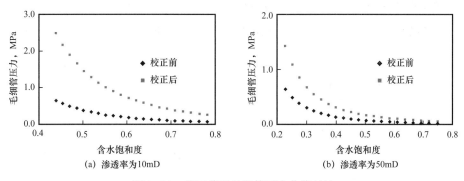

图 2-38　校正前后毛细管压力曲线对比

2. 边水模拟及动态数据流搭建

由于油水同层含油性较差，开发价值较低，导致油水同层部位的钻井数量、测井解释成果数据量都相对较少，进而增加了井间砂体刻画和水体数值模拟的难度。针对油水同层段储量小、产油量低的情况，在数值模拟过程中重点采用解析水体的方法，模拟边水能量对区块的影响。

通过探索形成了基于 Carter-Tracy 软件的水体模拟方法。该方法是针对径向对称的环形水体，经过诸多形状因子的调整，可以实现任意形状水体的描述。数模数据流组成部分及关键字（表2-6）。

表 2-6 数值模拟中解析水体功能设置表

关键字	数模数据流组成部分	实现功能
AQUDIMS	RUNSPEC	给定最大水体数及连接网格数
AQUTAB	PROPS	设定解析水体流入函数
AQUCT	SOLUTION/SCHEDULE	设定水体各项描述参数
AQUANCON	SOLUTION	指定水体与油藏连接的网格坐标及属性
AAQR/AAQT	SUMMARY	显示水体瞬时及累计流入量计算结果
WELLTARG	SCHEDULE	调整水体边界处的井压力限制

（1）在 ECLIPSE 软件中，将模拟区域与 Carter-Tracy 水体连接，并设定最大水体数和与任意一个水体连接的最大模拟网格数，模型中设定为一个水体，最大连接网格数为9500个。

（2）设定 Carter-Tracy 水体流入函数。根据经验值，设定无量纲时间和无量纲压力数据。

（3）设定各个水体的描述参数，包括水体序号、参考深度、初始压力、渗透率、孔隙度、总压缩系数、模拟油藏等效半径、水体厚度、水体包围角度。其中物性参数均参考模型边部井平均参数赋值，等效半径采用油藏半径2倍，包围角度180°；

（4）设定各个水体连接油藏的网格区域、连接面和连接效果。针对其数据量大、程序化操作性强的特点，编写了设置水体连接网格的批处理程序，提高了工作效率（图2-39）。

图 2-39 XDB 过渡带北块各单元水体连接网格

（三）表外储层数值模拟技术

1. 精细地质建模

表外储层建模采用层内网格细分方法，应用精细参数解释结果，采用层内细分的方式，纵向上将一个沉积单元等效处理为有效砂岩在上、表外砂岩在下的两个小层，以该沉积单元的顶作为有效层的顶部，该沉积单元的底作为表外层的底部。按照上述方法对所有井的所有层进行劈分，应用劈分后的小层数据建立三维地质模型，提高表外储层非均质性模拟精度。

2. 精细数值模拟

1）精细匹配相对渗透率曲线提高渗流特征模拟精度

表外储层相对渗透率曲线具有强水湿岩石相对渗透率曲线特征。在历史拟合过程中，将渗透率分为小于 5mD、6~10mD、11~20mD 和大于 20mD 4 个等级，分别匹配不同的相对渗透率曲线，提高了渗流特征的模拟精度。4 条表外储层相对渗透率曲线随着含水饱和度的增大，油相渗透率急剧降低，水相渗透率小幅增加，油水两相等渗点含水饱和度大于 0.6，水相渗透率最大值不超过 0.1（图 2-40）。

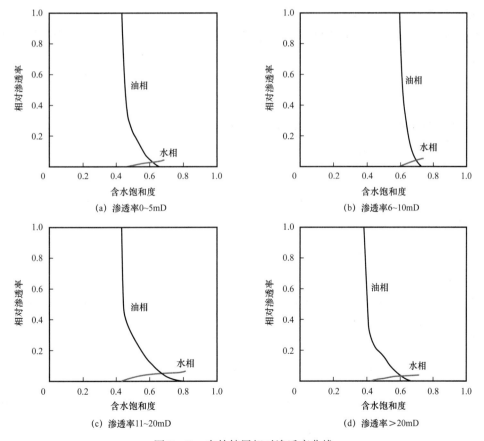

图 2-40　表外储层相对渗透率曲线

2）设定启动压力提高动用描述精度

流体在低渗透储层中渗流时，会与岩石之间产生吸附作用，对流体的渗流产生很大影响，不符合达西渗流规律。因此，使流体流动必须有一个附加的压力梯度，克服吸附层的阻力。

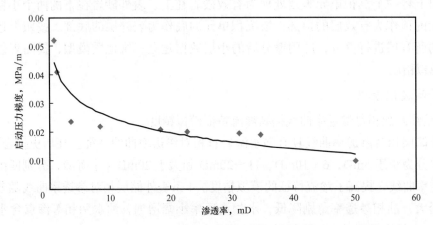

图2-41　杏北开发区岩心启动压力梯度与渗透率关系曲线

从图2-41中可以看出，启动压力梯度随油层渗透率的增大而减小。当渗透率小于4mD时，启动压力梯度随渗透率减小而急剧增大（图2-41）。为了提高描述精度，在模拟过程中加入启动压力的参数。应用ECLIPSE数值模拟软件中的"门限压力"对低渗透油藏存在的启动压力梯度进行等效模拟。"门限压力"为实际油层中的最小启动压力，当压力值大于"门限压力"时，油层才能得以动用。根据实验，独立表外储层启动压力梯度设为0.042MPa/m，渐变表外储层启动压力梯度设为0.023MPa/m。

（四）化学驱数值模拟技术

化学驱数值模拟技术可以优化注入参数，预测开发效果，分析不同受效阶段剩余油分布状况，为化学驱的开发调整提供可靠的技术支撑。杏北开发区通过在参数敏感性、参数调整方法等方面的攻关研究，形成了一套成熟的化学驱数值模拟技术。

1. 明确化学驱数值模拟的关键参数及意义

1）黏浓参数初始值设定

在化学驱数值模拟中，黏浓参数是体现聚合物驱替作用的重要参数，黏浓参数的调整也是化学驱数值模拟中的关键环节。实验结果表明，在零剪切速率下聚合物溶液的黏度是聚合物溶液的质量分数和含盐量的函数，依据黏浓参数的计算公式［式（2-5）］，设定A_{P1}、A_{P2}和A_{P3}的初始值，再依据数值模拟结果进行下一步调整。

$$\mu_p^0 = \mu_w \left[1 + \left(A_{P1} C_P + A_{P2} C_P^2 + A_{P3} C_P^3 \right) C_{SEP}^{S_P} \right] \tag{2-5}$$

式中　μ_p^0——零剪切速率下聚合物黏度，mPa·s；

μ_w——水黏度，mPa·s；

S_P——实验常数；

C_P——聚合物浓度，mg/L；

C_{SEP}——水相中有效含盐质量分数；

A_{P1}，A_{P2}，A_{P3}——黏浓参数。

2）吸附参数初始值设定

聚合物在地下会受到岩石的吸附作用，吸附量的多少直接决定聚合物的用量和采收率的高低，为了真实还原这一现象，在数值模拟中设定了吸附参数1和吸附参数2两个关键参数。依据吸附参数的计算公式［式（2-6）］，设定 a 和 b 的合理初始值。

$$\hat{C}_P = aC_P / (1 + bC_P) \tag{2-6}$$

式中　$\hat{C}_P$——聚合物吸附浓度，mg/L；

C_P——聚合物浓度，mg/L；

a——吸附参数1；

b——吸附参数2。

3）渗透率下降系数初始值设定

聚合物溶液在多孔介质中渗流时，由于吸附捕集作用会引起流度下降和流动阻力增加，在数值模拟中利用渗透率下降系数描述这一现象。研究结果表明，渗透率下降系数1（BR_K）对拟合结果影响不大，只需依据渗透率下降系数2的计算公式［式（2-7）］，合理设定渗透率下降系数2（CR_K）的初始值。

$$CR_K = 1 + \frac{(R_{K\max} - 1)C_{rk}C_P}{1 + C_{rk}C_P} \tag{2-7}$$

式中　CR_K——渗透率下降系数；

$R_{K\max}$——最大阻力系数；

C_P——聚合物浓度，mg/L；

C_{rk}——实验室常数。

4）不可及孔隙体积初始值设定

不可及孔隙体积决定着聚合物的驱替范围，直接反映区块潜力的大小，对区块的整体开发效果也有较大的影响。在数值模拟中不可及孔隙体积也起着同样的作用，因此，需依据不可及孔隙体积的计算公式［式（2-8）］，准确计算不可及孔隙体积的合理值。

$$e = 1 - 0.0034M_r^{0.55}K^{0.206} \tag{2-8}$$

式中　e——不可及孔隙体积；

M_r——聚合物相对分子质量；

K——油层渗透率，D。

2. 明确关键数值模拟参数的敏感性

化学驱数值模拟涉及的参数较多，不同参数对含水曲线拟合产生不同程度的影响，为提高含水拟合过程中参数调整的针对性，需要分析明确各种参数对含水曲线调整的敏感性。通过在理想模型中逐次调整单一参数进行数值模拟，确定了 8 个重要参数的敏感性及调整方向（表 2-7）。

表 2-7 关键参数敏感性分析表

关键参数	关键字	与含水曲线变化关系		敏感性强弱
		下降速度 / 最低值	回升速度	
不可及孔隙体积	POROS I TY	反比	正比	强
吸附参数 1	a	反比	反比	强
吸附参数 2	b	正比	正比	中
渗透率下降系数 1	BR_K	影响不大	影响不大	弱
渗透率下降系数 2	CR_K	正比	影响不大	强
黏浓参数 1	A_{P1}	正比	正比	极强
黏浓参数 2	A_{P2}	影响不大	影响不大	弱
黏浓参数 3	A_{P3}	正比	影响不大	中

研究结果表明，应重点调整黏浓参数、不可及孔隙体积、吸附参数 1、渗透率下降系数 2，再根据模拟结果，对其他参数进行微调。

3. 明确敏感参数调整范围及调整顺序

在确定关键参数的敏感性及合理初始值设定的基础上，通过对实际区块数值模拟过程的总结，确定出敏感参数合理的调整范围以及调整顺序，可以有效地提高化学驱数值模拟的精度及工作效率。

1）明确敏感参数的合理调整范围

在 CHEMEOR 软件数值模拟中，黏浓参数的调整对数值模拟最终结果的影响较大，为保证最终的拟合精度，必须确定黏浓参数的合理调整范围。通过对化学驱区块采用单一调整黏浓参数的方式进行数值模拟，对拟合结果进行比对分析，总结出黏浓参数 1 的合理范围为 10～40（图 2-42），应用此方法，依次确定了吸附参数、渗透率下降系数等重要参数的合理调整范围（表 2-8）。

表 2-8 敏感参数合理调整范围统计表

敏感参数	可及孔隙体积	吸附参数 1	吸附参数 2	渗透率下降系数 1	渗透率下降系数 2	黏浓参数 1	黏浓参数 2	黏浓参数 3
合理调整范围	0.8～0.9	1～3	100～300	10～30	1～3	10～40	50～100	100～300

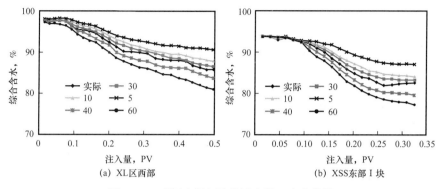

图 2-42　现场实际区块黏浓参数 1 变化曲线

2）明确敏感参数的合理调整顺序

通过对各项敏感参数的特点及其对化学驱数值模拟的影响归纳总结，明确各项参数的调整顺序（表 2-9）。不同区块的数值模拟结果显示，不可及孔隙体积对含水最低值出现的时间以及含水回升速度有较大影响，并且不可及孔隙体积的调整范围较小，更容易确定，因此，优先调整不可及孔隙体积，确定曲线的大致形态；渗透率下降系数对含水最低值较为敏感，而对含水下降速度和回升速度影响很小，参数的调整范围较小，故应优先调整；吸附参数对含水下降速度和最低值都较为敏感，对该参数进行合理的调整可以让曲线形态产生较为明显的变化，其中，吸附参数 2 的调整范围较大，因此调整顺序应靠后，黏浓参数对曲线变化影响最大，由于地下储层的情况较为复杂，剪切系数的确定难度较大，因此应最后调整黏浓参数。

表 2-9　敏感参数调整顺序分析表

敏感参数	调整范围	对曲线的主要影响	对曲线的整体形态影响	调整顺序
不可及孔隙体积	小	最低值出现时间回升速度	大	1
渗透率下降系数	小	最低值大小	小	2
吸附参数	大	下降速度最低值大小	较大	3
黏浓参数	大	下降速度最低值大小	最大	4

至 2021 年底，应用以上技术完成了 18 个化学驱区块及试验区的数值模拟工作，拟合井数 3184 口，拟合精度保持在 80% 以上。

第三节　基于精描成果的特殊井型精准挖潜

针对油田特高含水期剩余油分布高度零散的现状，杏北石油工作者以内容不断丰富、精度不断提高的精细油藏描述成果为根基，以高速发展的钻井工艺为依托，以持续的解放思想和高质量的技术创新为突破，形成了针对特殊部位、特殊储层的特殊井型高效挖潜技术，并取得了重要的成功。

一、断层边部大斜度井挖潜

开发经验和断层边部的数值模拟表明，断层边部受油田长期躲避断层布井、套损防控及普通直井技术特性影响，存在难以动用的"墙角区"，剩余油相对富集。为高效地挖掘断层边部剩余潜力，杏北开发区率先提出了"站高点、掏墙角"的挖潜思路（图 2-43），通过钻打平行于断层面的大斜度多靶点定向井（以下称大斜度井），将富集于断层边部的剩余油高效采出。

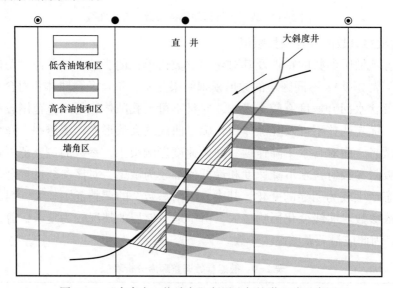

图 2-43 "占高点、掏墙角"断层边部挖潜思路示意图

（一）大斜度井技术优势

与钻普通直井相比，钻大斜度井具有三方面技术优势：

一是可使井轨迹钻穿断层边部连续的构造高点，精准挖掘潜力富集区。

二是可精准控制井钻遇断层的部位，确保不断失关键油层。

三是井轨迹与油层斜交，使大斜度井钻遇油层的视厚度较直井增加 20% 以上，泄油体积更大，产油能力更强。

（二）大斜度井设计技术的发展

1.技术的形成

杏北开发区自 2009 年开展断层边部大斜度井挖潜技术研究，综合构造、储层及多学科油藏研究成果，形成了包含断层解释、构造建模、潜力分析、轨迹设计和地质导向几大环节的断层边部大斜度井设计技术体系。2011 年，设计投产了油田第一批大斜度井，井轨迹距断层面 60m，投产初期单井日产油在周围直井的 5 倍以上。

2. 技术的发展

2013 年，为深刻认识断层内部结构，明确断层附近物性特征及剩余油潜力，杏北开发区设计钻打了国内第一口穿断层取心井。基于穿断层取心的重要认识，结合 2011 年至 2013 年两批大斜度井挖潜的技术经验，系统提出了断层边部大斜度井设计定井区、定井位、定轨迹（简称"三定"）的技术标准（表 2-10），大斜度井高效挖潜技术基本成熟。此后，该技术持续发展，一是开展断层封闭性研究，明确了不同规模断层的侧向遮挡能力，指导井位部署躲避断层渗漏高风险部位；二是探索形成断层边部"甜点"识别技术，总结出"五参数"潜力评价技术，为自动化、智能化的断层边部潜力筛查奠定了基础。在不断深化研究的同时，持续对大斜度井优化设计"三定"标准进行了丰富和完善，为大斜度井挖潜的效果提供了充分保障。

表 2-10 断层边部大斜度井优化设计"三定"技术标准

节点	要素	设计策略	量化标准
定井区	构造因素	断层多向遮挡区	—
		微构造高点	—
		断层强封闭段	断距大于 25m
	井控因素	300m 范围内累计注入量	综合潜力评价量化打分
		300m 范围内累计采出量	
		注采井距	
定井位	断砂配置	断层遮挡的指状砂体部位	单井可调有效厚度大于 5m
		河道边部变差砂体、孤立坨状	
		厚砂体受断层差砂体遮挡的夹角部位	
定轨迹	轨迹设计	深度域井震联合确定靶点	井距断层面 30m
	轨迹防碰	三维圆柱法立体防碰	

经过 10 余年的发展，杏北开发区在断层边部挖潜方面实现了三个转变：

（1）布井策略由"躲断层"转变为"沿断层"。

在特高含水期之前，为避免开发井钻遇断层导致大段油层断失，油田长期采用躲避断层布井的策略，因而在断层边部普遍存在一段"避让区"。特高含水期后，科研人员发现了断层边部的巨大潜力，通过技术创新和开发思路的转变，实现"沿断层"钻井高效挖掘剩余油。

（2）轨迹设计由"靠断层"转变为"贴断层"。

杏北开发区部署前两批断层边部大斜度井，采用"靠断层"的方式，即在确保不钻遇断层的前提下靠近断层挖潜，井轨迹距断层面采用较为保守的 60m 参数设计。穿断层取心之后，对断层带的认识程度及刻画精度有了质的提升，轨迹设计上实现了最大限度贴近断层而不断失油层。

（3）挖潜方式由"小井组"转变为"规模化"。

"十三五"以来，伴随着大斜度井优化设计技术的发展，其规模也迅速扩大。在挖潜对象上，由断层上升盘拓展到断层下降盘，实践表明，断层下降盘剩余潜力相对较小，但大斜度井初期产油仍保持在周围直井5倍以上；在挖潜方式上，由以往的单井挖潜、单点控制，转变为对断层的整体控制，同步针对大斜度井区完善注采系统，补充地层能量，促进断层边部挖潜高效更长效；在挖潜规模上，在"十三五"期间，由之前的13口井扩大到39口井，范围遍布杏北全区。

（三）杏北大斜度井挖潜效果

从2011年至2021年，杏北开发区共部署了6批共计39口断层边部大斜度井，并始终保持高产态势。其中，2018年部署的一口大斜度井，最高单井初期日产油超过40t，含水仅为30%，取得了特高含水期油田开发的重要成功。截至2021年底，杏北开发区断层边部大斜度井已累计贡献原油 26.74×10^4 t，为油田完成原油产量任务、高质量持续稳产做出重要贡献；同时，该技术在大庆油田内发挥了带头引领作用，至2021年，已在长垣老区推广199口井，累计产油 83.74×10^4 t，创效超3亿元，成为老区油田提质增效的关键技术。

二、厚油层水平井挖潜

杏北开发区于2003年钻打了第一口水平井，此后的20年时间里，水平井的钻井规模不断扩大，至2021年累计钻打了43口水平井，其中水驱的15口、化学驱的28口；水平井设计技术不断发展，分别根据三类油层水下分流河道和一类油层大面积曲流河的沉积特点，形成了针对性的水平井挖潜技术。

（一）三类油层水下分流河道水平井挖潜

三类油层平均厚度较薄，但水下分流河道砂体厚度相对较大，同时具有平面宽度窄、底部水洗重的特点，顶部受注水重力影响仍然具有一定的剩余油。针对此类剩余油，普通直井水驱开采的难度大，而水平井以其较高的砂体钻遇率和较大的泄油面积，可大幅提高砂体的动用程度，具有明显的优势。随着多学科技术的逐步成熟，水平井已成为集约化挖掘局部富集型剩余油的重要手段，对老油田改善二次开发效果具有重要意义。

1. 水下分流河道水平井设计思路

水下分流河道砂体在开发动用上具有两方面突出特点：一是砂体顶部动用程度低，根据对检查井水洗情况的统计（图2-44），水下分流河道砂体上部弱未水洗厚度占总厚度的27.9%；二是目前井网对窄河道控制程度低，因砂体平面分布高度零散，难以形成完善的注采关系。

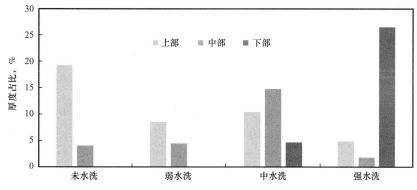

图 2-44　检查井水下分流河道砂体动用状况柱状图

根据水下分流河道砂体的上述特点，采用"顺河道、打顶部"的水平井挖潜思路，充分发挥水平井可定方位、定深度挖潜的技术优势，把残留在水下分流河道砂体顶部的剩余油高效采出。

2. 水下分流河道水平井设计关键技术

水下分流河道砂体在平面分布上具有"窄、散、薄"的特点，导致在水平井设计上面临三大难点：

一是定砂体难，由于砂体在平面上零散分布，即使在密井网条件下，也难以对河道的走向、边界、组合关系作出精准刻画，使水平井钻遇优质砂体的难度增大。

二是定轨迹难，由于水下分流河道宽度较窄，更容易出现水平井轨迹方位与河道走向偏离的情况，导致砂体钻遇率降低。

三是地质导向抓层难，由于水下分流河道砂体厚度较薄，更容易出现水平井井斜角与地层倾角偏离的情况，导致水平井抓准层位难度大。

围绕上述难题，杏北开发区综合应用地震、测井、建模等多学科手段，攻关形成了水下分流河道砂体优化设计系列关键技术。

1）井震结合单砂体刻画技术

在油层精细划分对比及微相识别的基础上，对砂体展布特征进行精细刻画。应用地震沉积学储层预测技术，提取能够反映砂体走向、边界等信息的属性切片，结合测井资料解释结果，按照层位高低、测井曲线的微细差别、微相组合关系、砂岩厚度演变趋势以及泥岩尖灭区分布规律确定水下分流河道的单砂体边界。

2）井震结合三维地质建模技术

与常规的井震结合地质建模相比，水平井区地质建模对精度的要求更高，在资料的选用上更加严格。一是严格井斜校正，滤掉井斜错误或信息不全的井，保证应用高精度的密井网资料控制井区构造；二是"两步法"相控建模，即在沉积相模型的约束下，建立岩性模型，再以相控的岩性模型为约束条件，建立孔、渗、饱属性模型。

3）随钻模型更新与地质导向技术

由于实际地质情况复杂多变，油层的厚度、油层顶部的微幅度构造与预测结果可能存在一定的误差，为保证水平井准确着陆目的层，地质导向作业人员依据三维地质模型、测井解释结果，结合 LWD 监控仪和岩屑录井，实时对水平井轨迹预测跟踪、校正和调整，指导钻井轨迹运行，有效保障了水平井入靶准确率和砂岩钻遇率。

3. 水下分流河道水平井挖潜效果

至 2021 年底，杏北开发区共钻打水下分流河道水平井 14 口，初期单井日产油 13.5t，综合含水 74.2%，累计产油 11.8×10^4t。其中一口水平井于 2010 年投产，初期日产油 61.1t，含水仅为 3%。

（二）一类油层点坝砂体水平井挖潜

杏北开发区一类油层三角洲分流河道大面积发育，尤其葡 I3_3 单元发育大规模的曲流河，受废弃河道及点坝内部侧积夹层遮挡影响，点坝砂体顶部存在剩余油。这种受侧积夹层遮挡形成的剩余油，即使应用高密度的三次采油井网，进一步挖潜的难度仍然较大。利用水平井扩大油层泄油面积，建立定向的连通关系，突破侧积夹层遮挡，成为进一步改善特高含水期厚油层开发效果的重要途径。

1. 曲流河水平井设计思路

根据曲流河内部侧积夹层发育、注采井之间定向连通的特点，采用"穿点坝、垂夹层"的思路，部署注入和采出间隔排布的水平井组，实现在水平注入井和水平采出井之间的跨夹层连通。在开发方式上，采用平直联合三元复合驱的方式，以水平井组为中心，周围直井封边，实现对大规模厚砂体的整体控制，通过三元强效驱油剂与水平井优势井型的强强联合，实现采收率的大幅提高。

2. 曲流河水平井组优化设计技术

点坝砂体顶部水平井设计以砂体发育和剩余油分布特征为依据，通过水平井井区优化、井位井距优化、井轨迹优化，努力使水平井扩大油层泄油面积的优势发挥到最佳程度。

1）井区优化

重点优选三类区域：点坝砂体油层发育厚度较大的区域；构造高点的剩余油富集区域；砂体顶面微幅度构造变化平缓区域。

2）井位井距优化

（1）尽可能垂直侧积夹层方向布井。点坝砂体由多个侧积体叠瓦状排列而成，侧积体的上部一般为泥质侧积夹层隔挡，剩余油存在于夹层与夹层之间，垂直穿越侧积夹层可保证水平注采井之间的有效连通，更好的动用侧积体内剩余油。

（2）采用 140～200m 注采井距。井距大小影响注入速度和采液能力，从直井三元复合驱不同井网的开发数据分析（表 2-11 和表 2-12），140～200m 注采井距有利于形成水平井三元复合驱高质量注采关系。

表 2-11 杏北开发区三元复合驱试验区块数据统计表

区块	注采井距 m	平均渗透率 mD	聚合物用量 mg/L·PV	注入速度 PV/a	注入强度 m³/(d·m)	注入压力升幅 MPa	吸水指数下降 %	提高采收率 %
XW 区中块	141	483	837.3	0.65	13.7	1.6	3.3	25.0
XE 区西部	200	679	1052.6	0.30	14.0	2.9	33.7	19.4
XE 区中部	250	390	707.4	0.10	7.6	6.8	53.3	16.0

表 2-12 各试验区产液能力变化情况

项目	注采井距 m	产液量			产液指数			三元驱平均采油速度 %
		水驱 t/d	三元驱 t/d	下降幅度 %	水驱 t/(MPa·d·m)	三元驱 t/(MPa·d·m)	下降幅度 %	
Z 区西部	106	35	30	14.2	0.9	0.4	58.8	17.3
XW 区中块	141	491	317	35.4	10.6	4.9	54.1	19.1
XE 区西部	200	133	40	69.9	10.3	2.4	81.0	7.5
北一断西	250	199	79	60.0	10.2	1.5	85.2	4.4
XE 区中部	250	861	311	63.8	4.4	0.6	85.5	2.7

3）轨迹优化

（1）水平段长度优化。

依据数模结果，水平段 300m 和 400m 的开采效果差别不大，且水平段过长极易出现井眼防碰问题，因而水平段以 300m 为宜。

（2）水平井入靶方向优化。

水平井水平段存在压力损失，且压力损失和流体流动方向有关，生产井产液能力自跟端（靶点）到指端（末端）逐渐降低，注入井注入能力自跟端（靶点）到指端（末端）逐渐降低，水平段压力损失使得注入水不能形成理想的线形驱油，影响注入水平面波及效率。据哈得油田水平井数值模拟研究结果（图 2-45，表 2-13），相邻两口水平井入靶点方向相反、水平段指端（末端）相邻，即反向指指井网，考虑了压降因素，为最佳的水平井井网。

（3）轨迹在层内位置的优化。

井轨迹在油层中位置不同对开发影响不同。哈得油田数值模拟结果表明，注入井轨迹距油层顶部 1/5、采出井轨迹距油层顶部 1/3 处时注入水突破时间最慢、相同采出程度情况下，含水最低。

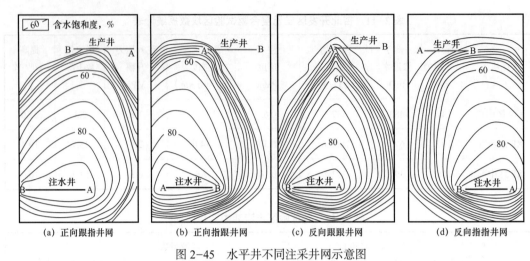

(a) 正向跟指井网　　(b) 正向指跟井网　　(c) 反向跟跟井网　　(d) 反向指指井网

图 2-45　水平井不同注采井网示意图

表 2-13　4 种井网驱替效果对比表

井网	注入水突破时间，d	突破时波及效率，%
正向跟指井网	740	76.61
正向指跟井网	760	78.72
反向跟跟井网	630	68.22
反向指指井网	950	86.11

3. 曲流河水平井组三元复合驱开发效果

杏北开发区自 2006 年起探索平直联合三元复合驱技术，先后在 XL 区东部和 XQ 区东部开辟了两个现场试验区，取得了突出的开发效果。一方面，通过"穿点坝、垂夹层"的思路构建水平井组，有效破解了点坝砂体内部侧积夹层遮挡注采的开发矛盾，支撑试验区取得最终提高采收率 30 个百分点的好效果；另一方面，通过砂体内部结构解剖，实现了叠置型砂体界面及局部剩余油的精准描述，有效指导了水平井的部署，其中一口水平井部署于点坝砂体叠置部位，在三元主段塞阶段日产油超 40t，含水降幅超过 45 个百分点。

第三章 水驱精准开发调整技术

杏北开发区进入特高含水期以来，含水级别高、产量递减快、挖潜难度大等问题日趋凸显，面对高度零散的剩余油，技术人员迎难而上，深挖平面矛盾、层间矛盾、层内矛盾的三大矛盾根源，深入分析开发调整潜力，以精细油藏描述和潜力研究为基础，以提高各类油层动用程度为目标，探索形成了一系列油田水驱高效开发调整技术。

2010年至2012年，开展了以XL区东部精细挖潜示范区为依托的水驱精细挖潜示范厂建设，在老油田高效开发上进行了一系列成功实践，形成了以"三个体系"为支撑的特高含水期水驱精细开发模式。一是形成了以细化单元跟踪管理、量化剩余储量分布、深化薄差储层驱动、强化四个专项治理等方面的技术为代表的精细挖潜体系；二是形成了以油藏描述技术、储量控制技术、注采调整技术以及配套工艺技术为核心的配套技术体系；三是形成了以微相识别标准、增产措施标准、套损防护标准以及细分工艺标准为代表的内部标准体系。三大体系的形成有力地推动了杏北水驱开发调整由精细向精准的转变，助力杏北开发区连续三年产量保持在 400×10^4t 以上。

立足于水驱精细开发示范厂建设的成功经验，以调整规模"小尺度"、调整方式"高精度"、调整潜力"定量化"为目标，立足"五个不等于"理念，开展了基于油藏精细描述和剩余油精细表征的加密调整、注采系统调整以及注采结构调整，配套日益先进的工艺技术和科学严实的管理体系，实现了控含水、控递减、提效益的目标，保障了水驱产量的持续稳产。

第一节 水驱三次加密调整技术

随着一类油层工业化三次采油的全面推广，水驱开发对象全面转向三类油层，薄差储层受注采井距过大影响，水驱控制程度低、动用程度低的矛盾日趋凸显，以提动用为目标的新一轮次井网加密调整已迫在眉睫。多年来，三次加密调整、层系井网优化调整的技术和方法不断更新优化迭代，薄差储层的水驱控制程度和动用程度不断提升，三次加密、层系调整区块圆满完成了产能接替任务。

一、三次加密调整

加密调整是非均质砂岩油藏开发调整的重要手段，但随着投产时间的延长，各套井网必然要遵循含水上升、产量下降的总体开发规律，基础井网、一次加密井网如此，二次加密井网也是如此。因此，杏北开发区自 20 世纪 90 年代部署二次加密井网以来，围绕产量接续，超前谋划了物性差、连通性差、含油性差的薄差储层开发思路和策略，通过开展注采现场试验明确了三次加密的理论基础，通过评价表外储层资源潜力夯实了三次加密的物质基础，通过规模化应用促进了三次加密井的产量节节攀升，尤其是表外储层已从零散、不可动的"边角料"逐步发展成了杏北开发区产量的主要贡献者。在超前意识和创新意识的带动下，三次加密调整改变了杏北开发区开发对象转移后水驱开发的被动局面，把一个"不得不"的思路变成一个"能不能、怎么能"的思路，书写了特高含水开发后期井网加密调整的大文章，为持续稳产和产量递减做出了巨大贡献。

（一）表外储层储量的精准计算明确了三次加密的资源基础

表外储层是指在 20 世纪 80 年代以前，由于受开发和采油技术条件限制，不能有效开发的性质较差的油层，这一部分储层储量在 80 年代初复算储量时未计入储量表。取心和分层测试资料证明，有许多没有计算储量的含油层在吸水、出油，尤其在以低渗透薄层和表外储层为调整对象的二次加密井中，这类未计算储量的表外储层产量占有相当比例。表外储层与原已计算储量的表内储层，平面上，往往呈扩大含油面积和增加油层延伸连通状况的"镶边搭桥"形式出现；纵向上，呈扩大含油井段的独立型或渐变型出现，使油田开发工作者对油层分布面貌的认识完全改观，因此需要重新计算。

通过对全区表外储层含油面积、厚度、孔隙度、含油饱和度、地面原油密度和体积系数等各项储量参数测算，按储量单元单储系数分别计算了杏北纯油区以及 XDB 和 XXB 过渡带的表外储层的地质储量，在表外储层厚度取值时扣除了夹层及含油性很差的油迹产状厚度；同时，在计算过程中没有计算 II 类渐变型表外储层和高一组过渡带表外储层储量，对 I 类渐变型表外储层也仅计算了其中相关有效厚度小于 0.4m 的表外储层的储量。因此，既较好地保证了表外储量计算的可靠程度，又使计算结果对杏北开发区今后的调整挖潜和开发分析工作具有较强的针对性和实用性。杏北开发区表外储层地质储量占原表内储层地质储量的 20.6%，具有较大的调整潜力。

（二）三次加密井网工业化可行性探索

表外储层属于储层而并非生油层，油气可以运移储集在表外砂岩中，必然也可以反向驱替获得产能。但其具有储层物性差、油层薄、厚度小、分布零散等特点，平面及层间干扰严重，整体动用效果不甚理想。自开展二次加密调整以来，注采井距由 344m 缩短到 280m，多向连通比例由 16.22% 增加到 31.95%，但表外储层水驱控制程度仍然较低，整体砂岩动用比例仅为 62.49%，较表内储层动用比例低 10 个百分点左右。因此，在目前多井网、多层系、多种驱替方式并存的条件下，如何做到既与原井网层系的合理衔接，又兼顾未来不同驱替方式的整体优化部署，实现整体优化条件下的薄差油层及表外储层的有效开发，是杏北开发区迫切需要解决的问题。

为了探索表外储层工业化开发的可行性，大庆油田从 1994 年开始，率先在 Z 区西部、北二东、喇嘛甸北块和南六区中块开展了密井网试验和三次加密试验，研究表明，三次加密调整对改善高含水后期水驱开发效果、减缓产量递减起到了重要作用。杏北开发区在 1988 年至 1996 年开辟了 XW 区表外储层注水开发现场试验，设计注水井 8 口、采油井 11 口，注采井距采用 141m×141m 的五点法面积井网。主要射开表内薄层和独立表外储层，平均单井射开砂岩厚度 12.1m，射开有效厚度 0.4m，其中表外储层主要以连片发育的外前缘相Ⅲ类储层为主，连通关系较好，平面非均质性中等。为了进一步提高开发效果，油水井均采用限流法压裂投产，初期日注水量 43m³，注水强度 3.4m³/（d·m），日产液量 13.6t，日产油量 6.8t，综合含水 50%，取得了较好的投产效果。1990 年至 1993 年，通过注采结构调整，注水受效阶段含水上升平稳，但在含水 50%～80% 时，含水上升和产量递减速度较快，当含水超过 80% 以后，含水上升速度再次放缓。整体上，区块取得了较好的开发效果，证明了表外储层具有工业化开发的价值，水驱采收率可达 26%，为后期三次加密调整奠定了基础。

（三）三次加密调整相关油藏开发技术成果

通过不断深化薄差储层渗流机理研究，优化调整潜力分布及开发井距，加密调整规模进一步扩大，逐步形成了三次加密井网部署、个性化调整及配套完井技术。

1. 搞清了薄差储层渗流机理

薄差储层以外前缘相沉积为主，呈现薄、散、差的特点。以明确加密调整对象为目的，搞清了薄差储层的渗流特征，研究表明薄差储层驱油效率低、动用难度大，表现在 50mD 以下的砂岩占比高，可驱动砂岩比例低（图 3-1），且存在启动压力梯度，随着油层渗透率降低，所需的地层启动压力越高，其中薄差储层的启动压力梯度为 0.02～0.04MPa/m（图 3-2）。

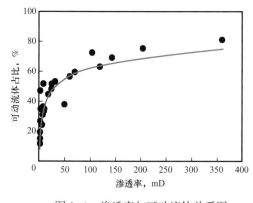

图 3-1　渗透率与可动流体关系图

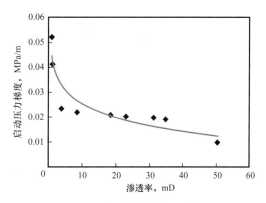

图 3-2　渗透率与启动压力关系图

2. 明确了三次加密合理注采井距

以提高水驱控制程度为目标，通过开展室内研究，根据杏北开发区地层发育情况，分别建立渗透率为 30mD、50mD、100mD 和 150mD 的油层模型，推导不同井距下的采出程度变化情况，可见随着注采井距的缩小，水驱控制程度提高明显，当注采井距小于

150m 时，控制程度达到 90% 左右，随着注采井距的缩小，三次加密井网的产量递减明显减小，当井距为 141m 时，年递减率控制在 8% 以内（图 3-3）。

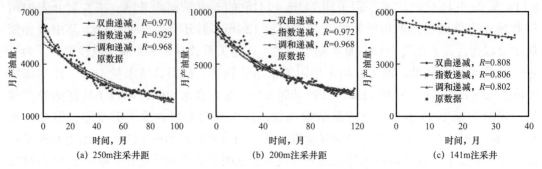

图 3-3　不同注采井距条件下产量递减规律曲线

3. 形成了个性化布井方式

经过多年研究和实践，杏北开发区以最大限度提高薄差储层水驱控制程度、动用程度为目的，坚持个性化的井网设计提升井网利用效率，逐步形成了"两三结合、新老结合、上下结合"的三次加密井网部署技术，具体做法如下：

（1）两三结合——三次加密与三次采油相结合。采用三次加密和三次采油井网协同布井，两套井网相互交错，井距均匀。协同布井有利于三次采油开发结束后，两套井网合并成一套井网进行三类油层的上返，提高井网利用率；有利于实施同步钻建，避免重复钻关。该项设计在 XL 区以南得到大规模应用，加快了两三结合的应用，为攻关一类油层堵调驱、三类油层化学驱上返提供了基础（图 3-4）。

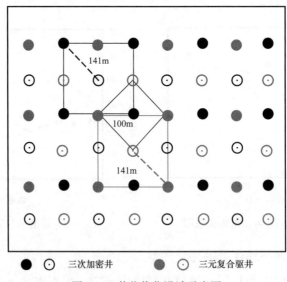

图 3-4　井位优化设计示意图

（2）新老结合——新井设计与老井利用相结合。对于油层厚度薄，单独部署三次加密井网难以达到经济预期收益的区块，个性化地将二次加密与三次加密相结合，共同搭建注采关系的开发模式，在提高区块采收率目标的基础上，降低了钻建成本。以 XQ 区东部为例，该区块三类油层发育较差、可调整对象少，薄差储层注采井距大、控制程度低，二次加密低产低效井、关井比例高，独立布置三次加密井网经济效益较低，根据该区的开发现状，个性化设计了二次加密油水井全部利用或转注，与新设计三次加密井协同构成注采井距 125m 的五点法面积井网（图 3-5）。

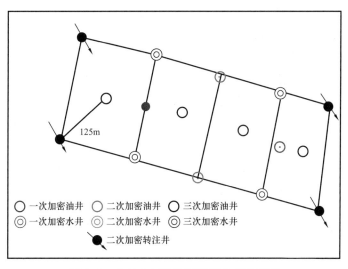

图 3-5　个性化加密井网部署方式示意图

（3）上下结合——萨葡加密与扶余开发相结合。在兼具扶余油层和薄差储层加密调整潜力的区块，部署一套井网先期开发扶余油层，后期上返萨葡储层进行加密调整。目前有 XSW 区南块、XXB 过渡带南 II 块和 XQ 区西部三个潜力区块，该类区块目前正处于扶余油层开发阶段，待扶余油层开发完毕，再逐级上返开发。

4. 形成了针对性射孔选层技术

射孔厚度是区块初期产能的重要影响因素，通过对产能区块投产效果进行分析，确定了"双 20"射孔选层标准，当射开薄有效层比例不大于 20% 时，单次剖面资料显示表外储层动用程度将达到 45.0% 以上；射开总层数不大于 20 个时，产液强度将达到 1.0t/（d·m）以上（图 3-6）。

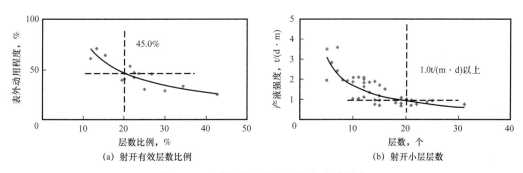

图 3-6　表外储层动用比例初期产液强度

5. 形成了三次加密细分层系开发调整技术

杏北开发区在进行三次加密调整现场实践过程中，发现葡 I 4 及以下油层动用较差，为此，以降低层间干扰，提高驱油效率为目标，形成了三次加密分层系开发的调整技术。先后在 XL 区中西部、XSS 区东部 II 块开展现场试验，通过细化开发层段，优化完井方式，探索并实现了三次井网的分层系开发。其中，在 XL 区中西部三次加密井中优选 9 注 16 采和 27 注 37 采两个井组，初期平均单井日产油 1.9t，含水 89.14%，萨 III 及以下油层砂岩动用比例达到 41.96%，与合采区三次加密井对比，砂岩动用程度提高了 18 个百分点以上，取得了较好的开发效果。该项成果在 XSS 区东部 II 块得到推广验证，进一步明确了三次加密分层系开发的技术经济界限，制定了分层系首开层段及后续补孔层段的量化标准，形成了一套完整的三次加密分层系开发技术。

分层系开发量化标准：分层系开发首开层段及上返层段内的剩余阶段采出程度与射开沉积单元数、层段内的渗透率变异系数、折算厚度以及地层的破裂压力有关，且随着射开沉积单元数的增加，层段内的折算厚度增加、渗透率变异系数相对增加，层间干扰作用明显，阶段采出程度降低。因此，在层系划分过程中单一层段内的油层数量不宜过多。另外，在首开层段内，随着层系界限的下移，层段内破裂压力升高，首开层段内的注水量增加，阶段采出程度提高。为研究合理的层系划分界限，分别统计首开层段及上返层段内的阶段采出程度与射开沉积单元数、层段内的渗透率变异系数、折算厚度以及地层的破裂压力的关系，得到层段内的剩余阶段采出程度预测公式，根据储量加权进而得到全区的阶段采出程度及采收率。

应用多元线性回归方法进行曲线回归，得到首开层段内射开沉积单元数（X_1）、渗透率变异系数（X_2）、破裂压力（X_3）、折算有效厚度（X_4）以及阶段采出程度（ΔR_1）的关系：

$$\Delta R_1 = -10.53X_1 + 0.66X_2^2 - 1.74X_2 + 0.20X_3 - 9.77X_4 + 20.21 \qquad (3-1)$$

该项技术应用于 XSS 区东部 II 块，通过应用多元线性回归，将各项相关参数整合归一化，建立 6 套不同补孔层段下的采收率模型，最终确定了最优的分层系开发及上返技术方法（图 3-7）。

表 3-1　试验区块上返层段内油层物性参数数据处理结果

方案编号	层位	射开油层数 X_1	渗透率变异系数		折算有效厚度		阶段采出程度 %
			X_2^2	X_2	X_4^2	X_4	
方案 2	萨 II 11	0.00	0.00	0.00	0.00	0.00	10.93
方案 3	萨 III 1	0.24	0.02	0.14	0.06	0.25	10.83
方案 4	萨 III 4	0.45	0.08	0.28	0.20	0.45	10.73
方案 5	萨 III 7	0.61	0.30	0.55	0.34	0.58	10.48
方案 6	葡 I 4₁	0.82	0.58	0.76	0.62	0.79	10.25
方案 7	葡 II 1	1.00	1.00	1.00	1.00	1.00	9.98

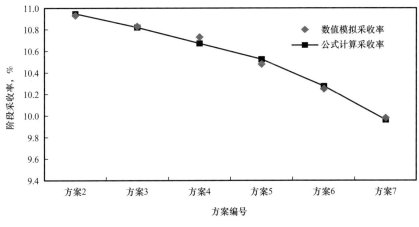

图 3-7 试验区块拟合效果图

（四）三次加密调整相关完井工艺技术成果

1. 形成了精准控制压裂技术

一是开展连续油管底封拖动压裂技术现场试验。针对压裂卡段 10 层以上的井，实现一趟管柱完成射孔及压裂施工，节省射孔费用，解决长垣薄互层发育、层多、非均质性强、改造难的问题，实现由"精细压裂"向"精准定位改造"的突破，施工速度快、效率高、安全环保，可大幅提高三类薄差储层改造程度及措施增油量。

二是开展普通射孔 + 精准控制压裂技术试验。应用于压裂卡段 10 层以下井，对于难压储层及镶边砂体，降低施工排量和泵压，提高产能井达标率。

三是开展一次坐压多层的精准控制压裂现场试验。开展现场试验 10 口，评价该工艺技术对压裂效果的影响，为今后优选压裂工艺提供技术借鉴。

完善精准控制工艺管柱：XQ 区中部实施了 11 口三次加密新井精控压裂，平均压裂层段 12 个，压裂小层 28 个，全部采用两趟管柱施工，平均施工周期为 5.5 天，施工成本较高，且需要采取放喷作业，对于喷势大的井易造成环保事故，为此，试验完善一次坐压多层压裂工艺管柱。

在施工效率方面，现有精控压裂 12 个层段，需要采用两趟管柱，平均 6 个层段用一趟管柱，且目前工艺的单井加砂规模不能满足三类储层改造规模的需求。因此，以提高施工效率为目标，开展两方面研究：优选高强度材质及热处理工艺，扩大工具内通径，提升施工段数到 10 段以上；集成工艺管柱功能，缩短工具长度，设计防反溅机构，提升管柱加砂规模。

在管柱稳定性方面，管柱在多段、大砂量施工条件下磨蚀严重，存在上提过程中易断裂的隐患。因此，开展胶筒的力学分析及结构优化，提升工具长时间、大排量施工的稳定性。

试验效果：2018 年至 2019 年，在 XQ 区中部三次加密新井上，开展精控压裂现场试验 40 口井（油井 37 口、水井 3 口）。其中，开展油井一次坐压多层压裂工艺试验 10 口井，平均单井压裂 11.1 段，平均单井日产液 68.4t，日产油 4.3t，综合含水 93.7%，初期日产油量是邻近限流压裂井的 4.3 倍；开展油井连续油管压裂技术试验 16 口井，平均单井压裂 19.8 段，平均单井日产液 61.6t，平均单井日产油 4.1t，综合含水 90.9%，初期日产油量是邻近限流压裂井的 4 倍；开展油井常规精控压裂 11 口，平均单井压裂 10.5 段，平均单井日产液 39.1t，日产油 3.6t，综合含水 90.0%，初期日产油量是邻近限流压裂井的 3.2 倍。

2. 验证了杏北开发区高效射孔技术适用性

常规射孔完井的改造强度受孔径和孔深限制，产液强度难以达到产能预测指标，造成射孔完井的产能达标率仅为 20% 左右，已无法满足储层改造需要，为此，优选高效射孔工艺，开展现场试验，确定适合三次加密井的高效射孔技术。

一是开展多脉冲高能气体压裂 + 复合射孔技术试验。先射孔，再采用高速火药 + 中速火药的装配药弹下入井内，利用火药形成的高温高压气体，实现对地层先造缝、后延缝的过程，提高导流能力（图 3-8）。

二是开展外套式复合射孔工艺现场试验。将火药套在射孔枪的外部，在射孔器起爆后（微秒级），引燃火药筒，所产生的高温高压气体沿射孔孔眼进入地层，解除射孔压实污染，提高导流能力（图 3-9）。

图 3-8　多脉冲高能气体压裂示意图及实物

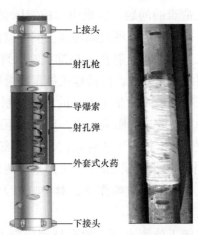

图 3-9　外套式复合射孔示意图及实物

试验效果：2018 年至 2019 年，针对常规射孔工艺产能达标率较低的问题，开展高效射孔工艺技术试验 30 口井（油井 17 口、水井 13 口）。其中，外套式复合射孔为 23 口井（油井 13 口、水井 10 口），油井初期平均单井日产液为 30.3t，日产油为 4.1t，效果均明显好于同区块的多级复合射孔工艺，水井初期平均单井日注入量为 38.7m³，注入强度为 2.42m³/（d·m），与预测注入量相比，达标率为 90%；高能气体压裂射孔完井为 7 口井（油井 4 口、水井 3 口），油井平均初期单井日产液量为 25.9t，日产油量为 2.3t，效果较好。水井初期平均单井日注入量为 39.7m³，注入强度为 3.38m³/（d·m），与预测注入量相比，达标率为 90%。

3. 形成了适当规模压裂技术

2012 年至 2021 年，三类储层的三次加密调整新井，主要采取限流压裂完井方式。2012 年，新开发区块的限流压裂比例仅为 30%，随着开采时间的延长，三类储层新井的射开砂岩厚度和有效厚度在逐年减少，油田的采出程度逐年升高，为了保证新井投产效果，限流压裂的比例在逐年增加，2017 年，油井限流压裂的比例已经达到 100%，但是产能达标率不到 50%。常规的限流压裂完井方式已经无法满足新投产区块增产的需求。

按照以往的完井工艺的设计标准，对于射开小层数在 20～30 个的井，通常采取限流压裂工艺（图 3-10），平均单井压裂段数为 4 段，每段压裂小层数在 5～8 个，受每段压裂小层的渗透率和地层系数等多种因素影响，在压裂的过程中，很难实现段内压裂小层全部压开，同时受单段压裂的加砂规模限制，造成限流压裂效果不理想。为此，开展选层压裂技术研究（图 3-11），对于射开小层数较多的井，如果采取全部射开压开的做法，压裂费用势必升高，为了实现精准改造且投资不超，采取优选压裂层的做法，主要依据沉积相带图中油水井连通状况、测井曲线的含油显示结果、对于含水饱和度大于 70% 以上的层舍层不压裂，保证每段压裂的小层数控制在 3 个左右。

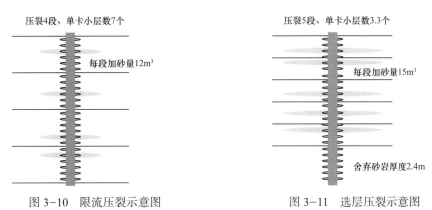

图 3-10　限流压裂示意图　　　　图 3-11　选层压裂示意图

试验效果：开展选层压裂、加大砂量压裂等压裂现场试验 19 口井，初期平均单井日产液量为 39.7t，日产油量为 3.5t，综合含水为 91.2%，实现了投产 80 万元以内，日产油量达到 3t 以上的目标。

（五）三次加密的实施和效果

为了进一步改善以表外储层为主的薄差储层动用状况，技术人员积极转变开发思路，超前考虑产量储备，提前着手探索表外储层动用的可能性，通过不断探索薄差储层的潜力分析与研究，不断优化与完善井网部署方式，在实践中不断提高、不断突破，逐步确定并实施了杏北开发区三次加密井网的调整潜力及井网部署、开发调整工作。

1. 现场试验阶段

针对喇、萨、杏油田前期三次加密试验初期含水高，低效井比例大等问题。杏北开发区于 1999 年开展了 XYS 区乙块三次加密调整现场试验，其目的是研究三次加密调整的有效方法，最大限度地提高剩余油层的动用程度。综合考虑原有的层系井网、注水方式、注采井距以及动用状况，试验区在200m×200m五点法井网的基础上，以自身能形成较完善的注采系统为主，完善原井网注采关系为辅，部署三次加密井网。共设计三次加密试验井134口（其中采油井89口、注水井45口）。截至2001年5月，试验方案设计的89口采油井（含1口泄压井）全部投产，初期平均单井日产液量为11.43t，日产油量为3.67t，综合含水为67.87%（扣除缓钻及审槽井，平均单井日产油量为3.98t，综合含水为59.39%）。注水井投注45口，初期实注压力11.8MPa，日实注水量为27m³。通过三次加密调整，区块表外储层动用比例提高了20个百分点以上，可采储量进一步增加，含水上升速度得到了有效控制，产量递减率由11.5%下降至6.0%，取得了较好的开发效果。在现场试验的基础上，2002年在XYS区西部甲块和丙块全面实施三次加密调整，2003年在XSW区（行列）以完善注采系统为目的，实施三次加密优选布井均取得了较好的开发调整效果。

2. 三次加密全面工业化推广阶段

自2007年至2022年，三次加密调整步入全面工业化推广阶段。其中，XSS区东部Ⅰ块于2014年加密投产，该区块的建成时间处于全区三次加密调整中期，油层发育状况、调整潜力都较为接近杏北开发区的平均水平，具有较强的指导意义，区块加密采油井83口、注水井77口，平均单井射开砂岩厚度为10.8m、有效厚度为2.4m，投产初期平均单井日产液量为19.2t、日产油量为2.14t，初期平均含水为88.9%，产液强度为1.78t/（d·m），建成产能8.43×10⁴t，承担起了2014年主要的产能接替任务。

杏北开发区三次加密总体上采取由北向南的调整顺序。2007年至2021年，共计实施三次加密调整区块16个，共投产采油井1810口，平均单井核实日产油量为1.1t，累计产油量为558.8049×10⁴t，综合含水为94.0%，地层压力为9.50MPa，平均流压为2.92MPa，生产压差为6.58MPa，地饱压差为1.68MPa，采油指数为0.18t/（MPa·d），采液指数为3.04t/（MPa·d）；注水井1304口，平均单井日注水量为36m³，累计注水量为12013.9554×10⁴m³，累计注采比为1.5。表外储层动用比例不断提升，由三次加密前的62.49%提高到68.75%，取心井表外储层水洗厚度不断上升，与三次加密前的取心资料对比，表外储层水洗比例由14.2%逐步提高到20.9%。

二、层系井网优化调整

杏北开发区先后经历了一次加密、二次加密和三次加密等大规模井网调整，水驱开发效果得到持续改善，但随着进入特高含水期后，一套层系多套井网的格局造成层系井网矛盾越来越突出，平面和层间干扰越发严重，各类油层的含水率已基本一致，利用以细分开发对象为主的井网加密方式再进行调整已不具备物质基础。因此，为了进一步提高采收率，需要打破原有的井网部署格局，通过层系井网优化调整，建立新的平衡与注采关系。纵向上，厘清原有的层系井网交叉关系，有针对性地提高某些层段的动用水平，将储层物性和潜力状况相近的油层进行层系组合，实现高、低渗透层的分采，减少层间干扰；平面上，既考虑盘活老井，又兼顾新井增能，通过利用注采系统调整、加密调整相结合，进行原井网的补充加密，实现高、低渗透层注采井距再优化；层系上，充分考虑上部主产层段与下部难动用层段的协调发展，降低井段长、射孔跨度大带来的非均质干扰，提高不同油层组的动用水平。实践证明，杏北开发区大胆转变思路，积极应对矛盾与问题，通过不断的实践与探索，已逐步形成了层系井网优化技术，并使之成为三次加密调整之后的核心井网部署技术，为特高含水后期进一步缓解层系井网矛盾和最大程度提高采收率奠定了基础。

（一）层系井网优化调整依据

多轮次的加密调整，使得水驱开发效果得到改善，但随着进入特高含水期后，仍表现出了井网不适应性：一是薄差层注采井距大，水驱控制程度和油层动用程度偏低；二是各套井网射孔跨度大，井段长，层间矛盾突出，合采的井网射孔跨度大，平均射孔层数多；三是平面上各套井网相互交错，注采不均匀，平面矛盾突出。因此，选择 XS 区东部区块作为层系井网调整的典型区块。该区块含油面积为 5.90km²，有油水井 261 口（采油井 142 口、注水井 119 口），井网密度 44.23 口 /km²，平均单井日注水 42m³，日产油 2.0t，综合含水 92.7%，采出程度 41.42%。区块通过开展层系井网综合优化调整，实现了萨尔图好层（以下简称萨好）、萨尔图差层（以下简称萨差）和葡 I 4 以下三套层系的开发，并形成相应的技术界限。

1. 注采井距界限

注采井距是决定区块采收率和砂岩动用比例的重要影响因素，因此确定 XS 区东部区块各套井网合理的注采井距是井网调整的前提。从该区块的注采井距与采收率的数值模拟结果可以看出，注采井距越大，采收率越低。当注采井距大于 200m 时，采收率下降速度加快。统计分析结果表明，注采井距对砂岩动用比例和水驱控制程度有直接影响，注采井距越小，砂岩动用比例和水驱控制程度越大，XS 区东部区块三类油层的井距应控制在 200m 左右（图 3-12 和图 3-13）。

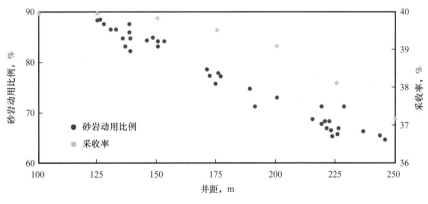

图 3-12 注采井距与采收率的关系

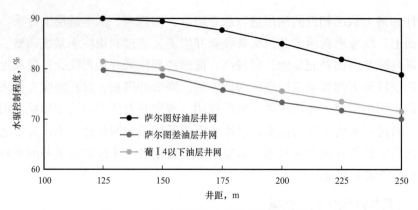

图 3-13　注采井距与水驱控制程度的关系

2. 层系组合跨度界限

层段顶部油层的允许压力决定了层段整体的注水压力上限。理论研究表明，允许压力与地层深度相关，地层深度小的油层允许压力也小。当组合跨度缩小时，油层下部层段破裂压力的平均值增大，因此允许压力上限提高，有助于提高注水压力，改善注水效果。经计算，组合跨度每缩短 100m，注水压力可提高 1.3MPa，说明组合跨度越小越好。在满足最小层系组合厚度 5.9m 的前提下（平均层系组合厚度 7m），确定了 XS 区东部区块层系组合跨度界限为 94.6m（表 3-2）。

表 3-2　层系组合跨度与组合厚度的关系

层系分段数，个	组合跨度，m	组合厚度，m
1	246.2	20.9
2	123.1	10.5
3	94.6	7
4	61.6	5.2
5	49.2	4.2

3. 渗透率变异系数界限

描述层间非均质程度的一个重要指标是渗透率变异系数。依据区块储层发育特点，建立不同渗透率变异系数的概念模型，并进行了数值模拟。结果表明，渗透率变异系数每增加 0.1，采收率相应下降 0.7 个百分点。因此，渗透率变异系数越小，越有利于提高开发效果。油层的均衡动用有利于最终采收率的提高，需要较小的渗透率变异系数，但层系组合也需要满足可调厚度界限要求。因此，建立 XS 区东部区块不同层系分段时渗透率变异系数与可调厚度关系，并确定渗透率变异系数界限为 0.63（表 3-3）。

4. 射孔原则及界限

为了降低高渗透层对低渗透层的干扰，XS 区东部区块采取分步射孔。分步射孔原则及界限为：首次射孔对象主要以低水淹和未水淹层为主，适当射开中水淹层，避免射开含水率大于80%的高水淹层。为保证新井产能，对个别射孔厚度小的井可适当提高中水淹层射孔比例，但低水淹和未水淹层射孔厚度比例不低于总射孔厚度的60%。当含水率大于95%时，实施二期射孔，即对低产井和高含水井集中分布的区块进行整体补孔，并采取补孔、堵水结合。

表3-3　可调厚度与渗透率变异系数的关系

层系分段数，个	渗透率变异系数	可调厚度，m
1	0.83	20.9
2	0.72	10.5
3	0.63	7.0
4	0.61	5.2
5	0.59	4.2

（二）层系井网优化调整高效调层工艺技术

常规封堵工艺在层系优化调整过程中还存在不适应性：一是机械封堵管柱使用寿命短；二是封堵工作量大，封堵效率低；三是封上采下的油井不能实现深抽和测试。为此，研究了层系井网优化调整高效调层工艺，实现"封得住、解得开、寿命长、能测试、能深抽"的目标。

1.层系井网优化调整高效机械封堵工艺

1）长效封隔器

针对封隔器寿命短问题，改进封隔器性能，提高使用寿命。

一是优化结构设计，设计悬挂丢手封隔器（图3-14），卡瓦采用大锥面结构加特殊处理，坐封、解封更可靠，耐腐蚀性能增强；设计封堵封隔器（图3-15），增加平衡活塞，提高承压能力。

图3-14　悬挂丢手封隔器

图3-15　封堵封隔器

二是改进部件材质，承压关键部件采用 35CrMo 材质，强度提高 30%。

三是优选高性能胶筒配方，加强胶筒肩部保护，承压性能提高。

地面试验表明：整体试压 35MPa，各部件不变形不渗漏；解封力小于 70kN，使用寿命达到 10 年以上。

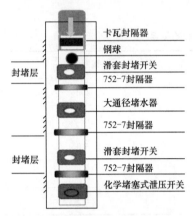

图 3-16　多级可调层开关预封堵管柱示意图

2）多级可调层开关预封堵管柱

针对封堵工作量大、封堵效率差问题，研制多级可调层开关预封堵管柱（图 3-16），实现一次投球调整多级开关。

利用维护性作业时机将预封堵管柱下入井内，油管打压实现卡瓦封隔器和 752-7 封隔器坐封，管柱内投放钢球，钢球停留在最上一级滑套开关顶部，旋转管柱实现丢手。当需要封堵目的层时，通过地面油管打压，使预留钢球推动最上一级滑套下移，关闭开关内外液流通道，滑套下移至预定位置后停止并受力扩张，然后钢球继续下移，依次关闭其他滑套开关，实现对目的层封堵。

层系井网优化调整高效机械封堵工艺现场应用 29 口井，工艺成功率 100%。封堵后，平均单井日产液量下降 0.5t，日产油量上升 0.24t，含水下降 1.6 个百分点。

2. 长井段凝胶颗粒 + 超细水泥封堵工艺

针对常规机械封堵管柱无法过封堵段下泵深抽和测试，化学封堵施工风险高、地层伤害大，单一水泥封堵施工井段短、挤注深度不均匀问题，研究了长井段凝胶颗粒 + 超细水泥近井地层封堵工艺（图 3-17）。

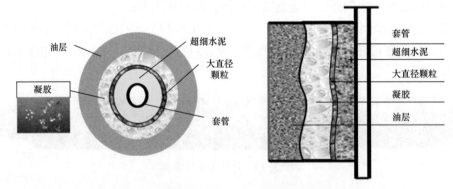

图 3-17　长井段凝胶颗粒 + 超细水泥复合段塞示意图

通过先注入凝胶颗粒，调整封堵段注入剖面，控制超细水泥注入半径不大于 0.8m，有利于后续射孔改造再利用。因超细水泥颗粒粒径小，超细水泥浆堵剂具有良好的流动性和穿透性，能够渗入普通水泥达不到的区域，适合于封堵长井段、低渗透油层，满足下泵深抽和测试的油田开发要求。

长井段凝胶颗粒＋超细水泥封堵工艺现场应用10口井，封堵成功率100%，最长封堵井段封堵长度120m，水泥钻塞后封堵段最小井径达到120mm以上，可实现过环空测试。

3. 大通径遇水膨胀橡胶封隔器封堵工艺

针对封上采下的油井不能实现深抽和测试问题，研究了大通径遇水膨胀橡胶封隔器封堵工艺。遇水膨胀封隔器堵水管柱由金属锚、遇水膨胀封隔器、大通径连接管组成（图3-18）。该工艺采用一趟管柱，实现金属锚坐封、管柱丢手，封隔器通过橡胶筒遇水自动膨胀，封隔器与大通径连接管连接，实

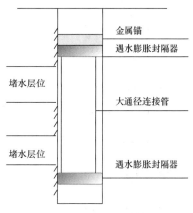

图3-18　遇水膨胀封隔器管柱结构图

现长井段封堵地层的作用。膨胀橡胶封隔器封堵工艺现场应用3口，工艺成功率100%，满足封堵段内通径大于95mm。

（三）层系井网优化调整的方案实施情况与效果

1. 优化了层系重组方案设计

在以上研究成果的基础上，确定了XS区东部区块井网调整方式。根据区块发育情况，纵向上细划开发层系，将层系划分为萨好和萨差，葡Ⅰ4以下合成一套层系。萨好利用老井加密形成200m五点法井网进行开采，萨差利用老井加密形成145m五点法井网进行开采，葡Ⅰ4以下层系利用老井加密形成195m五点法井网（图3-19）。萨尔图油层层系划分较细，每套层系层间差异较小，有利于薄差层的有效动用。每套井网井段跨度较小，调整对象相对集中，有利于各类油层的有效动用。平面上缩小注采井距，根据两类油层合理的注采井距进一步补充加密调整，提高了水驱控制程度。

调整后，试验区共新钻井180口，利用老井106口，其中转注28口；2013年9月开始投产新井，并陆续实施老井封堵、补孔、转注等配套调整措施，层系井网实施后，水驱控制程度进一步提升，注采关系得到改善。一是层间矛盾得到了有效缓解。通过降低层系组合跨度，平衡渗透率变异系数，砂岩吸水比例得到明显提升（其中二类砂岩吸水比例提高16.9个百分点，有效砂岩吸水比例提高9.3个百分点）；二是平面矛盾得到了缓解。注采井距降低，其中萨好层系由250m降低到200m，萨差层系由250m降低到145m，葡Ⅰ4及以下层系由300m降低到195m；控制程度提高，由调整前的91.4%提高到调整后的94.7%；三是注采流线发生变化，剩余油得到进一步挖潜，在水驱控制程度增加的同时，使原井网剩余油得到有效动用。层系井网调整使层间及平面驱替更加均衡，各类剩余油比例大幅度减少，动用好的油层厚度比例由66.6%上升到79.2%，提高了12.6%。

从投产效果上看，XS区东部初期产能高于方案设计，日产油量达到2.4t，高于方案设计0.2t，含水86.13%，取得了较好的投产效果。

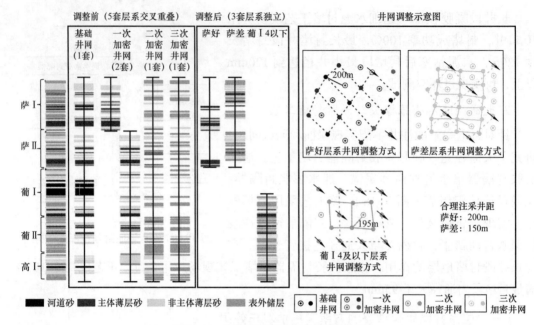

图 3-19　XS 区东部层系井网调整示意

2. 优化了配套动态跟踪调整方法

一是加大注水井细分力度，平均单井单卡层段数由 4.0 个上升到 4.8 个，层段平均单卡层数由 8.4 个降低为 7.1 个，层段单卡厚度由 5.9m 降低到 5.0m，变异系数由 0.6 降低到 0.5（表 3-4）。

表 3-4　层系细分前后层段单卡情况

层系	井数口	细分前				细分后			
		层段	层段平均单卡			层段	层段平均单卡		
			层数个	砂岩 m	变异系数		层数个	砂岩 m	变异系数
萨好	4	6.3	8.3	7.9	0.4	6.8	7.7	7.3	0.4
萨差	20	3.7	6.9	3.7	0.7	4.5	5.7	3	0.5
葡 I 4 下	17	3.9	10.1	7.6	0.7	4.7	8.4	6.3	0.5
合计 / 平均	41	4	8.4	5.9	0.6	4.8	7.1	5	0.5

二是优化配套措施方式，优化井网利用效率，提高各层系吸水厚度比例。实施各类配套措施调整 102 井次（其中压裂 54 井次、换泵 20 井次、解堵 26 井次、堵水 2 井次），取得了平均单井日增油 2.7t 的好效果（表 3-5）。

措施调整后，动用程度显著提高，开发效果得到改善。吸水剖面分析结果表明，试验区措施调整后吸水厚度比例提高了 12.14 个百分点以上，薄差储层提高 10 个百分点以上（表 3-6）。

表3-5 XS区东部层系试验区增产措施前后效果对比

措施类别	井次	措施前平均单井			措施后初期平均单井			初期日增油量 t	含水差值 %
		产液量 t/d	产油量 t/d	含水 %	产液量 t/d	产油量 t/d	含水 %		
压裂	54	12.4	1.0	92.27	39	4.3	89.11	3.3	−3.16
换泵	20	27.1	1.8	93.42	45.9	4.1	91.12	2.3	−2.30
解堵	26	17.7	1.6	90.72	25.8	3.6	86.14	2.0	−4.58
堵水	2	42.7	1.8	95.76	40.4	4.0	92.00	2.2	−3.76
合计/平均	102	17.2	1.3	92.31	37	4.1	88.97	2.7	−3.32

表3-6 试验区措施调整前后油层动用状况变化表　　　　　单位：%

分类		调整前			调整后		
		层数	砂岩	有效	层数	砂岩	有效
表内储层	1.0～2.0m	80.77	80.92	80.61	87.50	85.00	89.13
	0.5～1.0m	72.09	77.17	72.27	87.27	82.86	86.92
	≤0.5m	72.63	76.33	72.99	80.72	86.55	81.04
	平均	72.96	77.08	74.03	82.17	85.60	83.70
表外储层		63.65	62.72	—	78.13	79.61	—
平均		67.78	70.46	74.03	79.97	82.60	83.70

XS区东部层系井网调整历时3年半，区块开发指标得到有效控制，效果得以改善，平均单井日产油量由1.1t提高到1.8t，综合含水由91.6%下降到88.9%，低效井比例由57.1%下降到31.3%，采油速度由0.40%上升到1.14%，含水上升率低于实际0.72%，提高采收率4.7个百分点。通过层系井网优化调整，缩小射孔跨度及注采井距，可以有效挖潜现井网水驱难动用剩余油，层系井网调整可作为特高含水期进一步提高采收率主要调整技术手段，后续，陆续在XW区西部推广应用。

第二节　水驱控水挖潜配套技术

水驱特高含水期开发阶段，以"控含水、控递减"为目标，以提高各类油层动用程度为核心，通过采取多措施协同优化、多方位立体调整方式，努力改善油田开发效果，逐步形成水驱控水挖潜配套调整体系，使注采系统调整和注采结构调整由精细向精准跨越。

一、精准注水调整技术

精准注水是特高含水期缓解油田开发矛盾、改善油层动用状况、控制产量递减速度的重要技术手段，杏北开发区一直把"注够水、注好水"工作作为油田开发的基础和重点。通过持续开展技术攻关，先后形成"666""65535"细分注水技术标准以及层段配注强度标准，其配套分层注水工艺和测调工艺也不断提升优化，水驱年自然递减率始终保持在 8% 以下。

（一）细分注水技术

1. 细分注水标准

水驱开发进入特高含水期后，剩余油分布高度分散，油层动用状况极不均衡，原有的注水标准已不能完全适应开发调整的需要。

一是单井注水层段作为控制指标不完全合理。从现场应用效果来看，决定油层动用状况的不是单井注水层段数，而是层段单卡情况和油层组合情况；二是渗透率级差不能完全衡量层间非均质性。该参数只反应最大渗透率和最小渗透率两个油层之间的差异，并不能完全代表层段内所有油层的非均质性，需要引入渗透率变异系数这一参数；三是地层系数级差参数确实对油层动用状况有影响，但是细分层并不能控制或者削弱这一影响，作为细分注水标准不合适。

为此，杏北开发区攻关形成以单卡油层数、单卡砂岩厚度和渗透率变异系数三项控制指标为主的特高含水期分井网"666"细分注水标准（图 3-20），即层段单卡油层数小于 6 个，层段单卡砂岩厚度小于 6m，渗透率变异系数不大于 0.6。根据单井不同问题的轻重缓急，结合杏北开发区细分作业能力，对全区分层注水井开展调查，找准潜力和矛盾，分三步实现"666"分注目标。第一步夯实基础，重点细分动用程度较低井，解决井区注采矛盾较大的问题，实施细分 400 口井；第二步细化组合，重点细分单卡油层数不小于 6 个和砂岩厚度不小于 6m 的井，增加全井层段数，细化优化组合，实施细分 430 口井；第三步全面提升，重点细分降低渗透率变异系数大于 6 的井，实施细分 452 口井，全面实现"666"分注目标。调整后全区单井分注层段达到 4.9 个，层段内单卡情况进一步得到优化，累计动用程度提高 10 个百分点以上，年度自然递减贡献在 1 个百分点以上。

"666"细分标准只是从纵向上划分，而并未考虑平面连通性的差异。因此，新引入两个平面影响因素，实现细分标准从层间向平面的转变（图 3-21）。通过拟合不同影响因素与单次砂岩吸水比例关系，在保证单次动用比例达到 55% 情况下，形成了一套新细分注水标准"65535"，即单卡油层数小于 6 个，单卡砂岩厚度小于 5m，渗透率变异系数不大于 0.55，平面沉积相接触系数不大于 0.30，平面渗透率突进系数不大于 0.55。同时，综合考虑不同井网开采油层的特征和砂体连通关系的差异，将计算图版设置不同的权重值，进一步细化细分注水标准（表 3-7），为精准注水结构措施组合模式研究提供必要的基础参数。

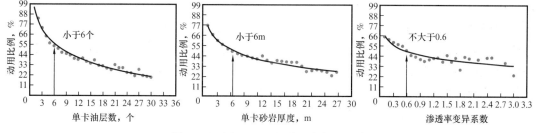

图 3-20 原 "666" 细分注水标准拟合

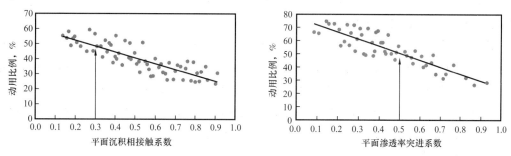

图 3-21 新标准引入两项参数拟合

表 3-7 不同井网细分注水标准

井网	纵向指标			平面指标	
	层数 个	砂岩厚度 m	渗透率 变异系数	平面沉积相 接触系数	平面渗透率 突进系数
基础井网	7	6	0.64	0.36	0.61
一次加密井网	6	5.5	0.61	0.33	0.57
二次加密井网	6	5	0.51	0.26	0.53
三次加密井网	5	4	0.43	0.22	0.49

2. 分层注水工艺

随着对油层认识的不断深入，细分注水的层段划分也越来越细，为满足油田开发 "65535" 精准注水的需求，采油工程在工艺上相应研发了密闭式长胶筒封隔器、集成式双偏心长胶筒封隔器和逐级解封封隔器等配套工具，形成了 "2593" 精细注水工艺，即单卡隔层厚度由 0.8m 缩小到 0.2m，两级配水间距由 6m 缩小为 0.5m，单井分层段数由 4 段提高到 9 段，全井管柱解封力小于 300kN。

1）密闭式长胶筒封隔器

针对薄隔层的有效分注问题，研制长胶筒封隔器，满足 0.2m 隔层卡封。精细分层注水后，封隔器卡封距离进一步缩小，细分层段增加，平均细分层段由 4.3 个提高到 5.8 个，最小卡距仅为 0.4m，分层级数的增加给管柱精确定位和密封带来了很大的困难。常规封隔器释放后与套管的接触面宽度仅为 0.03m，对于 0.2～0.8m 的小隔层，当管柱组配、伸缩和定位出现误差时，很容易出卡。为此，对封隔器进行了改进，形成了长胶筒封隔器，满足小卡距井的卡封要求。使用耐磨损长胶筒，利用扩张式封隔器与套管壁的"面"接触，代替常规 Y341-114MTL 免释放封隔器的"线"接触，增加密封面积，防止因管柱蠕动带来的管柱出卡，达到小隔层分层的目的。

2）集成式双偏心长胶筒封隔器

研究偏心集成式配水技术，满足两级偏心 0.5m 小卡距分注。集成式双偏心长胶筒封隔器继承使用了主流封隔器和配水器的优点，减少非关键部位的长度，合理布设各部件的位置和尺寸，达到最优的性价比。

技术原理是以 665-6 偏心配水器为基础，将两级偏心配水器的堵塞器并排放在 180°的对应位置上，出水口经内部通道，分别设置在封隔器胶筒上下部位，上进水口通过偏心孔给上层段注水，下进水口通过衬管与中心管环空通道给封隔器胶筒以下层段注水，胶筒设计成长胶筒，将封隔器设计在偏心配水器主体下部位，仍然采取传统的过水释放方式。实现一个封隔器两个层段注水，实现小卡距分注。

3）逐级解封封隔器

研制逐级解封封隔器，实现精细分层 9 个层后，解封力最大不超过 300kN。封隔器坐封机构在胶筒下部，保留原有的负压腔释放机构，正常注水情况下即可释放封隔器。封隔器解封机构设计在胶筒上部，利用活动连接和爪式锁紧机构实现封隔器的逐级解封，正常注水时解封销钉不受力，停止注水上提管柱时，靠胶筒与套管摩擦力剪断封隔器上解封销钉，第一级封隔器解封，继续上提管柱一定行程后第二级封隔器受力剪断解封销钉。通过自上而下逐级剪断封隔器解封销钉，实现分层注水管柱封隔器逐级解封。

目前累计应用"2593"细分注水工艺 5523 井次，7 段以上分注井比例由 4.67% 提高到 11.88%，分注率由 65.68% 提高到 95.92%，井数和层数密封率始终保持在 98% 以上。

（二）层段测调技术

1. 层段配注标准

通过计算平面含水饱和度，确定注水层段内平均水淹级别，依据不同水淹级别、不同砂体连通关系，确定合理配注强度界限，实现配注标准从定性到定量的转变。

量化水淹级别过程主要是通过精准数值模拟研究，计算纵向及平面饱和度场分布状况，将每类砂体不同水淹级别界限值依据各自遵循的相渗曲线无量纲化，用数值模拟结果统计含水饱和度值，同时结合开发动态资料和静态参数，共同决策、评价采油井各层水淹级别，建立全区统一的无量纲含水饱和度划分分级标准（表 3-8）。其中含水饱和度无量纲化公式对各类沉积砂体所建立的界限值进行处理，公式如下：

$$S_{wD} = \frac{1 - S_{wc}}{1 - S_{wc} - S_{or}} \tag{3-2}$$

式中 S_{wD}——无量纲含水饱和度；

　　　S_{wc}——束缚水饱和度，%；

　　　S_{or}——残余油饱和度，%。

表 3-8　无量纲含水饱和度划分水淹级别统一级别

水淹级别	I	II	III	IV	V
S_{wD}	0.30～0.38	0.38～0.49	0.49～0.65	0.65～0.79	0.79～1

结合常规配水标准、注水强度和动用比例关系等资料，以井组采出井递减规律、合理注采参数、合理地层压力参数为基础，合理调整层段配水量，对不同含水饱和度类型油层制定配水强度标准（表 3-9）。

表 3-9　不同层段合理配注系数

分类	无量纲含水饱和度	配注性质	不同层段注水配注系数[①]				配注水量 m³
			I 类	II 类	III 类	IV 类	
潜力层	<0.49	加强注水	2.5	3	3.5	4	全井占比（系数 × 砂岩 × 连通比例）× 全井合理注水量
正常层	0.49～0.61	平衡注水	2	2.5	3	3.5	
强渗透层	>0.61	限制注水	1.0	1.5	2.5	2.5	

① I 类代表沉积发育为河道的砂体段、II 类代表沉积发育为主体薄层砂的砂体段、III 类代表沉积发育为非主体薄层砂的砂体段、IV 类代表沉积发育为表外的砂体段。

在确定各类油层合理注水强度的基础上，为了进一步确定层段注水量和注水强度，需要给出公式中层段含油饱和度、残余油饱和度和层段厚度的计算公式：

含油饱和度

$$\overline{S}_o = \frac{\sum_{j=1}^{n} H_j S_{oj}}{\sum_{j=1}^{n} H_j} \tag{3-3}$$

残余油饱和度

$$S_{or} = \frac{\sum_{j=1}^{n} H_j S_{orj}}{\sum_{j=1}^{n} H_j} \tag{3-4}$$

厚度

$$H = \sum_{j=1}^{n} H_j \tag{3-5}$$

式中　H_j——第 j 层段厚度，m；

　　　S_{oj}——第 j 层段含油饱和度，%；

　　　S_{orj}——第 j 层段残余油饱和度，%；

　　　n——单井钻遇层数。

公式中层段含油饱和度的获取方法分为两种：一种是通过数值模拟方法，对单层含油饱和度进行厚度加权；另一种是通过水淹级别划分方法确定剩余油潜力级别，即可得到不同剩余油潜力下对应的层段平均含油饱和度。根据各层段水驱同时结束（含水 98%）的剩余注水量，以此为基础计算权系数，再结合前面的年注水量劈分到各注入层段，具体公式如下：

剩余注水量

$$W_{\mathrm{I}结束} - W_{\mathrm{I}目前} = \frac{V_{\mathrm{p}}}{\phi(1 - S_{\mathrm{or}})} - \frac{V_{\mathrm{p}}}{\phi(1 - S_{\mathrm{o}})} \tag{3-6}$$

权系数

$$a_{ij} = \frac{W_{\mathrm{I}ij结束} - W_{\mathrm{I}ij目前}}{\displaystyle\sum_{i=1}^{n_{\mathrm{w}}} \sum_{j=1}^{n_j} (W_{\mathrm{I}ij结束} - W_{\mathrm{I}ij目前})} \tag{3-7}$$

注水强度

$$I_{ij} = \frac{a_{ij} W_{\mathrm{I}ij}}{T \times 365 \times h_{ij}} \tag{3-8}$$

式中　$W_{\mathrm{I}结束}$——区块含水 98% 时的累计注水量，$10^4\mathrm{m}^3$；

　　　$W_{\mathrm{I}目前}$——区块目前累计注水量，$10^4\mathrm{m}^3$；

　　　V_{p}——孔隙体积，$10^4\mathrm{m}^3$；

　　　ϕ——孔隙度，%；

　　　S_{o}——含油饱和度，%；

　　　S_{or}——残余油饱和度，%；

　　　$W_{\mathrm{I}ij结束}$——第 i 口井第 j 层段含水 98% 时的累计注水量，$10^4\mathrm{m}^3$；

　　　$W_{\mathrm{I}ij目前}$——第 i 口井第 j 层段目前累计注水量，$10^4\mathrm{m}^3$；

　　　T——目前至注水结束的年数；

　　　$W_{\mathrm{I}ij}$——第 i 口井第 j 层段合理年注水量，$10^4\mathrm{m}^3$；

　　　a_{ij}——第 i 口井第 j 层段的权系数；

　　　n_{w}——区块内的注水井数，口；

　　　n_j——单井的注水层段数；

　　　h_{ij}——第 i 口井第 j 层段的砂岩厚度，m。

按照上述方法，按照潜力层匀速提水和潜力层加速提水配注模式，可以计算出不同井网部分水井层段合理注水量及注水强度。

2. 高效测调技术

针对高含水期开采阶段如何注好水、注够水、有效注水的问题，研发并应用了高效注水井测调技术，取得了较好的效果。

高含水后期注水井高效测调工艺系统由地面控制系统、信号传输系统、井下调节系统及辅助系统4部分组成。该技术实现了"压力同步录取、流量适时监测、水嘴连续可调"，达到了提高测试效率、缩短测调时间、提高测试资料准确率的目的。

测试时，通过地面控制系统，输出对井下仪器的指令信号，控制井下测调仪机械臂调节堵塞器水嘴过流面积，实现注水量调配。在测试过程中可查看测试过程曲线，并且对于采集的数据，通过地面控制软件可生成出测试成果表、流量卡片、全井及单层吸水指示曲线，为地质方案设计提供了充足的资料。

针对注水井高效测调联动技术研究及应用过程中，发现的井下工作状态的地面控制、电流和信号的传输方式，综合测调仪的井下对接，堵塞器的流量调节，钢铠电缆的研发，井口的密闭测试，双滚筒车的改造等问题。杏北开发区科技人员经过不断研究、探索，攻克了一个又一个技术壁垒，取得大庆油田注水井分层测试创新成果的"6个第一"。

一是研制了双滚筒联动测试车。针对单滚筒测试车只盘装测试电缆，遇到打捞作业时要普通测试车配合的问题，研制了双滚筒联动测试车。在设计过程中，对双滚筒液压系统进行了多处技术革新，系统采用分体、闭式结构设计，滚筒切换方便；采用逆变器代替柴油发电机，解决现场施工噪声大、供电稳定性差的问题，保证了一个测试班组独立完成投捞和测调工作，大大提高了工作效率。

二是用钢管电缆取代铠丝电缆。铠丝电缆多次使用后出现外表保护钢丝松股、腐蚀等现象，导致仪器不能顺利起下，而$\phi3.2mm$钢管电缆只有国外生产，价格达20美元/m。为此，技术人员经过反复试验，成功研制$\phi3.2mm$钢管电缆。钢管电缆表面光滑（摩擦系数为普通电缆的1/3），密封性能好，抗拉强度高，抗漏电能力强，也满足了井口密闭测试的需求。

三是改进防喷管结构采用密闭测试。通过改进防喷管主体结构设计，研制密闭式防喷堵头，整体高度缩短至2m，滑轮直径加大0.1m，与常规测试工艺通用，操作简便，施工安全。

四是研制了井下综合测调仪。该项设计是高效测调联动技术能否成功的关键技术。井下综合测调仪由机械臂、控制部分、测量部分、双密封圈测试密封段以及导向体等组成。每一部分的设计都需要克服许多技术难题，都要有技术创新和突破。在仪器的定位、对接、密封、导向以及流量采集等都采用多项创新成果。如井下综合测调仪机械臂弹出收回设计采用电动机旋转控制方式，实现机械臂在油管中弹出和收回在地面可控；井下综合测调仪流量计设计无阻尼效应的电磁流量计，将电磁流量计的流量调节范围设计到$0\sim150m^3$，满足$5m^3$以下层段流量调节需要。通过多次优化，井下综合测调仪长度由初期的3.5m最终缩短到1.58m，为缩短防喷管提供了条件。

五是用可调水嘴替代了固定水嘴。原有的堵塞器配水采用的是不同直径孔眼的陶瓷水嘴，为了使堵塞器水嘴大小可调，同时在高压冲击下长时间使用不出现漂移，技术研制人员分别在对接、锁定、可调水嘴材料的优选、紊流效应的克服等方面开展了攻关。在可调水嘴设计上，采用上下两片组成调节流量部分，上部是定片，下部是动片，调节过程中，动片旋转，通过改变动片与定片相互重叠的两个半月板的过流面积的大小来实现流量的调整。在可调水嘴材料的优选上，采用了氧化锆。该材料防刺效果是普通陶瓷的 200 倍，有利于提高堵塞器的整体使用寿命。在可调水嘴形状的优选上，按照最小紊流效应的要求，设计为半月板形。在可调式堵塞器的传动设计上，采用中心通孔杆式传递结构，通过堵塞器的上下调节杆调节对接传递电动机扭矩，达到调节可调水嘴动片的目的。为降低可调水嘴的紊流效应研制了陶瓷稳流片，分别在可调水嘴前后加装柱状圆孔陶瓷稳流片，延长堵塞器的使用寿命。

六是自主建成井下测调仪标定装置。初期井下测调仪的标定一直由仪器生产厂家完成，该技术规模化推广应用后，很难保证仪器及时标定，影响测试效率。2008 年，科技人员自主设计，建成了联动井下测调仪标定装置，实现仪器的自主标校。

通过不断优化精准注水调整标准和精准注水调整工艺，2011 年至 2021 年，杏北开发区累计实施注水方案调整 8787 井次，其中细分 3102 井次，测调 5685 井次。对比调整前后油层动用，砂岩动用比例达到 81.1%，相比调整前提高了 5.6 个百分点，其中表外储层动用比例达到 73.5%，提高了 11.3 个百分点，有效提高了薄差储层动用程度。年含水贡献保持在 0.15 个百分点以上，水驱年均含水上升值控制在 0.4 个百分点以下。

（三）水井增注工艺技术

影响水驱注水井欠注的因素复杂多样，其中，最主要的因素是油层污染和油层发育差。通过探索欠注原因，开展多项现场试验，形成了以不返排酸化为主，多种解堵措施为辅的水井增注措施体系。

1. 不返排复合酸工艺

酸化是解除注水造成的储层堵塞的重要技术手段，大庆油田年酸化井数 2000 口以上，该技术已成为油田改善注入状况的常用措施。常规土酸以强酸为主，酸岩反应强度大、速度快，残酸易产生二次伤害，不能满足不排液的技术需求。2019 年至 2020 年开展了不返排复合酸工艺应用，使用了强络合缓速酸配方体系（图 3-22），解决了残酸易产生二次伤害的问题，实现酸化后不返排。

酸化是通过井眼向地层注入工作液，利用酸与地层中堵塞物和岩石发生化学反应，增加孔隙和裂缝的导流能力，从而达到注水井增注的目的。常规酸化过程中，残酸在地层中生成的硅酸盐沉淀、氢氧化物沉淀和矿物溶蚀后小粒径颗粒，导致堵塞造成二次伤害，是影响不返排酸化效果的主要因素。不返排复合酸加入了强络合缓速酸配方体系（表 3-10），该体系具有较好的缓速、络合及抑制二次沉淀等性能，通过有机酸逐级电离，缓速释放 H^+，可将酸岩反应时间延长至土酸的 3 倍，降低地层中酸岩反应溶出的 Ca^{2+} 和

Mg^{2+} 等成垢离子浓度，配合高效的抗沉积助剂，络合溶出的成垢离子，防止其生成沉淀，实现酸化后不返排。

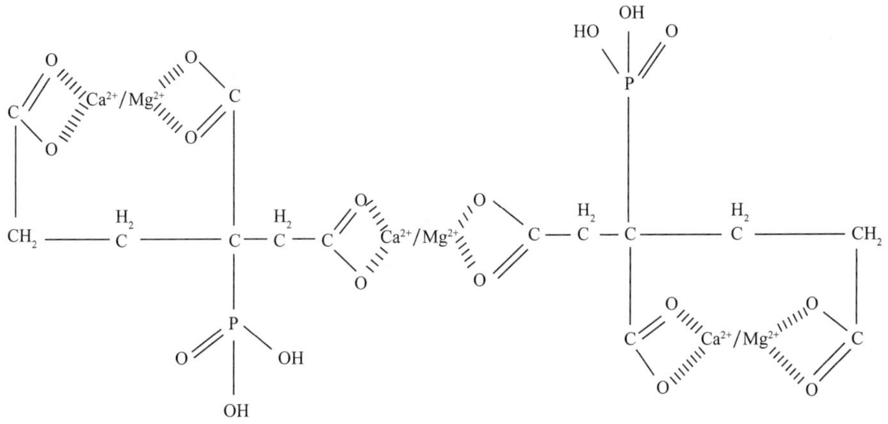

图 3-22　抗沉积助剂络合成垢离子示意图

表 3-10　不返排复合酸技术要求

项目		指标
外观		均匀液体
体系配伍性		无悬浮物、无絮凝物、无沉淀物及无分层现象
密度，g/cm^3		1.0～1.2
pH 值		≤2.0
总酸度（以 HCl 计），%		≥10.0
稳定铁离子能力，g/L		≥1.2
表面张力，mN/m		≤30.0
腐蚀速率，$g/(m^2 \cdot h)$	45℃	≤1.0
	60℃	≤5.0
破乳率，%		≥90
天然岩屑溶蚀率，%		15～20

2019 年至 2021 年，应用不返排酸化工艺实施 1527 井次，减少酸化返排液 $3.2 \times 10^4 m^3$，措施后平均单井降压 0.8MPa，日增注 $23m^3$，有效期 83 天。

2. 表面活性剂解堵工艺

随着化学驱油技术的推广应用，每年产出上千万吨含聚污水，并在处理后回注地层。回注的化学驱污水含有大量的聚合物和悬浮物等杂质，由于污水中聚合物的吸附作用导致储层岩石毛细管变细，孔隙变小，渗透率降低，使油层受到伤害；另外，因含聚合物污水黏度变大，携带悬浮物、原油以及地层中的黏土颗粒的能力比清水更强，因此，对渗透率和孔隙度相对较差的三类油层伤害更大，导致储层严重伤害，常规酸化效果变差。针对三类油层，开展了表面活性剂解堵增注技术应用。

表面活性剂解堵体系是以疏水型表面活性剂为主的复合体系，实现低渗透油藏的降压增注。一是降低油水界面张力，可深入地层，使油滴易于变形，油滴通过孔喉时，渗流阻力减小，从而提高油层的渗流能力；二是改变岩石的润湿性，表面活性剂中的活性成分具有亲水基和亲油基两种基团，能够吸附于岩石表面上，将岩石表面由亲油向弱亲水转变，增加砂岩渗流能力；三是改变原油流变性，能迅速将岩石表面的原油分散、剥离，形成水包油型乳状液，从而改善油水两相的流度比。

表面活性剂解堵技术具有作用范围大、二次污染小的优势，适用于三类油层。2021年，应用表面活性剂解堵技术施工 20 口常规酸化无效井，平均单井降压 0.2MPa，日增注 19.5m³，措施有效期 46.4 天。

3. HSA 活性剂解堵工艺

HSA 活性剂解堵技术是将复合酸酸化和活性剂解堵两种不同工艺有机结合，具有近井地带和油层深部综合解堵的作用，解堵效果明显优于常规酸化解堵，有效期长。

复合酸体系由无机酸、有机酸、缓蚀剂及黏土稳定剂等成分组成，具有较好的解堵性能。针对发育较差的油层，要在一定深度和广度范围内提高地层的孔隙度和渗透率，常规的酸化液与地层中胶结物的反应速度快、作用范围小，达不到提高地层渗透率的效果，而采用的复合酸体系中无机酸、有机酸在地层中缓慢水解生成氢氟酸，降低酸液反应活力，从而增加了活性酸的作用半径。活性剂体系由非离子表面活性剂、阴离子表面活性剂及助剂等成分组成，可降低油水界面张力，增加原油流动能力；改变岩石表面润湿性，使岩石润湿性向亲水方向转变，发挥毛细管力作用；增加水相渗透率，降低注入压力。

施工过程中，首先向地层注入复合酸液，解除近井地带油层无机物堵塞，疏通孔道，从而保证后续活性剂顺利注入；反应一段时间后，再注入活性剂及相应助剂，活性剂随注入水逐步推入地层深部，活化滞留油、增大毛细管数并改变岩石润湿性，增加水的相对渗透率，达到提高油层注入能力的目的。

2021 年，实施了 5 口井 HSA 活性剂解堵。措施后，平均单井降压 0.2MPa，日增注 28.8m³，措施有效期 6 个月以上。

二、精准油井调整技术

针对杏北开发区低产低效井数多、维护作业井数多、机采总能耗高等问题，通过多年持续攻关，形成了以动态控制图和全生命周期健康井为基础的参数优化技术、泵况诊断技术以及油井"两率"治理技术，地面井下一体化的机采节能管理模式，达到油井经济高效运行、降低检泵率、降低举升能耗的目的。

（一）油井参数优化及泵况管理

1.供排关系优化调整

在抽油机井动态控制图（图3-23）基础上，研发了螺杆泵井动态控制图（图3-24），两种动态控制图把油层供液能力与抽油泵抽油能力协调关系结合起来，体现单井当前生产状态。动态控制图分为工况合理区、参数偏大区、参数偏小区、断脱漏失区和待落实区5个区域。依托动态控制图，可诊断油井存在的主要问题，使措施方向更加明确。

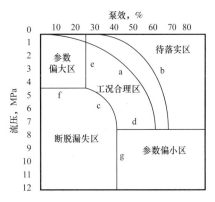

图 3-23 抽油机井动态控制图

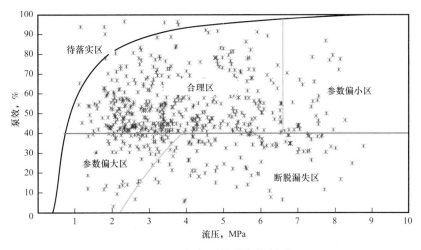

图 3-24 螺杆泵井动态控制图

根据动态控制图中参数偏大区和参数偏小区，可明确供排关系治理对象，进而协调油水井供排关系。抽油机井调参遵循"长冲程、慢冲次、合适机会换泵径"，螺杆泵井调参遵循"合理转速、等排量换泵"的原则。当抽油机井连续三个月沉没度小于100m时，应下调参数，冲程和冲次均为最小值时，利用作业时机换小泵径确保抽油机井合理运转，换泵后沉没度无明显上升，实施间抽。当抽油机井连续三个月沉没度大于300m时，先排除泵况问题，再上调参数；冲程和冲次均为最大值时，采取换大泵措施，换大泵后根据沉没度数值合理调整冲程和冲次。为避免螺杆泵井沉没度低造成橡胶脱，需要保持合理的沉没度，当沉没度小于100m时，应下调转数；转速无下调空间时，利用作业时机换小泵径。螺杆泵井沉没度大于300m时，排除泵况问题，再上调参数。转速无上调空间的井，采取换大泵措施，换大泵后根据沉没度数值合理调整转数。

2.油井泵况管理

泵况管理主要是通过生产数据分析、现场憋泵落实、示功图监测油井工作状况，利用动态控制图中断脱漏失区查找泵况井，及时采取治理措施。

一是现场数据分析。泵效、沉没度和电流是判断泵况的主要依据，在没有采取措施的情况下，泵效突然下降10个百分点以上，且产液量下降的同时伴随沉没度的上升，须现场憋泵落实。

二是现场憋泵落实。憋泵分为抽憋和停憋两种方法。抽憋方法是关掺水阀门、关回油阀门，抽油机运转30个冲程，观察油压变化情况；当油压达2.0MPa或不再上升后，停在上死点或下死点进行稳压，根据油压变化情况，判断井下故障。停憋方法是在停机状态下，打开回油阀门泄掉压力至正常值后关闭回油阀门，观察5min油压变化情况，判断是否有喷势。经总结归纳，明确了泵工作正常、杆断脱、游动阀漏失、固定阀漏失、双阀漏失、油管漏失及断脱、气影响、自喷共8种泵况下不同的憋泵诊断方法，为管理人员提供了技术指导（表3-11）。

表3-11　不同泵况油井憋泵情况指导表

序号	泵况分类	憋泵压力变化现象
1	泵况正常	泵工作正常时，压力随憋泵时间稳步上升。供液充足时，压力上升过程中指针摆动很小。供液不足时，压力会有小幅下降。停机稳压，压力不降
2	杆断脱	浅部断脱，憋泵时回压无变化，无论憋多少个冲次，压力仍为初始压力。深部断脱，憋泵时多数会表现出下冲程压力上升，上冲程压力下降。另外，下放抽油杆进行探泵，有探不到泵或探泵不实的现象
3	游动阀漏失	驴头上行过程中压力上升幅度较大，但迅速回落，漏失严重时，回落幅度大，漏失较轻时回落幅度小。上死点停机稳压时，压力下降
4	固定阀漏失	憋泵时压力表指针随上下冲程大幅摆动，上冲程油压上升，下冲程油压下降。但由于游动阀不漏，油压会逐渐上升，但上升缓慢。下死点停机稳压时，油压下降
5	双阀漏失	抽憋时，由于两种阀同时漏失，油压会有较大幅度的摆动，但仍然有所上升，但上升幅度逐渐变小，直至不升。停机稳压时，由于双阀不严，压力会快速下降
6	油管漏失及断脱	憋泵时油压上升缓慢，压力表指针波动大，停机时压力稳不住。灌掺水憋压时会发现油、套压同时上升。管漏严重时憋泵起不起压，示功图变窄，与固定阀关闭不严示功图类似。区别是管漏井压力稳不住，固定阀关闭不严的井，用掺水将油管压力憋起后能稳压
7	气影响	憋泵时，由于气体压缩影响，初始压力上升较慢，但当油压达到一定程度时，压力上升幅度会加大
8	自喷	如果油井具备自喷能力，在停憋时油压上升。如果杆管已断脱，上升压力与自喷压力相同，如果漏失，上升压力会高于自喷压力

三是示功图判断。示功图能够反映抽油机运转过程中悬点载荷的变化情况。在生产过程中，深井泵受到制造质量，砂、蜡、水、气、聚合物、稠油、油流通道堵塞，及供液状况、杆管状况、冲次快慢等多种因素的影响，实测不同形状的示功图。通过在实际工作中摸索总结，形成了15种典型功图，辅助动态管理人员诊断泵况（表3-12）。

表 3-12　不同工况油井典型功图指导表

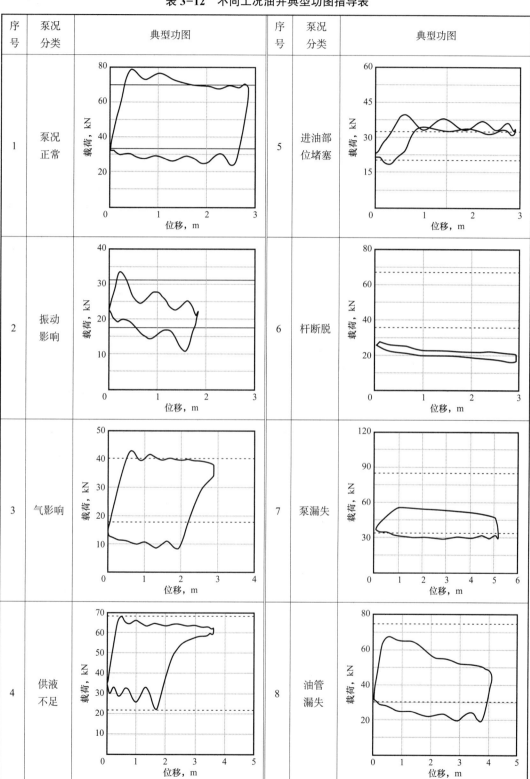

序号	泵况分类	典型功图	序号	泵况分类	典型功图
1	泵况正常		5	进油部位堵塞	
2	振动影响		6	杆断脱	
3	气影响		7	泵漏失	
4	供液不足		8	油管漏失	

续表

序号	泵况分类	典型功图	序号	泵况分类	典型功图
9	油管断脱		13	碰泵	
10	抽喷		14	密封圈紧	
11	蜡影响		15	下游动阀挡篮磨损	
12	脱泵				

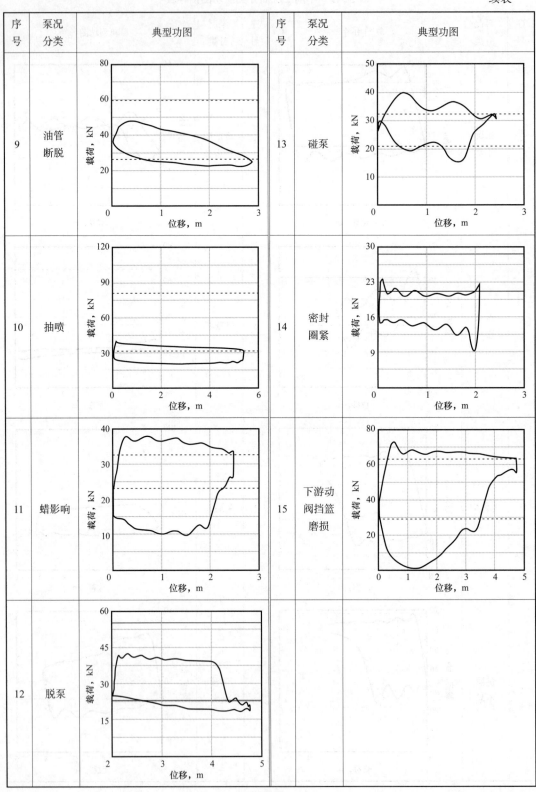

3. 油井"两率"治理

为提高作业管理水平、降低开发成本,油井"两率"(检泵率和检泵周期)管理秉持全生命周期健康井理念,构建闭环管理模式,从技术防护和管理两方面入手,通过优化源头设计、完善技术防护措施、强化过程管控、精细日常维护四方面,全面提升油井"两率"管理水平。

1)优化源头设计

工艺设计遵循抽油机井"大泵径、长冲程、低冲次"和螺杆泵井"等排量优化"两项基本原则,结合产量形势、现场数据、措施计划、区块特点等情况,根据井下工具应用模板优选井下工具,合理匹配参数,提高机采井工艺设计质量。

2)完善技术防护措施

针对油井"两率"管理中出现的"偏磨、断脱、卡泵、漏失"4类问题(图3-25),坚持预防为主、防治结合的治理思路,提高油井"两率"管理水平。

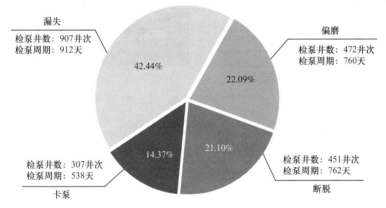

漏失
检泵井数:907井次
检泵周期:912天
42.44%

偏磨
检泵井数:472井次
检泵周期:760天
22.09%

21.10%

断脱
检泵井数:451井次
检泵周期:762天

14.37%

卡泵
检泵井数:307井次
检泵周期:538天

图3-25 检泵原因分类图

(1)防偏磨方面:一是针对ϕ16mm泵内扶正杆抗压强度低、易弯曲产生偏磨的问题,在保留原杆径ϕ16mm螺纹类型基础上,将泵内扶正杆径改为ϕ19mm,杆柱的屈服压力提高41%。

二是在扶正杆和抽油杆连接处配套使用接箍式扶正器(图3-26)和泵口防磨工具(图3-27),降低抽油杆接箍偏磨泵口。

图3-26 接箍式扶正器

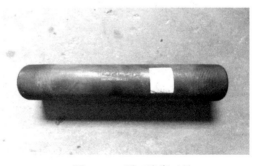

图3-27 泵口防磨工具

三是支撑卡瓦坐封后，油管挂无法完全落于井口内，需施加下压力使其坐入，该情况会造成管柱弯曲，旋转过程中杆管偏磨严重，应用可调式丝杠滑轨（图3-28）调节管柱长度，缓解管柱弯曲，降低杆管偏磨。

（2）防断脱方面：

一是针对聚合物驱载荷大疲劳断的问题，抽油机井应用大流道泵和低摩阻泵，优化泵筒与柱塞间隙，降低运行载荷。

二是针对常规螺杆泵脱胶和橡胶破碎的问题，应用等壁厚螺杆泵（图3-29）和3：4端面线型螺杆泵，减轻定转子磨损，延长螺杆泵使用寿命。

图3-28　可调丝杠滑轨

图3-29　等壁厚螺杆泵

（3）防卡泵方面：

一是针对三元复合驱油井垢卡问题，应用柔性金属泵。

二是针对扶余油井稠油卡问题，应用固体防蜡器。

三是针对砂卡问题，应用防砂泵的同时，增加泵筒与筛管间尾管数量，配套使用防砂筛管（图3-31）。

（4）防漏失方面：

一是针对游动阀罩磨损、阀球镶嵌问题，改进阀罩结构，出液孔由花瓣式出液孔改为四孔式出液孔（图3-30），由无挡篮一体式改进为钻孔＋凸台分体式，延长了阀罩使用寿命。

图3-30　四孔式出液孔

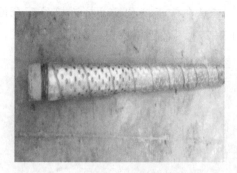

图3-31　防砂筛管

二是改进螺杆泵橡胶与泵筒粘接工艺，粘接前用砂砾对筒泵内进行打磨，使其泵筒内表面粗糙，增加摩擦力，再由单面涂胶改为双面涂胶，增加粘接力，降低定子脱胶概率。

三是选用高密度定子橡胶，由丙烯腈丁腈橡胶改为高丙烯腈丁腈橡胶，降低橡胶局部受热溶胀。

3）强化过程管控

一是制订现场质量监督卡制度。现场质量监督卡包含井下作业质量、安全、环保、井控的监督检查内容和合格标准，根据施工进度进行监督检查，合格后在相应检查项内进行标记，施工符合要求方可进行下步操作。

二是加强油井施工质量过程监督。按照检前处理、起出检查、完井验收进行全过程监督，监督过程共有清蜡、丈量、换料等 11 道工序，每道工序依据要点进行监督。

三是执行质量跟踪表分析制度。统计作业井详细信息，实时填写作业井情况，月初汇总审核，总结存在问题，制订下步措施。

四是推广《成熟井下工具指导手册》，为技术人员和监督管理人员快速掌握井下作业技术提供指导。

五是推广《油井作业施工总结编写模板》。应用该模板以来，施工总结准确率提高 9 个百分点，审核时长缩短 9 天。

六是加强工具质量管理。优选质量优、技术优的物资，入库工具按批次抽检，检查发现工具质保期内损坏，及时停用整改，保证下井工具质量。

4）精细日常维护

实施"553"油井热洗管理法，抓住单井、计量间、转油站、热水站、高压车组 5 个环节，推进梳理流程、制定标准、完善方法、创新技术、强化监督 5 项工作，严抓温度、压力、排量 3 项参数达标，应用热洗导流器、双作用热洗阀等井下工具，运用调速热洗、单井叠加等热洗方法，建立一表一线一图的评价手段，技术和管理双管齐下，降低交变载荷和运行扭矩，提高热洗质量。

通过多年对油井"两率"的治理，效果显著（图 3-32）。

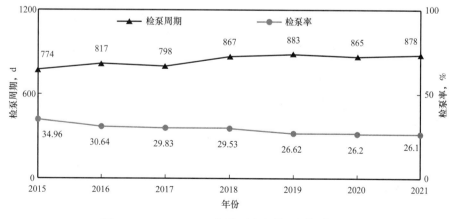

图 3-32　2015—2021 年检泵率和检泵周期曲线图

（二）机采节能降耗技术与措施

机采系统节能降耗工作围绕"目标控制、过程管理、节点分析、立体节能"的思路，坚持技术应用与技术管理相补充，扩大成熟技术应用规模，探索高效节能技术，加大节能管理措施执行力度，实现了机采井高效运行、降低机采举升能耗的目的。

1. 机采节能降耗技术

1）不停机间抽采油技术

杏北开发区间歇出油、严重供液不足的低产低效井较多，且能耗高，为挖掘这部分井的节能潜力，通常采用间抽采油技术。常规间抽采油技术一般存在间抽制度制订不合理、间抽制度执行难度大等问题。为此，现场应用了不停机间抽采油技术，通过研制间抽制度摸索模板，优化程序界面，实现了智能化自动间抽运行，达到了规模化推广。

不停机间抽采油技术是指曲柄以连续整周运行与低能耗摆动运行组合的方式工作，将长周期的集中式间抽采油转变成多次短周期分散式间抽采油，将常规间抽停机运行改为曲柄低能耗小角度摆动运行，实现井下泵停抽、地面设备不停机的间抽工艺。整周运行与摆动运行之间的切换是依靠抽油机在负载最低点附近处，利用曲柄势能与动能的转换，以柔性加载断续供电的方式，实现曲柄低能耗摆动，保证驱动速度的同时控制最大驱动功率，实现平稳运行（图3-33）。

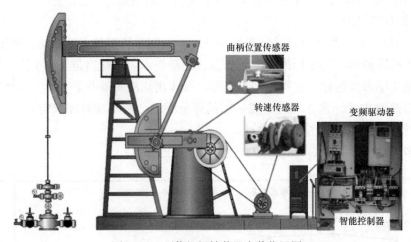

曲柄位置传感器

转速传感器

变频驱动器

智能控制器

图3-33　不停机间抽装置安装位置图

按照"节能效果最优，日常管理方便"的原则，创新以电参示功图（图3-34）充满度为依据，设定边界条件为约束，考虑特殊情况闭环管理，编制了间抽制度模板程序，实现了间抽井智能化自动摸索合理的间抽制度。累计推广应用1235口井，节电率35.6%，年节电能力达到$1400 \times 10^4 kW \cdot h$，为油田低产低效井的高效运行提供了技术支持。

2）抽油机井精细调参技术

抽油机井供排关系不合理问题井数增多，受常规技术限制，参数优化调整无法实现精准。为此，依托电参示功图技术，创新开展了抽油机井精细调参技术研究。

以调小参为例，冲次降低后，有效进液冲程增加，泵筒充满度增大，在泵径一定的情况下，示功图日产液量的大小主要取决于冲次与有效进液冲程的乘积。降低冲次后，有效进液冲程增大，二者乘积不一定减小，则日产液量不一定降低，因此存在日产液量不降前提下的合理冲次。

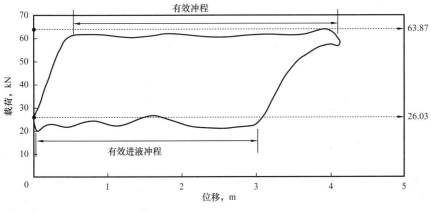

图3-34　电参示功图

通过前期大量的精细调参现场试验，确定抽油机井最佳充满度区间为85%～90%。对于配备智能控制装置的抽油机井，以最佳充满度区间为优化目标，考虑油井产液量、冲次等边界条件，在配电箱中设置控制程序，进行智能精细调节冲次，在不影响产量的前提下，实现单井冲次更优、能耗更低。现场累计应用智能精细调参技术351口井，其中调大参井104口，平均日产液量增加7.45t；调小参井247口，平均节电率22.33%，为协调油井供排关系、进一步降低机采举升能耗提供了技术支持。

3）碳纤维连续抽油杆技术

油田普遍应用的钢制抽油杆相比非金属抽油杆存在自身相对密度大、易腐蚀、机采举升能耗高等问题，以杏北开发区普遍应用的10型抽油机为例，平均悬点载荷53kN，杆柱重30kN，占悬点载荷的56%，平均日耗电168kW·h，且钢制抽油杆断脱问题突出。为此，杏北开发区在大庆油田率先开展了碳纤维连续抽油杆试验。

碳纤维连续抽油杆［图3-35（a）］是由碳纤维、树脂和玻璃纤维等原材料按照合适配比，经拉挤工艺生产制造而成的复合材料制品，具有质量轻、强度高、耐磨性好和耐腐蚀性好等优点，在1×10^{6}次疲劳实验后，碳纤维连续抽油杆剩余强度是钢制抽油杆1.6倍，抗拉强度较钢制抽油杆提高56.1%，腐蚀速率是钢制抽油杆的0.96%，性能优势明显。

在研究过程中取得了5项创新成果：一是创新设计了碳纤维连续抽油杆加工制备工艺。明确了碳纤维连续抽油杆结构，在原材料优选、材料配比和拉挤制造工艺三方面，优化设计了碳纤维连续抽油杆加工工艺，大幅度提高了连续杆整体性能。二是攻关研究了碳纤维连续抽油杆配套技术，研制了防断脱接头［图3-35（b）］、旋转接头［图3-35（c）］和安全接头［图3-35（d）］等杆柱连接技术，实现了杆柱可靠连接，研制了扶正器夹持装置、打捞筒等作业配套技术，实现了杆断打捞、杆柱悬持，研制了杆体扶正技术，实现了杆体扶正功能；三是优化设计了杆柱优化设计及工况诊断系统，该系统可以模拟出杆柱优化组合比例，指导工程设计，同时工况诊断系统将理论示功图转化为泵功图，可直观诊断运行工况；四是研制了专业化作业设备，研制了橇装作业装置和Ⅰ代专用作业装置，实现了连续抽油杆安全高效施工；五是制定了连续抽油杆行业标准，给出了连续抽油杆技术要求。

(a) 碳纤维连续抽油杆　　　(b) 防断脱连接头　　　(c) 旋转接头　　　(d) 安全接头

图 3-35　碳纤维连续抽油杆配套工具

现场应用 108 口井，完成不同井况、工况条件下的杆管防偏磨评价试验 103 口井、三元防腐蚀评价试验 5 口井。抽油机悬点载荷降低 21.06%，平均节电率为 22.45%，年节电能力达到 $160.7 \times 10^4 kW \cdot h$。第一批 20 口碳纤维连续抽油杆试验井平均免修期超过了 1000 天，最长超过 1100 天，未发生杆断检泵的情况，延长了油井检泵周期。碳纤维连续抽油杆可明显降低杆柱重量，有效解决了钢制抽油杆下泵深度受限、磨蚀严重等问题。按照油田开发现状的需求及节能降耗的要求，质量轻、强度高、节能效果好的碳纤维连续抽油杆具有工业化普及推广的价值。

4）螺杆泵高效举升技术

（1）螺杆泵地面直接驱动技术。

常规螺杆泵举升工艺因具有占地面积小、安装方便、能耗低等技术优势，在油田得到普遍推广和应用。在实际应用过程中发现存在减速器、皮带轮等配件易损坏、生产维护费用较高、防反转装置失灵等问题，同时还存在参数调整不方便、皮带和减速器增加功率损耗等问题。因此，杏北开发区首创研究了螺杆泵地面直接驱动技术，实现力矩电动机直接驱动螺杆泵抽油杆运转，取消常规减速器和皮带的传动方式，降低螺杆泵井生产维护费用和举升系统能耗，安全性能得到提升。

螺杆泵地面直接驱动系统由力矩电动机、专用驱动器、轴向承载装置和机械密封 4 部分组成。力矩电动机采用空心轴设计，抽油杆直接穿过空心轴，通过卡子与电动机轴连接，电动机轴转动实现扭矩传递。采用无位置传感器检测方式，利用电动机定子端电压和电流直接计算出转速和转子位置。专用驱动器采用转子自同步矢量控制技术和DSP控制内核，动态追踪最佳矢量角，驱动器根据转子位置向电动机提供最合适的驱动电流，实现负载自动跟踪调整，进一步提升了电动机工作效率。轴向承载装置采用轴向止推轴承直接承受螺杆泵井口的轴向载荷，轴承设计了专用润滑装置，采用机油或液态润滑脂。机械密封系统安装在电动机空心轴的上端，实现更换机械密封圈在电动机端盖上面操作，利用卡瓦封井器实现密封光杆和卸载而不需动用吊车等设备直接更换（图3-36）。

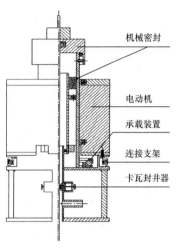

图3-36　螺杆泵地面直接驱动装置结构示意图

专用驱动电动机。螺杆泵地面直接驱动装置所用电动机必需能够满足井下螺杆泵的工作特性，如高起动力矩、频繁的瞬时过载能力、低转速范围内的速度连续调节等。采用的永磁式力矩同步电动机属于低速伺服电动机，其特点是堵转力矩大、空载转速低，不需要任何减速装置可直接驱动负载，过载能力强，而且长期堵转时能产生足够大的转矩而不损坏。

无位置检测技术。试验初期，在电动机轴上安装位置传感器测量转子位置和转速，优点是测量精度高，但易使系统鲁棒性降低、转子轴转动惯量增大，且硬件成本增加。同时，现场维护工作量增加，故障率高，影响油井时率。通过对比霍尔传感器、光电编码器、旋转变压器、无位置传感器等检测方式，优选出性价比高、故障率低的无位置检测方式。根据电动机电磁方程式构造滑模变结构观测器，在低速情况下对转速和转子位置进行估算，系统有很好的鲁棒性；转子位置角估计值较准确，永磁同步电动机能够在无位置传感器状态下实现矢量控制。2011年以来，改进完善了无位置传感器，转速控制精度达到±8%以内，能够满足生产需求。

专用驱动器。一是速度的调节方法。驱动系统的最主要的特点之一就是可以实现速度实时调节，与普通的感应电动机变频系统相比，采用无位置传感器，可以随时提供转子的位置和速度，因此系统可以实现从零转速到最高转速的连续转速调节和转速闭环控制。二是负载自动跟踪。采用的力矩永磁变速直接驱动电动机系统采用转速闭环控制，转矩与负载转矩自适应。由于采用了永磁材料，电动机中的磁场强度基本一定，而且功率因数恒定，所以电流与负载基本上是正比例关系。该电动机具有功率因数高、无功功率很小的特点，轻载时有功功率和无功功率都很小，实现了负载自动跟踪和节能。

轴向承载技术。地面直接驱动装置坐在井口法兰上，通过卡子将电动机的输出轴与光杆连为一体，出油口与地面输油管线连接。电动机、光杆和支座在井口法兰上面形成一条直线，在电动机的下部连接承载轴承和支座，从而使整个装置直接坐在井口法兰上，实现轴向承载。

机械密封技术。电动机空心轴内安装空心密封管，密封管与电动机空心轴之间固定有机械密封装置，包括定盘和动盘，定盘与密封管之间通过顶丝固定，动盘与电动机空心轴之间通过胶圈密封，定盘和动盘形成工作面，实现机械密封。通过轴头内密封圈、抽油杆密封圈压盖，实现抽油杆静密封。密封管的底部通过三通连接密封胶圈实现静密封，电动机空心输出轴与轴头通过胶圈实现静密封。

防反转技术。由于地面驱动装置存在高速旋转部件，一旦防反转装置失效，抽油杆将会高速反转导致光杆弯曲，弯曲后光杆容易将螺杆泵护罩打碎飞出，存在安全隐患。为此开展了系列的安全措施，确保人员和设备的安全。一是改进直驱装置电磁制动模式。将变频器制动和能耗电阻制动相结合，采用梯度衰减控制模式，控制抽油杆弹性势能释放速度。停机后通过变频器制动斩波器，将反扭矩以热能的形式释放在波纹电阻中，当扭矩释放到设定扭矩时，变频器停止运行，切到外挂电阻进行二次反扭矩释放。二是降低光杆长度。对于作业井将带接箍的光杆调整到方卡子位置，不带接箍的保留在30cm以内，对运行井将长度超标的光杆采取气焊切割的方式治理。三是使用柔性防护罩。采用橡胶、锦纶棉布等材料制成，具有弹性好、不易破碎等性能，可有效缓冲光杆打击。四是完善螺杆泵井安全风险管理细则。补充了地面控制箱与驱动头匹配安装、相对位置要求、超载情况处理、防反转装置失灵判定、定期维护保养等内容。

螺杆泵地面直接驱动技术具有高效节能、运行安全系数高、噪声低、维护方便等技术优势，实现软停、软启动、在线调整转速等操作，同时地面装置简化，没有高速转动部件，提高了设备运行的安全系数。目前在油田全面推广使用，截至2021年底，杏北开发区累计应用1146套，与常规螺杆泵对比节电率为23.59%，与常规抽油机对比节电率为37.86%，获得了显著的经济效益和社会效益。

（2）新型螺杆泵技术。

螺杆泵是通过橡胶转子与金属定子间的密封腔室举升液体，具有排液连续、举升效率高的特点。但由于转子相较于油管做高速偏心运动，杆管摩擦严重，扭矩高，耗能大；定子和转子摩擦产生的热量主要聚集在橡胶最厚的部分，过高的温度使橡胶物性发生改变，导致定子过早失效，寿命缩短。为此研发了3:4端面线型螺杆泵技术，并应用等壁厚螺杆泵技术，降扭增效，延长使用寿命。

3:4端面线型螺杆泵相比1:2端面线型螺杆泵（图3-37a）和2:3端面线型螺杆泵（图3-37b），型线增多，相比普通螺杆泵偏心距更小，杆柱离心甩动小，杆管磨损减轻，此外还降低了转子在定子衬套中的滑动速度，减轻定转子磨损，降低运转扭矩。在杏北开发区累计应用241口井，平均日产液量为22t，平均泵效为54.75%，平均动液面为543.2m，平均扭矩为275N·m。

为解决螺杆泵运转中后期泵效下降，影响油井产能的问题，试验应用了等壁厚螺杆泵（图3-38），通过优化螺杆泵结构和参数，改变定子钢体形状，将定子橡胶衬套设计成均匀厚度，解决常规螺杆泵温升、溶胀不均和热量聚集等问题。

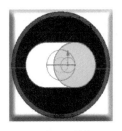
(a) 1：2结构

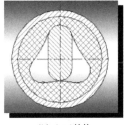
(b) 2：3结构

(c) 3：4结构

图 3-37 不同端面线型螺杆泵结构图

图 3-38 等壁厚螺杆泵剖面示意图

等壁厚螺杆泵具有以下优点：一是橡胶膨胀均匀，改善了泵的工作性能。定子橡胶溶胀、温胀均匀，最大变形量减小 58%，因此，运转时具有更好的型线和尺寸精度，泵密封性能好，有利于长时间维持高泵效。二是散热特性良好，延长了螺杆泵的工作寿命。等壁厚定子橡胶层薄且均匀，具有良好的散热性能，温升低，最高温升降低 42%，可以有效减缓橡胶的热老化，延长泵的使用寿命。三是单级承压高，提高了系统效率。均匀厚度的橡胶衬套在运转过程中抵抗变形的能力好，单级承压高，举升扬程高，摩擦损失小，运转扭矩低，提高了系统效率（图 3-39）。

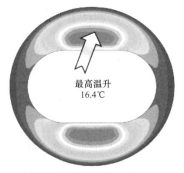
(a) 常规定子温度场分布图

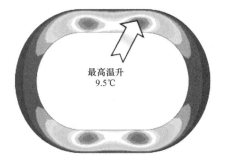
(b) 等壁厚定子温度场分布图

图 3-39 螺杆泵定子温度场分布图

等壁厚螺杆泵在杏北开发区累计应用 313 口，平均日产液量为 23.62t，平均泵效为 55.56%，平均动液面为 538.9m，平均系统效率为 30.53%；与同区块常规螺杆泵相比，泵效提高了 1.2 个百分点，系统效率提高了 3.62 个百分点，平均节电率为 9.4%。

经过多年技术攻关，形成了适合杏北开发区的油井动态调整和高效举升技术，在总井数不断增加的情况下，油井经济指标一直超计划完成，举升能耗实现了连续5年不升，检泵率实现了连续7年下降。

2. 新型高效举升示范区建设

近年来，常规抽油机受冲程和泵径限制，冲次无法进一步降低，挖掘节能潜力空间受限。2020年，利用XW区西部Ⅲ块产能建设时机，应用新型节能抽油机155台，其中塔架抽油机125台、皮带抽油机30台。

塔架抽油机（图3-40）采用永磁电动机与链轮减速驱动，通过控制电动机正反向运转，带动抽油杆柱和配重做往复直线运动，完成上、下冲程的抽油过程，电动机仅对井下载荷与配重箱载荷差值做功。皮带抽油机（图3-41）采用链条式机械换向系统，将轨迹链条的单项循环运动转换为悬绳器的上下往复运动。两种抽油机均采用"长冲程、低冲次"的运行方式，最大冲程可达8m，与游梁抽油机对比，取消了四连杆机构，采用对称平衡，具有结构简单、安全性能高、管理维护方便、节电效果显著等优点。

图3-40　塔架抽油机

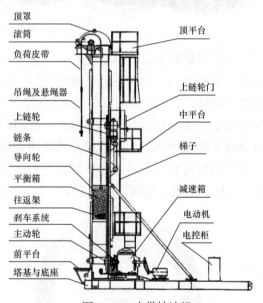

图3-41　皮带抽油机

为发挥新型节能抽油机的最大功效，制订塔架机偷停井"五步判断法"，明确各节点判断方法，为作业区偷停井治理提供思路和办法；制订塔架式抽油机动态平衡调整方法，提升了平衡调整效率；针对沉没度低、载荷变化大的井，应用不停机间抽控制装置6套，实现了塔架抽油机自动摸索间抽制度，供排关系得到改善；开展高沉没度井降载换大泵的工作，实施内衬油管＋无扶杆＋软柱塞泵＋管式防蜡器的多项降载措施组合，实施3口井，平均日产液量增加25.3t，平均泵效上升8.4个百分点，实现了换大泵载荷不升的目的。同时制订了《塔架式抽油机管理办法》《塔架式抽油机操作规程》及《塔架式抽油机维护保养规范》，为塔架式抽油机日常管理提供了指导依据。

与相邻区块常规抽油机对比，XW 区西部Ⅲ块塔架式抽油机平均节电率 31.6%，系统效率提升 10.7 个百分点。实现了机采井高效举升，同时为特高含水期机采举升设备优选提供了新的选择。

三、精准措施挖潜技术

采油井措施挖潜贯穿着油田开发的全过程，合理的挖潜措施不仅有效地调整了油田的产液结构，促进油田稳产，同时也提高了油层动用程度。杏北开发区立足于剩余油分布特征以及工艺技术的进步，不断深化"一井一工程，一层一对策"的措施挖潜模式，总结好经验好做法，逐步量化措施选井选层标准，为改善措施增油效果提供保障。

（一）采油井压裂增产技术

随着油田综合含水的不断升高，以及采油井压裂井数的持续增多，剩余油分布越发零散，挖潜难度持续增大，技术人员始终秉承着"五个不等于"的挖潜思路，总结形成了采油井压裂全过程管理模式，促使采油井压裂增油效果始终保持在较高的水平。

1. 采油井压裂全过程管理模式

1）超前实施措施培养

随着采油井压裂工作量的持续增多，可供压裂的井数也越来越少，就各油层而言，压力较高的油层水淹较为严重，而含水较低的油层压力又较低，不符合压裂条件，因此，杏北开发区利用每年开展的地下大调查时机，对油田所有水驱采油井进行逐井逐层的分析，摸清可能具有压裂潜力的井层，并通过注采结构调整对当时不具备压裂条件的井层，有针对性地进行压裂前培养（表 3-13），并依据培养结果将压裂潜力分为两类（表 3-14），做到"成熟一批、实施一批、培养一批"。"十三五"期间，水驱开发年制订采油井压裂前培养方案始终保持在 200 口井以上，保证了压裂井层的能量充足。

表 3-13 采油井压裂针对性培养方式

存在问题	连通方向不足	供液能力不足	动用状况较差
培养对策	新投注水井 长关井治理 注水井补孔	注水井提量 注水井压裂 注水井酸化	注水井细分 注水井压裂 采油井堵水

表 3-14 采油井压裂潜力分类情况

类别	Ⅰ类	Ⅱ类
判断标准	供液方向≥4 个 总压差≥0MPa 潜力层≥15 个 预计初期日增油 4.0t 以上	2～3 个供液方向 总压差 -0.1～0MPa 潜力层 8～15 个 预计初期日增油 3.0t 以上

2）优化压裂选井选层标准

立足精细地质研究成果，通过深入结合单砂体注采关系、剩余油分布特点以及压裂措施效果，杏北开发区采油井压裂在选井选层方面由"分流河道砂、主体薄层砂、非主体薄层砂以及表外储层四大类砂体模型"定性标准向"两高两低"定量化标准发展。

在选井方面，坚持"两高"标准（即地层压力高，地饱压差大于1.0MPa；控制程度高，有两个以上注水受效方向）。在选层方面，确定了"两低"选层标准，即结合四类砂体形态优选平面上低含水部位（表3-15），结合四类资料优选纵向上动用差层位（表3-16）。这一标准的制定有效地提高了压裂选井选层的效率，促使采油井压裂效果始终保持在较高水平。

表3-15 平面上低含水部位

砂体类型	有利分布形态	形成原因	调整井网
分流河道砂	窄条带状河道砂体、河道砂体的凸出部位或废弃河道	井网控制不住	基础井网
主体薄层砂	条带状或大面积坨状马鞍状或指状突出部位	纵向上层间干扰、平面上薄注厚采	一次加密井网
非主体薄层砂	非主体薄层砂以条带状或坨状分布，且与主体砂接触	厚注薄采部位且受到层间干扰动用差	二次加密井网
表外储层	二类砂岩厚度大于1m且与表内储层镶边搭桥	油层发育差、存在启动压力梯度	三次加密井网

表3-16 纵向上动用差层位

按有效厚度分类	三次注入剖面		三次产液剖面		新井测井解释		数值模拟结果		
	吸水次数 次	平均相对吸水 %	产液次数 次	平均相对产液 %	水淹解释	含水饱和度 %	采出程度 %	含油饱和度 %	分层含水 %
>1.0m	1	<5	1	<15	未	<40	<40	>48	<90
0.5～1.0m	≤2	<10	≤2	<15	低	<40	<40	>46	<85
0.2～0.4m	≤3	<15	≤3	<10	中	<40	<40	>44	<80
表外储层	≥1	<15	≥1	<10	—		<40	>42	<80

随着重复压裂井次的持续增多，采油井压裂效果逐步下降，因此，引入不稳定试井资料，结合动态分析，明确了重复压裂井的压裂时机。从试井资料来看，压裂前两个月，井筒储集期长，曲线无双轨道形态，压裂之后，井筒储集期变短，曲线出现双轨道形态，而压裂后41个月，井筒储集期再次变长，曲线双轨道形态消失。根据两次采油井压裂时间间隔与初期日增油的相关关系图版可见，压裂时间间隔36个月以上的重复压裂井可以取得比较好的效果（图3-42）。

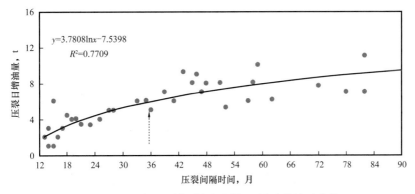

图 3-42　重复压裂井时间间隔与日增油的关系曲线

　　在选井上，引入重复压裂系数这一参数来进一步确定压裂井的选取。重复压裂系数是指历次重复压开砂岩厚度与历次总压开砂岩厚度的比值，从关系图版中可以看出（图 3-43），重复压裂系数在 0.5 以下，采油井压裂可以取得比较好的效果。

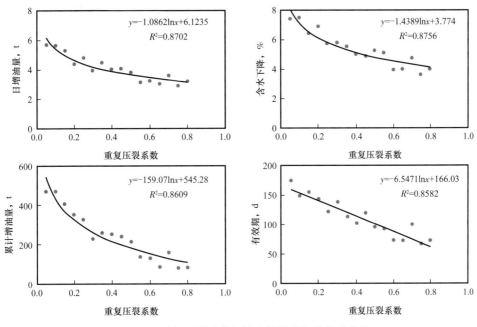

图 3-43　重复压裂系数与增油效果的相关关系曲线

3）优化压裂工艺参数

　　采油井压裂工艺参数在一定程度上决定了采油井储层的改造结果，直接影响压裂效果。杏北开发区在压裂工艺参数上突破加砂量固定化的模式，依据不同砂体类型，个性化工艺参数，逐年提高单位砂岩厚度加砂量，裂缝半径和穿透比大幅度提升。针对重复压裂井剩余潜力逐渐变小的实际，结合重复压裂裂缝失效机理，优化重复压裂工艺，即延伸原有裂缝，扩大压裂规模，增大加砂量，提高裂缝导流能力；酸洗裂缝壁面，恢复由镶嵌压实作用引起渗透率下降的原裂缝壁面部位（表 3-17 和表 3-18）。

表 3-17　不同砂体类型工艺参数优化

砂体类型	分流河道砂	主体薄层砂	非主体薄层砂	表外储层
单层加砂量，m³	8～10	8～12	10～12	12～15
裂缝半径，m	27.0～30.0	27.0～33.0	30.0～33.0	33.0～37.0
穿透比，%	12.6～14.0	12.6～16.5	15.0～16.5	16.5～18.5

表 3-18　不同年份加砂量变化情况

年份	2015	2016	2017	2018	2019	2020	2021
单层加砂量，m³	8.6	8.8	9.7	11.1	11.6	12.1	12.7
单位厚度加砂量，m³/m	5.5	5.8	6.8	8.3	8.4	8.6	8.9

4）加强后期跟踪保护

采油井压裂以后，裂缝波及面积扩大，地下油水分布随之发生变化，如果注水井的注水强度不变，那么压裂层段的地层压力将迅速下降，压裂效果将很快消失。为此，杏北开发区在采油井压裂措施实施后，不断加强动态跟踪，及时开展动态监测，实施跟踪保护措施，努力延长措施效果，"十三五"期间，采油井压裂工作量大幅度上升，但压裂后注水井跟踪调整井数始终保持在较高水平（表 3-19）。

表 3-19　不同年份压裂跟踪调整工作量　　　　　　　　　　　　单位：口

年份	2015	2016	2017	2018	2019	2020	2021
压裂井数	83	321	185	177	161	215	126
跟踪调整井数	114	388	210	229	235	284	165

2. 新型压裂工艺技术

1）油水井对应挖潜压裂技术

随着油田压裂井数的不断增加，压裂挖潜对象逐渐向三类油层转变。常规压裂工艺改造薄差储层存在一定局限性，主要体现在以下三个方面：一是裂缝穿透比不到 10%，缝长不足 15m，部分薄差层不能建立有效驱替关系；二是表外储层比例大于 70%，其中难压层比例大于 20%，常规压裂工艺裂缝开启困难；三是隔层薄、油层间距小，裂缝延伸受到抑制。针对薄差储层动用差、挖潜难度大等问题，以提高储层动用状况、建立有效驱替体系为目的，以储层精细描述为基础，开展 XL 区中部三类薄差储层油水井对应挖潜试验，对开发效果较差的二次和三次加密井实施精控压裂。

油水井对应挖潜压裂，主要是通过油水井的对应改造，等效缩小注采井距，提高油藏改造体积（图 3-44）。在方案设计上，采取针对性控制措施，突出"三个对应""三个优化""四个控制"的设计思路，提高精控压裂改造效果及经济效益。一是为降低渗流阻力，在选择压裂对象上，突出平面上油水井对应、纵向上单砂体对应、规模上砂体与缝长对应，以此来保证建立有效驱替关系；二是考虑不同井网条件、砂体类型、完井方式，优化压裂层段，提高小层改造率，优化裂缝穿透比，提高驱替效率，优化压裂施工参数，保证措施效果；三是强化难压层压前识别控制，强化缝间干扰判断与识别控制，强化单孔施工排量控制、强化单砂体砂量规模优化控制，采取压前挤酸、层段单卡、高压管柱（55MPa）施工等措施，降低缝间干扰，促进裂缝有效延伸。

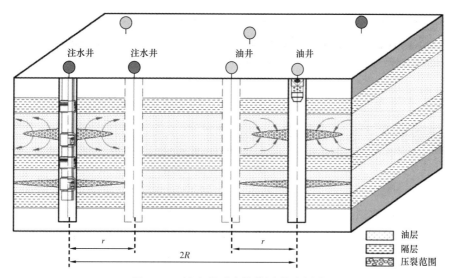

图 3-44　油水井对应精控压裂示意图
r—同类型井之间间距；R—不同类型井之间间距

该项技术现场实施 36 口井（其中采油井 29 口、注水井 7 口）。压裂后，采油井初期平均单井日增油量为 7.7t，措施有效率 100%，阶段累计增油量达到 4.6386×10^4t；注水井平均单井日增注量为 31.0m³，阶段累计增注 14.2558×10^4m³。压裂后，薄差储层层数动用比例提高 15.63%，砂岩厚度动用比例提高 16.48%。

2）暂堵转向压裂工艺技术

杏北开发区水驱采油井压裂比例已达 60% 以上，重复压裂井数逐年增多，常规技术在实施压裂改造过程中，造缝方向仍受老缝及优势通道影响，致使采油井压裂效果逐年变差。为此，探索应用了暂堵转向压裂工艺技术。该技术可以通过缝口化学封隔器对目的层实现软封隔，在一个机械卡封段内可形成 3～5 条裂缝，提高纵向上油层改造程度，并利用缝内转向技术，在层内形成复杂裂缝，增大泄油面积。

该项工艺技术包括段内化学封隔多裂缝技术以及缝内复杂裂缝改造技术。段内化学封隔多裂缝技术（图 3-45）主要是对一段内射开多个小层的储层实施压裂，由于纵向上各个小层间存在着物性和应力差异，流体遵循沿着阻力最小方向流动的原则，压裂液会自动选择低破裂压力的改造部位，压开第一条裂缝后，加入缝口可溶性化学暂堵剂封堵炮眼及近井地带裂缝缝口，使井筒内压力逐渐升高，压裂液发生转向从而压开新的裂缝，重复上述步骤，可实现段内多裂缝压裂。该技术在一个单卡层段内至少形成 3～5 条裂缝，从而提高纵向改造效率。该项工艺技术可以代替常规的机械封隔器，实现层间非均质性强的多层系分层压裂，解决了以往常规压裂工艺裂缝形态单一、改造体积受限的问题，增加了裂缝的改造体积，目前已成为挖掘三类薄差储层剩余油的一项有效措施。

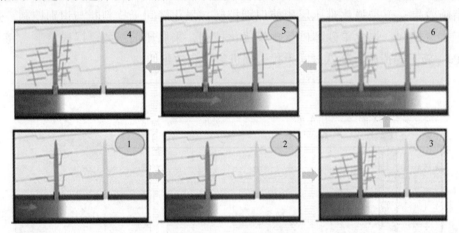

图 3-45　层间转向示意图

①普通压裂；②投入缝内暂堵剂；③裂缝转向形成分支；④投入层间暂堵剂；⑤压裂形成层间第二条缝；⑥压裂完成

缝内复杂裂缝改造技术（图 3-46）是在压裂过程中在缝内加入化学暂堵剂，在裂缝前端形成暂时封堵，阻止裂缝继续延伸，同时快速提升裂缝内净压力，克服水平方向应力差，促使裂缝横向扩展，并开启天然微裂缝，从而形成复杂裂缝网络。

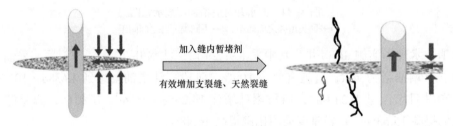

图 3-46　缝内转向示意图

机械封隔器在工艺上存在如下问题：一是隔层厚度需要不小于 1.3m，工具才具备卡封条件；二是单趟管柱最多压裂 8 个层段，8 段以上井压裂需要两趟管柱作业，施工工序复杂、周期长、风险高。暂堵转向压裂工艺对隔层厚度无要求，根据层间关系，采用机械封隔＋化学封隔器的组合压裂工艺，选取跨度大的层段下入机械封隔器，在卡封段内各小层间采用高强度暂堵剂实施压裂，从而实现大跨度、多薄层的加密改造。采用该项技术单趟管柱可完成多层分段压裂，降低作业风险，提升作业效率。

基于该项工艺的技术原理，杏北开发区确定了三大应用方向：一是应用于重复压裂井，纵向多开缝。针对连续多层卡不开的重复压裂层段实施缝口暂堵，对各层逐级压开多条裂缝，增大措施规模，降低重复压裂层比例；针对薄差层实施少段多缝压裂，利用缝口暂堵技术增加单段造缝数量，减少机械封隔器使用数量，达到扩规模、降成本的目的。二是应用于重复压裂层，平面转方向。针对中小井距重复压裂层实施近井地带转向压裂，实现缝内主裂缝转向，挖掘分流线剩余油潜力；针对控制程度低层实施加长缝引导深度转向压裂，引导裂缝向剩余油富集区延伸，挖掘滞留区剩余潜力。三是应用于套损井再挖潜。根据套损层位不同，将缝口、缝内两种技术同时应用、灵活设计，减少机械封隔器数量，扩大措施规模，减少措施风险。

以一口二次加密井为例，以往常规压裂措施，层段内小层数量较多，单段加砂量约为 $10m^3$，导致各小层的平均加砂量偏低，支撑剂数量不足，难以形成有效支撑，措施效果不理想。暂堵转向压裂试验将段内各小层作为细分单元，模拟不同裂缝参数条件下的单井产油能力，优选压裂施工参数，对半缝长和加砂量等参数进行优化设计。最优支撑半缝长为 28～35m，穿透比为 0.2～0.3，加砂规模为 9～15m³/层。

该井压裂 27 个小层，采用 9 个机械封隔器，分 5 个层段压裂。在压裂过程中加入 12 次暂堵剂，其中 2 次缝内暂堵、10 次缝口暂堵。通过现场压裂施工曲线分析，加入暂堵剂后井口压力明显上升。同时井下微地震监测显示，加入暂堵剂后裂缝起裂点和扩展方向均有变化，验证了该项工艺的有效性。该井压后初期日增油量为 5.98t，有效期 1193天，累计增油量为 3879t。

该项工艺在杏北开发区共应用 5 口井，压裂后，初期平均单井日增油量为 3.5t，措施有效率为 100%，平均有效期为 822 天，累计增油量为 1.1431×10^4t。

3）长胶筒精准定位平衡压裂工艺技术

为实现对低含水层剩余油的精准挖潜，应用长胶筒精准定位平衡压裂工艺技术，解决常规压裂技术无法准确压开低含水层位的问题。该项技术（图 3-47）通过使用长胶筒封隔器对薄隔层进行卡分，同时使用平衡器对薄隔层进行保护，挖潜一类油层顶部及三类油层剩余油。

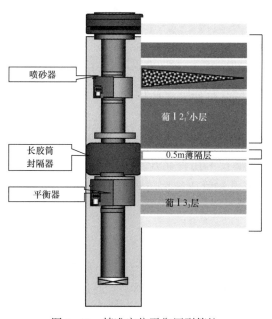

图 3-47　精准定位平衡压裂管柱

该工艺在杏北开发区采油井应用27井次，平均单井日增液量为25.28t，日增油量为3.1t，累计增油量为9132.4t；注水井应用14井次，初期平均单井注入压力下降5.26MPa，日增注13.01m³，累计增注29621m³

4）压后防喷技术

由于常规压裂井施工规模变大，部分采油井措施后井筒压力高、溢流大，导致普通作业无法完井，只能通过带压作业施工完井。而带压作业施工周期较长，会延误压裂后最佳投产时机，影响措施效果和产量，增加成本。连续油管压裂井施工时配套井口与生产用井口不匹配，压裂后需降压更换井口，也严重影响压裂井投产进度。应用压裂后防喷工艺技术，保证了常规压裂井和连续油管压裂井能及时完井、投产，确保措施效果。

常规压裂井压裂后防喷技术（图3-48）是将防喷工具连接在压裂管柱底部，随管柱下井，压裂完成后，将管柱上提至射孔井段以上的指定位置，旋转坐封封隔地层，上提完成丢手，为完井提供条件。解封时需使用专用打捞工具，连接在完井管柱底部，匀速下放至桥塞坐封位置，下放管柱完成解封。不增加工序，实现一体化防喷。

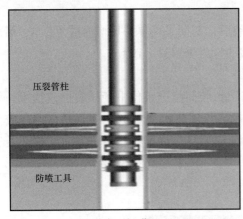

(a) 防喷工具入井

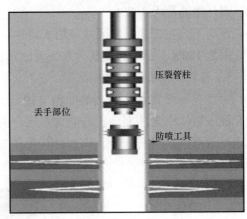

(b) 防喷工具丢手

图 3-48　常规压裂井压后防喷工具坐封原理示意图

连续油管压裂井压裂后防喷技术需使用压裂管柱单独投送一次防喷工具，至设计位置后打压完成坐封，继续打压防喷工具丢手，为更换井口以及后续完井施工提供作业条件。解封时使用专用打捞工具，匀速下放至桥塞坐封位置，上提管柱完成解封。

常规压裂井压裂后防喷技术在杏北开发区应用19口井，坐封成功率100%，节约带压施工费用80余万元；连续油管压裂后防喷技术在杏北开发区应用1口井，现场试验顺利完成，节约投产时间17天。

（二）其他增产技术

杏北开发区始终密切跟踪油田生产动态变化，根据井组实际生产情况，适时采取换大泵、补孔以及堵水等手段进行产液结构调整，通过多措施的合理选择，保证了水驱产量的平稳运行。

1. 换大泵技术

通过统计换泵井效果与各项参数的相关性发现，流压与最低允许流压差值越大，换大泵后增油效果越好；层间差异越大，换大泵后增油效果越好；地层压力越高，换大泵后增油效果越好。结合杏北开发区产量形势，制定出换泵"268"标准，即实际生产流压大于最低允许流压2MPa，全井渗透率变异系数大于0.6，井组地层压力大于8MPa。2011年至2021年，杏北开发区累计实施采油井换泵651井次，初期平均单井日增油1.1t。

2. 补孔技术

补孔井选层主要参照压裂选层的思路，按照"两低"的标准，即"依据沉积类型优选低含水砂体、依据吸水剖面优选低动用部位"，优选注采不完善、井网控制不住等剩余油相对富集的层位。同时，分析了补开有效厚度与增油量的关系，制定补孔"1226"标准，即100m内无同层系采出井点，单井日产油低于2t，有2个以上射孔注水井点，单井可调有效厚度大于6m，并逐步将重点转为完善单砂体注采关系。2011年至2021年，累计实施采油井补孔531井次，初期平均单井日增油量为0.9t。

3. 堵水技术

杏北开发区对强势渗流通道技术界限进行了研究，确定三类油层强势渗流通道识别标准：折算有效厚度大于1.0m，渗透率突进系数大于2.0，注采井距小于100m或者大于400m，相对水量突进系数大于5.0以上。依据堵水工艺技术条件，参考三类油层强势渗流通道识别标准，量化确定了堵水"44121"选井选层标准，即单井含水大于井区平均值4个百分点以上，单井日产液量大于40t，封堵目的层折算有效厚度大于1m，封堵目的层渗透率突进系数大于2，接替层砂岩厚度大于10m。2011年至2021年，累计实施采油井堵水418井次，初期平均单井日增油量为0.5t。

4. 超短半径侧钻水平井技术

超短半径侧钻水平井技术是一种新型的油田增产技术，它是在原井筒内利用专用钻具，在油层中钻出定深度、定方位的水平孔眼，将直井改造成水平井，通过增加油井的泄流半径来达到增产的目的。国内应用的超短半径侧钻水平井技术主要有两种：第一种是利用柔性造斜钻具、柔性水平钻具进行造斜、钻进，其动力来源为地面转盘的旋转带动方钻杆进行传动，扭矩损失大，水平钻进距离只能达到30～50m，由于曲率半径太小（曲率半径在1.8～3.5m），无法实现随钻测量，导致井斜角和方位角不能跟踪；第二种是利用动力水龙头及弯角马达产生动力，通过滑动钻进及复合钻进进行破岩，在造斜及水平钻进过程中，利用有线MWD测试仪定点随钻监测井斜角和方位角，并控制钻进的轨迹，由于其曲率半径相对较大（7.47～30m），扭矩损失相对较小，使得水平钻进长度可达200m以上。

2019年，第一种工艺在杏北开发区试验了1口双分支井，造斜段及水平段井眼直径均为118mm，双分支钻进长度分别为30.96m及31.4m，试验后，日增液量为12.5t，日增油量为 0.75t；2020 年，第二种工艺试验 3 口井，造斜段井眼直径为 114mm；水平段井眼直径为 98.4mm，水平钻进长度分别达到 125.28m、127.2m 及 128.4m，试验后平均日增液量为 3.16t，平均日增油量为 0.8t。

5. 径向水力喷射技术

径向水力喷射技术是一种提高射孔穿透深度的水力射孔技术。利用高压水射流的破岩作用，在油层中定向钻出直径 30～50mm、长度可达 100m 的定向孔眼，通过增加油井泄流半径来达到增产目的。其原理是在井内下入造斜工具至目的层，通过伽马测井调整管柱深度、陀螺仪测井调整喷射的方位，利用地面高压装置产生的流体驱动马达，对目的层套管及水泥环进行磨铣开窗，然后在开窗位置下入喷射工具，使其进入地层，利用高压水射流作用喷射钻出垂直于井筒的径向孔道，增加泄流半径，达到增产目的。

该技术应用于断层边部、注采不完善及厚油层顶部的剩余油挖潜，2008 年至 2020 年，累计实施 32 口采出井，平均单井日增液量为 12.21t，日增油量为 0.89t，累计增油量为 2.7102×10^4t。

6. 水驱高效调层分采工艺技术

油井应用原有机械封堵工艺，不能实时动态调整生产层与封堵层，需再次作业起出原堵水管柱，重新找准高含水层，措施周期长，成本高，无法满足水驱高效挖潜。为此，应用水驱高效调层分采工艺，通过井下下入压电控制开关、封隔器等工具，实现采出井分层有效控制与动态调整，监测单层或多层产液量、分层含水参数，为各生产层段合理控制及均衡动用提供技术手段，实现特高含水期水驱剩余油的深度挖潜。

通过地面泵车打压，发出由压力和时间间隔组成的特定压电码，井下各层段压电控制开关依据接收到的压电码执行不同开度动作指令（图 3-49）。

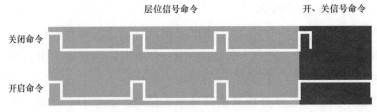

图 3-49　压电码动作指令图

压电控制开关是机电一体化井下工具，主要由机械和电气两大部分组成。机械部分主要由上下接头、工作筒和开关器等组成（图 3-50）；电气部分主要由接收器、数据存储器、检测电路、电动机、电池等组成（图 3-51）。开关阀能够做到将相当于 14mm 直径的通道完全打开或关闭；还能够将相当于 1.0～5.0mm 直径的流通面积之间划分为 16 个等份进行调控，实现分层配产。

压电控制开关高效调层分采技术现场应用 23 口井，工艺成功率 100%，试验后，平均单井日降液量为 23.2t、日增油量为 0.75t，含水下降 2.1 个百分点。

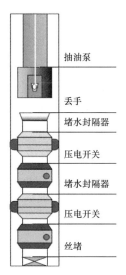

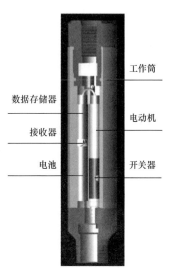

图 3-50　压电控制开关分层管柱示意图　　　　图 3-51　压电控制开关结构示意图

四、典型区块全生命周期的控水挖潜实践

油田全生命周期的含义，较为准确的表述是指通过高超的技术手段和长期积累的实践经验，对不可再生和复制的自然资源赋予具有价值的服务年限和科学合理的生命周期。将全生命周期作为工具应用到水驱开发过程中，主要是指通过不断分析各个含水阶段主要矛盾，在不同开发阶段采用对应的开发政策及技术手段，更好的规避开发过程中存在的风险，从而达到延长油田寿命的目的。按照系统思维，整体推进的同时，将 XL 区东部开辟为全生命周期探索水驱示范区，择优选择相对比较成熟和完善的调整技术、管理方法，加大攻关和研究力度，打造开发精品区块和管理亮点工程，以典型区块为引领，分析问题，解决问题，总结经验，不断探索各个阶段延长老油田生命周期的方法，实现出指标、出标准、出技术、出效益、出经验的目标。

（一）典型区块基本概况

XL 区东部位于 XSL（行列）纯油区内，油水分布受二级构造控制，油层埋藏深度为 800～1200m，开发面积 $9.70 \times 10^4 m^2$，区块边部发育 5 条断层，均为正断层，其走向均为北西向，其中，250 号断层延伸长度为 2.82km，将 XL 区东部与 XSL 区（面积）区分割开。

储层沉积以三角洲前缘相为主，具有含油井段长、发育层数多、单层厚度薄等特点，平均单井钻遇砂岩厚度为 55.77m，有效厚度为 15.33m。其中，按油层组分级统计，萨Ⅱ组发育砂岩厚度和有效厚度最大，分别为 24.72m 和 7.35m。油层沉积以三角洲外前缘相沉积为主，共划分为 89 个沉积单元，其中，外前缘相Ⅳ类所占单元数最多，为 32 个，比例为 36%；内前缘相最少，为 2 个单元，比例仅为 2.25%。

1968 年该区块投入开发，经过历次加密调整，目前共有 4 套水驱井网，布井方式从行列注水逐步转变为五点法面积注水，注采井距从 600m 逐步缩小到 141m，开采对象从表内厚层逐步过渡到表外储层。2009 年 12 月，XL 区东部正式进入"双特高"（特高采出程度、特高含水阶段）开发阶段，地质储量采出程度达 52.68%，可采储量采出程度达 85.59%，年均含水达 91.99%。针对高含水井数比例高，剩余油分布零散，井网间结构调整的余地变小，水驱控含水、控递减难度大的实际，于 2010 年至 2020 年创新发展常规技术，完善配套成熟技术，积极探索水驱油田精细挖潜和控水提效调整配套方法，不断进行注采结构调整，2011 年 XL 区东部产油量逐渐步入缓慢递减阶段，从图 3-52 和图 3-53 可以看出，区块符合 $n=0.2$ 的双曲递减规律。

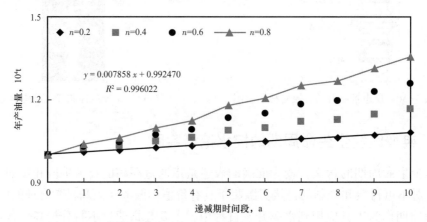

图 3-52　杏北开发区 XL 区东部产油量指数递减规律（1991—1999 年）
n——递减指数

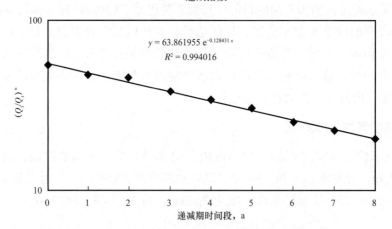

图 3-53　杏北开发区 XL 区东部产油量双曲递减规律（2011—2021 年）
Q_i—稳产期末或开始递减时的年产量，10^4t；Q_t—递减期内第 t 年的年产量，10^4t

（二）精细挖潜阶段

2010 年至 2015 年，在深入认识示范区开发指标变化规律的基础上，围绕提高薄差储层动用程度，创新发展精细储层描述、精细高效注水、精细措施挖潜及精细开发管理的新技术、新方法，优化实施分类调整，努力将"四个精细"向纵深推进，持续改善区块开发效果，为特高含水期水驱开发调整提供技术支持。

一是攻关了分层注水技术政策，稳步推进精细高效注水，促使油层动用程度提升到 80% 以上（表 3-20）。

表 3-20 XL 区东部示范区注水技术

序号	项目名称	实现目标	主要内容
1	分层注水技术政策	实现层段配注性质由定性向定量转变，层段配注水量按物性配水向按需配水转变	形成特高含水期注水技术政策： （1）加强层，综合系数>0.5、3.5× 射开砂岩 × 连通比例； （2）平衡层，0.3<综合系数≤0.5、3.0× 射开砂岩 × 连通比例； （3）限制层，0.2<综合系数≤0.3、2.5× 射开砂岩 × 连通比例； （4）停注层，综合系数≤0.2
2	特高含水期细分注水标准	量化细分注水标准，减缓层间干扰，提高油层动用程度	形成"层段单卡油层数低于 6 个，单卡砂岩厚度小于 6m，渗透率变异系数不大于 0.6"细分注水标准
3	注水井主要增注措施选井选层标准	量化增注措施选井选层标准，提高措施效果，提升经济效益	形成增注措施选井选层标准： （1）压裂：射开薄差层比例高于 60%、与周围井连通性差、配注与实注差值大于 30m³ 的注水井或历史增注措施超过 3 次的注水井； （2）酸化：油层伤害造成配注与实注差值低于 30m³ 的注水井； （3）表面活性剂：有机质堵塞造成配注与实注差值低于 20m³ 的低注井
4	低效无效注入识别与评价标准	量化低效无效注入判断标准，制订有效治理对策	确定低效无效注入量化识别标准： （1）折算有效厚度大于 1.0m； （2）渗透率突进系数大于 2.0； （3）注采井距小于 100m 或者大于 400m

二是创新发展了特高含水期配套开发技术。研究了剩余油潜力评价及分类挖潜技术，实施全过程优化管理，在措施层位逐渐变薄、平均含水高达 92.0% 的条件下，逐步形成配套调整技术系列（表 3-21），为精细水驱开发调整提供了有力的技术支撑。

表 3-21 特高含水期配套开发技术系列

类 别	配套技术	技术效果
精细油藏描述	（1）井震联合构造建模技术； （2）三类储层精细描述技术； （3）多学科一体化油藏研究技术	夯实开发调整基础
精细挖潜调整	（1）以"666"细分标准为核心的注水调整技术； （2）主要增产改造措施选井选层标准； （3）水平井、定向井挖潜技术	拓展精细挖潜方式
配套注水工艺	（1）薄隔层有效分注技术； （2）小间距层段测调技术； （3）多层段逐级解封技术	保证精细注水质量

三是探索实践了精干高效开发管理模式，为区块开发调整目标的实现提供了有效的生产保障（表 3-22）。

表 3-22　水驱高效开发管理模式

项目	内容	目标	实际应用
指标管理	开发指标 技术指标 管理指标	先进化	指导水驱开发调整
油藏认知	构造研究 储层描述 流体模拟	现代化	提供开发调整依据
开发调整	高效注水 措施挖潜 配套调整	精细化	促使开发良性循环
专业管理	开发调整 生产管理 专业协调	一体化	提高油田开发效率
经济效益	生产投入 措施优化 节能优选	最佳化	提升油田整体效益

2010 年至 2015 年，在没有新建产能、没有注采系统调整的基础上，示范区共实施精细调整 1355 井次，其中注水结构调整 1120 井次、产液结构调整 235 井次，依靠常规措施，累计增油 35.06×10⁴t，综合含水控制在 92.72% 以内，实现了"产量不降、含水不升"的挖潜目标，示范区开发形势向好。

（三）控水提效阶段

精细挖潜后剩余油更加零散，进一步控递减、控含水难度大。同时，注入水突进现象不断加剧，薄差储层动用程度仍然较低，各类措施增油效果变差，油田开发经济效益变差。因此，"十三五"期间以控制产量递减、控制含水上升、控制投资成本为目标，逐步形成了表外储层分类挖潜技术、精准注水开发调控技术以及富集区剩余油挖潜技术 3 大控水提效配套技术系列（表 3-23），最终形成完善的控水提效配套调整技术模式，实现水驱开发由精细向精准的改变，保证区块高效开发。

1. 发展以储层精细描述为核心的表外储层分类挖潜技术

通过 2015 年钻打的 5 口密闭取心井数据发现，表外砂岩具有较宽的渗透率分布区间，其中样品数量的 25.4% 属于中高渗透范围，其层内非均质性严重，对比不同类型的砂岩物性及含油组合研究发现，存在低渗透常规表外、中高渗透优势条带两种类别。"十三五"期间，通过精准识别表外储层优势条带，形成表外优势砂体自动识别技术、表外优势砂体精准刻画技术、表外储层物性解释建模技术及表外储层分类挖潜技术，同时完善了薄差层注采精控压裂工艺技术，有效提高了表外储层动用水平。

表 3-23　XL 区东部水驱控水提效配套技术系列

技术目标	技术系列	技术攻关
常规技术再创新	表外储层分类挖潜技术	（1）表外储层优势条带识别技术； （2）表外储层优势条带刻画技术； （3）表外储层参数解释模拟技术； （4）表外储层分类措施挖潜技术
应用技术再拓展	精准注水开发调控技术	（1）精准注水细分与配注技术标准优化； （2）多类型剩余潜力组合挖潜模式优化
成熟技术再深化	富集区剩余油挖潜技术	大斜度井规模挖潜技术

示范区共计实施注采结构调整 175 井次，其中采油井精控压裂 6 口，5 年累计增油 3.74×10^4t，经济效益 3145.34 万元。从以表外储层开采为主的三次井网开发情况来看，含水上升速度得到有效控制，平均年含水上升 0.27 个百分点，递减速度得到有效缓解，递减规律由原来的双曲递减逐渐回归到调和递减。从 77 口连续监测井同位素资料来看，表外储层单次吸水砂岩动用比例提高 5.44 个百分点，达到 34.75%，薄差储层动用程度明显提高（表 3-24）。

表 3-24　综合治理前后同位素单次吸水动用状况对比

厚度分级 m	调整后动用比例，%			对比动用比例差值，百分点		
	层数	砂岩	有效	层数	砂岩	有效
≥2.0	100	100	100	0	0	0
1.0～1.9	72.73	71.7	77.5	0.91	0.94	0.63
0.5～0.9	62.5	64.37	63.32	6.73	6.36	6.29
0.2～0.4	43.81	46.86	45.08	4.92	4.8	1.96
表外储层	35.63	34.75		5.5	5.44	—
平均	40.02	42.84	54.68	5.35	5.14	2.98

2. 发展以细分注水"65535"为核心的精准注水开发调控技术

从取心井资料来看，"十二五"精细挖潜后各类储层动用状况均得到一定改善，表内储层层数水洗比例达到 87.8%，但动用部分仍存在 60% 以上中弱水洗砂岩，采出程度达到 40.8%，仍具有较大挖潜空间。而表外储层水洗比例相比较低，仅有 43.8%，水洗厚度比例 20.9%，采出程度 10.9%，仍具备一定的开发潜力。因此，需要以细分注水为基础，将注采结构调整逐步细化到储层内部各方向，实现有效高效开采。

注入端通过结合细化水淹级别标准，建立了分井网"65535"细分注水标准，确定了不同砂体配注强度标准，优化了注水配套工艺，发展形成了精准注水调控技术。2015年至2020年，累计实施注采结构调整555井次，砂岩动用比例达到81.85%（表3-25），相比调整前提高了1.11个百分点，其中表外储层动用比例达到71.05%，提高了2.36个百分点，有效提高了薄差储层动用程度。

表3-25 连续三次同位素资料油层动用状况对比

厚度分级 m	调整后动用比例，%			对比动用比例差值，百分点		
	层数	砂岩	有效	层数	砂岩	有效
≥2.0	100	100	100	—	—	—
1.0~1.9	95.44	94.87	95.74	0.08	0.01	0.04
0.5~0.9	85.77	86.2	86.35	0.85	0.42	0.66
0.2~0.4	82.53	85.19	82.85	1.62	1.06	1.55
表外储层	71.68	71.05		2.82	2.36	
平均	82.15	81.85	82.03	1.18	1.11	1.2

采出端通过分析不同类型剩余油的主控因素，结合砂体发育状况和连通关系等多方面条件，对不同措施采收率贡献进行评价排序，确定不同类别剩余油优化调整模式，设计分压结合，分堵结合等组合方案，实现定点挖潜。2015年至2020年，共计实施产液结构调整160井次，累计增油11.64×10^4t，其中采油井压裂61井次，累计增油8.14×10^4t。

3.发展以断层大斜度井为核心的富集区剩余油高效挖潜技术

2005年以来，杏北开发区通过深化断层演化规律研究，认清断层带内部结构，形成多级断层精准刻画技术以及断层边部大斜度井"三定"（定井区、定井位、定轨迹）设计标准，该项技术发展成为老区油田特高含水后期提质增效的重要手段。2005年至2015年，在250号断层成功钻打4口大斜度井，平均单井初期日产油13.2t，是周围直井的3~5倍。但从剩余油潜力分布情况来看，250号断层附近存在剩余油富集，相比周围井区，断层附近采出程度平均低24.2个百分点，含油饱和度高11.74个百分点，目前断层两盘平均采出程度仅有22.93%，仍具有较大挖潜空间。

2016年至2020年，通过井震结合断裂带构型表征，完成了断层内部结构精细刻画，实现大斜度设计向井震双重质控、断层两盘、规模化三项转变。2017年，在250号断层上盘新设计钻打3口大斜度井，逐步形成断层边部剩余油立体综合挖潜，截至2020年12月，7口大斜度井平均日产液量为37.8t、日产油量为3.4t，平均含水90.9%，累计产油5.3676×10^4t（表3-26）。

通过三大技术的发展创新，XL区东部控水提效示范区较好地完成了各项指标，其中，年产油量与未实施控水提效相比，多产油12.9×10^4t，控水68.46×10^4m³，控液

$43.55 \times 10^4 t$，含水上升不超过 1 个百分点，操作成本平均增幅 7.96%，从数值模拟来看，控水提效后三类油层采收率达到 53.17%，提高采收率 0.56 个百分点。

表 3-26 250 号断层边部 7 口大斜度井生产情况

投产时间	井数口	初期生产情况			2020 年 12 月生产情况			累计产油量 $10^4 t$
		日产液量 t	日产油量 t	含水 %	日产液量 t	日产油量 t	含水 %	
2011 年	1	29.3	22.9	22	14	2.8	80	1.6911
2012 年	3	43.6	9.9	77.31	56.2	4.0	92.88	2.5821
2017 年	3	58.8	7.9	86.61	27.4	3.1	88.67	1.0944
合计 / 平均	7	48.1	10.9	77.4	37.8	3.4	90.9	5.3676

（四）精准挖潜阶段

随着远超常规区块的注采结构调整和措施增油工作量，10 年累计实施调整 2014 井次，单井覆盖比例 265.7%，其中采油井措施井数 368 井次，占比 89.76%，注水井措施井数 1646 井次，占比 472.99%，措施调整比例较高，进一步调整潜力逐渐减小，开采对象差、开发效益差等现实问题已然呈现，控含水、控递减难度进一步增大，如何解决新阶段效益开发问题已迫在眉睫。2020 年至 2025 年计划按照"控水与挖潜并重、调整与治理并举"的思路，立足三类油层调整对象，建立特高含水后期水驱精准调整模式，全面改善区块的开发效果，促使区块高效更长效。

1. 探索以渗流阻力为依据的注水结构优化技术

针对油藏中的不同井区或区域的平面非均质性以及开发条件的差异性，计算分析油水两相渗流阻力，实现储层渗流特点宏观表征，同时，明确注采井间渗流阻力差异对三类油层砂岩动用影响程度，进一步优化注水井层段调整标准，不断提高注采调整效果。

2. 探索以智能分注为手段的矢量注采调控技术

通过规模应用井网间储采结构优化调整和注水优化调整技术，完善注采参数优化调整技术，结合智能注采工艺，形成平面流场描述技术，确定注采端治理措施协同模式，实现由单井点调堵向优化注采流场转变。

3. 探索以大数据分析为参考的剩余油措施挖潜技术

结合措施效果大数据预测模型，精准定位措施井层，建立单砂体措施大数据挖潜优选方法。同时，在新工艺应用方面，加大暂堵转向压裂、水力喷射压裂以及纳米吞吐的技术应用，不断改善增产效果。

2010 年至 2020 年，水驱技术的进步和创新发展，有效地保障了 XL 区东部可持续发展，延长了区块开发生命周期。2021 年至 2025 年，计划在 XL 区东部继续开展技术攻关，发展完善细分、压裂等常规技术，不断拓展大数据分析、暂堵转向压裂等新型技术，形成特高含水后期精准挖潜技术系列，努力实现区块自然递减率保持在 5% 以下，综合递减率保持在 2% 以下，5 年含水上升值控制在 1 个百分点以内的新目标，为长垣老区薄差储层的长远开发换取时间和空间。

第三节 水驱注采系统调整技术

注采系统调整主要是为了调整平面矛盾、恢复油层压力、同时也为调整层间矛盾创造有利条件。但是在油田的开发过程中，由于诸多因素造成注采系统不完善，出现了注采系统不适应油田开发需要的新情况，需要完善和调整注采系统。

一、XYS 区西部乙块注采系统调整

XYS 区西部乙块 1966 年投入开发，经历了基础井网、一次加密调整、二次加密调整、三次加密调整，取得了较好的开发效果，但在开发过程中，区块受布井方式、套管损坏、低产低注井关井等因素影响，造成油水井数比偏高、注采控制程度降低、地层压力下降、油层动用状况变差、注采矛盾失衡。2003 年，针对存在的问题，区块开展了注采系统调整工作，历时 4 年的时间，区块开发效果得到了明显改善。

（一）区块基本情况

XYS 区西部乙块位于杏树岗构造西北部，含油面积 8.2km²。该区块油层以三角洲前缘相薄差层沉积为主，具有发育层数多、渗透率低、单层厚度薄等特点。平均单井钻遇 97.96 个层，总厚度 83.63m，有效厚度 24.94m。其中，有效厚度小于 0.5m 的表内薄层和独立型表外储层相对比较发育，钻遇层数分别占三类油层总层数的 22.71% 和 57.01%。

（二）存在问题

针对该区块层系、井网较多，布井方式比较复杂的实际，对各套井网（不包括基础井网）适应性以及单砂体注采完善程度进行了评价。

1. 井网方面的问题

一是油水井数比偏高，注采状况呈现"点强面弱"。XYS 区西部乙块采用反九点法布井方式，目前生产油水井数比为 3 : 2，注水井点少，使注水井负担较重。二是角井油水井距大，受效差，油水井距也不合理，边井井距为 250m 和 350m，角井井距为 430m，加之差油层的导压系数小，压力传导慢，致使角井注水受效较差，角井产液强度、产油强度分别为 1.80t/（d·m）和 0.19t/（d·m），比边井分别低 0.84t/（d·m）和 0.06t/（d·m）。三是多向连通比例低，水驱控制程度低。由于采用反九点法井网注水，注采系统适应性差，导致油层动用状况较差。从二次加密调整井水淹层解释结果来看，有效厚度 0.5～1.4m 的油层水淹厚度比例为 51.9%，比 XSL 区（行列）低 19.0 个百分点。

2.单砂体完善程度方面的问题

通过对 440 口油水井，共 94 个油层（不含一类油层葡 I 1_1—葡 I 3_3）进行详细解剖，XYS 区西部乙块有大量的地质储量因注采不完善未动用或动用差，占三类油层地质储量的 7.43%。

从平面分布上看，注采不完善砂体主要呈坨状、条带状和局部片状分布。控制面积在 3 个井点以上的不完善砂体所占比例为 32.49%（表 3-27），说明进入高含水后期开采阶段，虽然进行了三次加密调整，但仍有一定数量的注采不完善砂体，而且控制面积较大。

表 3-27　XYS 区西部乙块注采不完善砂体控制面积分类

项目	注采不完善砂体控制面积（井点数）分类						合计
	1 个井点	2 个井点	3 个井点	4 个井点	5 个井点	6 个井点以上	
块数，块	449	189	141	89	36	41	945
比例，%	47.51	20.00	14.92	9.42	3.81	4.34	100

从空间分布看，945 个注采不完善砂体分布于 94 个沉积单元中，平均每个沉积单元为 10 块。纵向上单井钻遇 4 个以上注采不完善砂体的比例占 59.84%（表 3-28）。

表 3-28　XYS 区西部乙块单井钻遇注采不完善砂体情况

项目	纵向钻遇注采不完善砂体情况						合计
	1 个	2 个	3 个	4 个	5~10 个	≥11 个	
井数，口	48	51	52	50	140	35	376
比例，%	12.77	13.56	13.83	13.30	37.23	9.31	100

从沉积类型来看，潜力主要在外前缘 II 类和 III 类储层，注采不完善储量比例占 64.05%。从砂体分布看，潜力主要在主体薄层砂体，占注采不完善储量的比例近一半，非主体和表外储层的注采不完善储量分别占 17.89% 和 20.19%（表 3-29）。

表 3-29　XYS 区西部乙块不同沉积类型注采不完善储量分布

项目	单元数 个	不完善或完善程度差油层		河道砂	不同砂体储量比例，%			
		块数 个	储量比例 %		主体薄层砂	非主体薄层砂	一类表外	二类表外
内前缘相	5	35	18.56	9.93	5.79	0.68	1.45	0.71
外前缘 I 类	13	94	15.78	1.86	9.05	1.85	2.05	0.97
外前缘 II 类	24	263	32.95	1.93	16.88	6.82	4.96	2.36
外前缘 III 类	45	491	31.10	1.51	14.27	8.15	4.46	2.71
外前缘 IV 类	7	62	1.61	0	0.70	0.39	0.26	0.26
合计	94	945	100	15.23	46.69	17.89	13.18	7.01

从注采不完善砂体成因看，井网控制不住型比例最高，占 30.37%；另外，受断层或尖灭区遮挡和注水井发育差、尖灭型所占比例也较高，分别占 20.85% 和 16.51%（表 3-30）。

表 3-30　XYS 区西部乙块注采不完善砂体纵向重叠情况

项目	注水井发育差、尖灭型	采油井发育差、尖灭型	断层或尖灭区遮挡型	二线受效型	井网控制不住型	无注无采型	陪堵或陪停型	套损关井型	固井质量差损失型	合计
块数，块	156	97	197	23	287	29	23	58	75	945
比例，%	16.51	10.26	20.85	2.43	30.37	3.07	2.43	6.14	7.94	100

通过对井网、层系注采适应性进行分析，对单砂体注采完善程度进行解剖，表明该区块部分井网、层系注采适应性仍然较差，且注采不完善砂体的个数和储量仍有一定的比例。因此，通过注采系统调整，可以使油水井数比趋于合理，油层连通比例有所提高，使目前"点强面弱"的注水状况得到改善，从而减缓产量递减，控制含水上升速度和套管损坏速度。

（三）注采系统调整原则

层系井网的注采系统调整，要考虑今后的井网演变，调整后的井网要相对规则，完善单砂体的注采关系，要在不打乱开发层系的情况下进行。注采系统调整以完善井网注采关系为目的，通过更新侧斜，完善井网层系注采关系；通过转注，调整层系井网局部油水井数比，强化层系井网注采系统；通过补孔，提高水驱控制程度和井网控制程度，完善单砂体注采关系、缩小薄差储层注采井距。

（四）注采系统调整具体做法

按照注采系统调整原则，结合 XYS 区乙块的实际情况，形成了布井方式优化调整、完善单砂体注采关系、新老井注水结构优化调整 3 项调整技术。

1. 布井方式优化调整

在一次加密井网和更新调整井网油水井数比较高井区，采取转注措施，降低油水井数比；受断层和边部因素影响油水井数比高井区，根据注采关系及剩余油潜力大小，采取转注措施，增加供液方向，挖潜边部剩余油潜力，改善开发效果。

一是根据单砂体注采完善程度普查结果，对转注井间的相对位置进行了综合考虑，最终优选转注井 13 口。转注后，可使 56 个注采不完善潜力层得到动用，动用砂岩厚度 65.6m、有效厚度 23.6m。

二是通过对部分不吸水注水井的低注原因分析发现，主要是存在注大于采的问题。从泄压防止套管损坏和挖掘剩余油两方面考虑，对此类井实施转抽。转抽后，动用注采不完善潜力层 11 个，动用砂岩厚度 10.6m、有效厚度 4.4m。

2. 完善单砂体注采关系

针对转注井与周围同层系采出井单砂体射孔对应性较差的井区，采取对应补孔措施；针对葡Ⅰ4及以下层系套损形成注采不完善井区，结合井网重构技术，在开采萨尔图层系油水井保持本层系油层250m注采井距不变的情况下，补射葡Ⅰ4及以下油层，缩小葡Ⅰ4及以下油层注采井距达到125m；针对低产低效井，结合井网重构技术，缩小薄差储层注采井距，尤其是表外储层井距大于200m以上的油层井距，促使该类储层建立有效驱动体系。

在进行注采系统调整的同时，要注重协调好单砂体的注采关系，通过油层沉积相带图逐井逐层的分析判断，确定了补孔井层。区块共实施油水井补孔56口，其中采油井32口、水井24口。采油井补孔前后对比，日产液由12.1t上升到29.9t，日产油由1.09t上升到3.30t，含水由91.00%下降到88.96%，沉没度由66m上升到308m；注水井补孔前后对比，注水压力由12.8MPa下降到12.5MPa，日注水水量由46m³上升到78m³。

3. 优化新老井注水结构调整

在转注井区，结合老注水井与转注井之间的关系，进行了注水结构调整，适当降低了老井注水强度，促使注水向薄差储层转移，改善了该类储层开发效果。

注采系统调整方案实施后，原则上原注水强度高的老注水井的配注强度下调20%，老注水井水量调整主要对基础井网、一次和二次加密井网的89口老井配注水量，老井日实注水量由5327m³下降到3721m³，下降了1606m³，有效改善了区块平面注水结构。同时，新注水井的配注强度按照原相邻注水井注水强度的115%计算，单井情况视井区开发状况进行个性化设计。

（五）实施效果分析

XYS区西部乙块通过开展注采系统调整，水驱控制程度得到提高，区块油水井数比由2.24调整到了1.59，水驱控制程度由78.02%提高到83.06%，区块注采适应状况得到改善，连通比例由原来的78.02%提高到83.06%，注采比由1.02提高到1.30，但老井单井平均日注水量分别从60.76m³下降到56.53m³，下降了4.23m³，注水压力从11.01MPa下降到10.82MPa，下降了0.19MPa，注水状况逐步由"点强面弱"变为"点弱面强"。区块油层动用程度得到改善，砂岩厚度动用比例提高了4.9个百分点，有效厚度动用比例提高了5.7个百分点。

二、局部井组注采恢复技术

长关井是指油田开采过程中关停时间超过6个月的注采井。长关井数的增多，使油田油水井利用率逐年降低，注采对应状况变差，储量控制程度降低，直接影响油田整体开发效果。通过长关井治理恢复局部井组注采系统，能够有效改善平面矛盾，提高井组产量水平并改善由于各种原因造成的注采井点缺失问题。

杏北开发区历史上开展了两个阶段大规模的长关井的集中治理：

第一阶段，2006—2008 年。2005 年底，杏北开发区共有长关采油井 739 口，占采油井总数的 15.35%，如果全部开井动用，相当于提高全区采收率 3.87 个百分点。因此，开展了第一次大规模长关井治理，累计治理长关采油井 566 口，杏北开发区自然递减率逐年下降，2008 年首次控制到 6.37%，三年累计生产原油 21.25×10⁴t。

第二阶段，2019—2021 年。随着开发年限的延长，低产低效井、难治理井逐渐增多，杏北开发区在 2018 年出现了第二个关井的高峰，开井率仅为 75%，因此，杏北开发区开展了第二次长关井治理，累计治理长关采油井 566 口，累计生产原油 15.43×10⁴t。

在两个阶段大规模治理工作的基础上，总结和摸索出一套以增油创效为目标的长关井综合治理体系。

（一）构建综合评价体系

通过深入剖析杏北开发区水驱开发各单元注采开井数情况，划分不同级别，以恢复注采系统为主要目的，明确不同级别和不同类型单元的主要治理方向，见表 3-31。

表 3-31 关井治理分类统计结果

分布类型		Ⅰ级（较轻）	Ⅱ级（一般）	Ⅲ级（较重）	治理方向
Ⅰ类	油水井对应关井	14	19	8	油水井同步治理
Ⅱ类	采油井关井多	—	6	5	提高生产能力为主
Ⅲ类	注水井关井多	—	11	17	恢复注采关系为主
	合计	14	36	30	

因此，结合 80 个细化单元管理模式，突出分布类型与治理方向相对应，加强油水井共治把控力度，确定油水井对应关井比例较高的区块采用油水井同步治理的方式；确定采油井关井比例较高的区块优先治理采油井，以提高区块生产能力为主；确定注水井关井比例较高的区块优先治理注水井，以恢复区块注采关系为主。

以提高生产能力为目标，通过剩余可采储量、关前日产油、注采井数比等治理因素开展长关采油井治理评价；以恢复地层能量为目标，通过目前地层压力、井区综合含水、井区注采比等治理因素开展长关注水井治理评价。综合考虑将可治理长关井按潜力分级。

因此，选择长关采油井剩余可采储量（N_{sy}，10⁴t）、关前日产油（q_o，t）、井组注采比（IPR）三个因子分别按照 0.5、0.3 和 0.2 的权重系数进行加权平均，确定开发效益系数，选择长关注水井目前地层压力（$p_{地层}$，MPa）、井区综合含水（f_w）、井组注采比（IPR）三个因子分别按照 0.4、0.3 和 0.3 的权重系数进行加权平均，确定注水评价系数，按照系数大小确定长关井治理潜力，系数越高，表明治理获得的开发效益评价越好。

$$开发效益系数 = 0.5N_{sy} + 0.3q_o + 0.2IPR \qquad (3-9)$$

$$注水评价系数 = 0.4p_{地层} + 0.3f_w + 0.3IPR \qquad (3-10)$$

长关采油井和长关注水井治理潜力评价结果见表 3-32 和表 3-33。

表 3-32　长关采油井治理潜力评价结果

治理潜力分类	潜力系数	井数，口	比例，%
Ⅰ类潜力	>0.8	127	15.64
Ⅱ类潜力	0.8～0.5	169	20.78
Ⅲ类潜力	0.5～0.2	257	31.72
Ⅳ类潜力	<0.2	258	31.86
合计		811	100

表 3-33　长关注水井治理潜力评价结果

治理潜力分类	潜力系数	井数，口	比例，%
Ⅰ类潜力	>0.8	78	11.45
Ⅱ类潜力	0.8～0.5	155	22.6
Ⅲ类潜力	0.5～0.2	262	38.2
Ⅳ类潜力	<0.2	190	27.75
合计		685	100

（二）构建综合治理体系

通过明确关井原因，优选治理手段，全面保证治理的科学性和针对性。采油井主要关井原因为泵况需要、套损影响、油层发育差等，注水井主要关井原因为套损、注采不完善、套漏待作业等。为了保证治理效果，获取较好的开发效益，针对不同的形成原因，在认真分析剩余油潜力的基础上，针对性地选择了治理措施，形成了配套挖潜技术。

与增产措施相结合治理。低产低效井关井是长关井最主要的形成原因，占长关井总数比例较大，关前产能低，常规治理措施无法保证治理效果。因此，针对低产低效井的不同成因，实施补孔、压裂等各类进攻措施治理低产低效长关井，改善油层动用状况、挖掘剩余油潜力。

与注水结构调整相结合治理。80% 以上的长关井都存在机泵问题，由于含水较高或低产低效而长期得不到检泵。对于这类井，选择关前日产油大于 1t 的井，在认真分析井区注采关系，实施注水方案调整的基础上，实施检泵开井，保证治理效果。

与套损井治理相结合。针对套管问题导致的长关井，以注采系统调整井区和老套损井区为重点治理区域，对具有修复价值、关前产能较高的井要及时组织实施大修恢复生产；对关前产能较低、变径较小、无修复价值的实施侧斜或更新恢复生产。

2019—2021 年，共治理长关采油井 566 口，平均单井初期日产液 24.7t，日产油 2.1t，含水 91.50%。其中，与注水结构调整相结合治理 350 口井，占治理井总数的 61.84%；与增产措施相结合治理 149 口，占治理井总数的 26.32%；与套损治理相结合治理长关采油井 67 口，占治理井总数的 11.84%（表 3-34）。

表 3-34　杏北开发区 2019—2021 年长关井治理效果

措施	井数口	占治理井数的比例%	开井后平均单井			与关前对比			累计产液量 10⁴t	累计产油量 10⁴t
			产液量 t/d	产油量 t/d	含水 %	产液量 t/d	产油量 t/d	含水 %		
与注水结构调整相结合	350	61.84	24.4	2.0	91.80	1.5	0.5	-1.69	114.27	8.57
与增产措施相结合	149	26.32	23.7	2.7	88.61	6.0	1.9	-2.78	49.75	4.84
与套损井治理相结合	67	11.84	27.7	1.9	93.14	3.9	0.1	+0.40	28.86	2.02
合计/平均	566	100	24.7	2.1	91.50	3.8	0.6	-1.70	192.88	15.43

（三）构建调整技术体系

完善"前培养、后保护"长关井跟踪调整工作，推行全周期管理模式，跟踪井区注采变化，优选调整手段，提高治理效果。

配合关井全周期管理，明确各节点技术参数界限。按照长关井井区不同含油饱和度情况，将长关井治理井组分为三类，针对不同类别明确治理方向、相应注采参数控制范围及动态含水增幅预警参数，形成对应量化参数标准，完善调整技术体系（表 3-35）。

表 3-35　长关井治理跟踪调整技术体系

井组类别	含油饱和度 %	治理方向	井组方案优选		注采参数控制范围		动态参数
			采油井措施	水井调整	注水强度 m³/（d·m）	注采比	含水增幅 %
A 类	>0.40	措施挖潜	压裂、换泵	细分、压裂	2.0～3.0	1.2～1.3	1.0～1.5
B 类	0.35～0.40	平衡注采	间抽、调参	测调、酸化	1.5～2.0	1.1～1.2	0.5～1.0
C 类	<0.35	注采恢复	堵水、间抽	测调、大修	<1.5	1.0～1.1	<0.5

（四）构建长效管控体系

强化开井后期管理，推行实时跟踪、优先调整、及时维护和超前防控（图 3-54），重点做好治理工作全面跟踪，按照"精细跟踪、精细开发、精细管理"的要求，加强生产形势跟踪分析，积极实施开发调整，提高生产管理水平，构建长效管控体系，保证长关井治理后平均利用率 90% 以上，实现长关井向长寿井转变。

实时跟踪			优先调整		及时维护			超前防控		
及时进行动态监测	密切跟踪生产形势	强化地下形势分析	深化注水结构调整	积极进行二次治理	取全取准各项资料	强化设备维护保养	合理优化生产参数	建立超前预警机制	临时关井应急治理	严格关井审批制度

图 3-54　长关井长效管控思路

随着对油田地质特征、开发规律等认知水平的不断加深，以及开发技术的不断成熟和完善，原本不具备开发效益和经济效益的长关采油井可能具备二次开发的潜力。历史上的高含水关井随着油田含水的上升变成了低含水井，不能修复的套管问题井随着大修技术的成熟和进步也将具备修复条件。因此，长关井治理，应该作为油田开发中一项重点工作常抓不懈。

第四节　水驱地面工艺配套技术

随着油田开发进入高含水阶段，采出液流动性及采出水处理需求均有所变化，给地面工艺及建设带来新的挑战。地面系统积极优化挖潜，推广应用新工艺、新技术，开展了单管环状及双管挂接集油流程工艺改造，发展完善了污水处理配套工艺技术，应用了集输及注水系统运行优化等节能技术，更好地适应了开发及生产需求。

一、油气集输工艺及技术

（一）油气集输工艺

杏北开发区进入高含水开发阶段后，地面油气集输主体工艺已经定型。随着三次加密开发，开发对象性质变差，单井产液低含水高，使得集输工艺及技术存在可优化挖潜的空间。

集输工艺优化方面：一是实施能力布局优化，充分依托已建系统，不新增站库，挖掘已建站库剩余能力，实现了三次加密区块站库零新增；二是实施地上与地下一体优化，建设丛式井平台，合建工艺管廊带、电力线路、变压器等地面设备设施，减少征地规模。2000 年以来，年均节省地面建设投资 1.14 亿元；三是研究应用简化工艺，规模推广了单管环状集输工艺（图 3-55）、"两就近"挂接集输工艺（图 3-56）、单管冷输集输工艺（图 3-57）。杏北开发区建成"两就近"挂接采油井 3485 口、单管环状采油井 173 口、单管冷输采油井 122 口，保证了开发生产，同时也实现了集输系统控规模、控投资、降能耗的目的。老化油处理工艺方面，研究推广了老化油热化学单独处理技术，2004 年以前，杏北开发区老化油通过收油系统直接进入游离水脱除器，随着三次采油开发的不断深入，老化油成分也逐渐复杂，进入电脱水器中导致垮电场。针对这一问题，通过建设独立的收油加热脱水系统，增设老化油加热炉、老化油缓冲罐，实现老化油单独处理。2005年至2007年，完成7座脱水站老化油热化学单独处理工艺改造，加热温度控制在65℃以上，保证处理后含水低于1.5%。

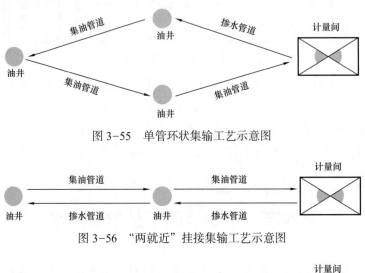

图 3-55　单管环状集输工艺示意图

图 3-56　"两就近"挂接集输工艺示意图

图 3-57　单管冷输集输工艺示意图

系统优化调整方面：一是开展原油外输系统优化调整，通过重新核定管道集输能力，原油处理及外输系统低输、低负荷分析，最终确定"优化调整集输方向、同步解决管道低输问题"的脱水站原油外输系统优化调整思路。通过原油集输系统优化改造，XJ脱水站原稳装置负荷率由76%提至98%。通过将XS联集气站外输方向调整至XSY联集气站，同时将XE联集气站外输方向调整至XJ联集气站，解决XSY联集气站和XE联集气站外输管道低输问题，也降低了集输能耗；二是开展伴生气集输优化运行模式研究，针对天然气处理装置检修、安排不合理、停机期间输气不畅的问题，先后新建三条调气管道，实现杏北开发区北部、中部和南部三个区域站间灵活调气。形成了基本完善的环状调气管网（图3-58），新增调气能力$10×10^4m^3/d$，确保天然气"产得出、输得畅"，实现了天然气检修期间湿气零排放，按照每年天然气检修60天计算，每年可多外输湿气$600×10^4m^3$。

（二）低温与常温集输技术

随着油田含水率的上升和产液规模的不断增大，集输能耗逐年增加，如何保持开发效益，进一步降低成本成为高含水开发阶段地面工作者面临的一大难题。在这种形势下，从20世纪90年代开始不断探索试验低温与常温集输技术。1996年，在XB西一和502

转油站利用流动改性剂的方式实现了采油井低于凝固点集输。2006 年，为进一步控制集输能耗，先后在 26 座转油站开展了季节性降温掺水集油、季节性不加热集油和常年不加热集油试验，确定了低温集输阶段掺水温度控制在 50℃以下，明确了产液量在 40t/d 以上、含水在 85% 以上作为不加热集输井的选取依据。自 2007 年开始，正式推广低温与常温集输方法，确定了 5 月 1 日至 10 月 15 日为常温集输阶段，转油站全面停炉运行；3 月 21 日至 4 月 30 日为低温集输阶段，XB 非过渡带地区转油站掺水温度控制在 50℃以下，XB 过渡带地区转油站掺水温度控制在 55℃以下的技术体系，当年节气 $1375 \times 10^4 m^3$，节电 $852 \times 10^4 kW \cdot h$。

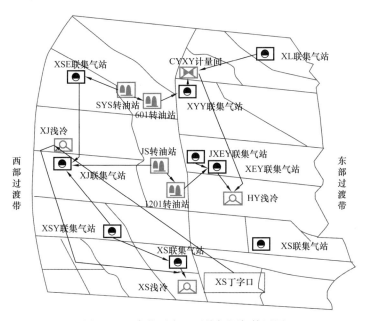

图 3-58 杏北开发区天然气调气管网图

低温与常温集输分为低温集输、常温集输和冬季生产三个阶段，具体时间安排见表 3-36。

表 3-36 各阶段时间安排表

序号	阶段	实施时间
1	低温集输阶段	3 月 10 日至 4 月 15 日，10 月 16 日至 12 月 20 日
2	常温集输阶段	4 月 16 日至 10 月 15 日
3	冬季生产阶段	12 月 21 日至次年 3 月 9 日

水驱（包括已进入后续水驱）转油站低温集输阶段由 3 月 10 日开始，常温集输阶段自 4 月 16 日开始，XB 过渡带地区转油站在夏季可不实施常温集输，但掺水温度应控制在 45℃以内。10 月 16 日进入低温集输阶段，12 月 21 日至次年 3 月 9 日为冬季生产阶段，各阶段运行温度见表 3-37。

表 3-37　水驱转油（放水）站低温与常温集输掺水温度安排表

序号	阶段	时间	转油站掺水温度控制，℃	
			水驱纯油区	水驱过渡带
1	低温集输阶段	3 月 10 日至 3 月 25 日	50	55
		3 月 26 日至 4 月 15 日	45	50
2	常温集输阶段	4 月 16 日至 10 月 15 日	全部停炉	≤45
3	低温集输阶段	10 月 16 日至 11 月 21 日	45	50
		11 月 22 日至 12 月 20 日	50	55
4	冬季生产阶段	12 月 21 日至次年 3 月 9 日	60	65

低温与常温集输技术在杏北开发区推广应用以来，平均年节气 $3000 \times 10^4 m^3$ 以上，为天然气外输任务的完成做出了突出贡献。

（三）能量系统优化技术

随着技术的不断进步，原转油站阶梯式降温的低温与常温集输技术已经不能满足精细节能的生产要求，需进一步优化完善。"十三五"期间开展能量系统优化技术研究（图 3-59），该方法转变原来区域优化的方式，统筹采油井、计量间、转油站、脱水站四个环节，通过确定末端能耗需求，逐级推导前端各环节能耗供给的方式，指导集输系统精细化低能耗生产运行。

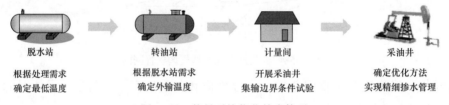

脱水站　　　　　　转油站　　　　　　计量间　　　　　　采油井

根据处理需求　　根据脱水站需求　　开展采油井　　　确定优化方法
确定最低温度　　确定外输温度　　　集输边界条件试验　实现精细掺水管理

图 3-59　能量系统优化技术体系

2007 年，以 XB401 转油站为试点，确定了采油井 28℃进间、转油站 32℃出站、脱水站 30℃进站等环节技术边界条件，全面修正了 6 套井口出油温度经验计算公式，研发了单井掺水量及转油站掺水温度计算方法，构建了能耗最低集输生产数学模型，根据末端脱水站需求，推导出前端采油井掺水量及转油站掺水温度的计算方法。

2018 年，研发优化运行指导软件（图 3-60）。实现包括采油井、计量间和转油站在内的全流程模拟，通过仿真水力和热力计算的方式，给出能耗最低的掺水温度及掺水量，指导基层班组精细化生产运行，实现"一井一参数，一站一方案"。

2019 年，研发优化管理平台。建立能量系统优化全过程管理的业务支撑平台，实现杏北示范区生产数据信息、模型管理、优化流程、成果展示等功能，全面支撑从潜力分析、提出方案、跟踪实施的全业务流程，辅助监管决策。

图 3-60 能量系统优化技术优化软件界面

2020 年，构建长效机制。根据已构建的能源管理体系，结合组织架构、生产运行、用能管理等特点，制定能量系统优化技术应用管理办法，编制能量系统优化实施指南，油田能量系统优化工作有章可依。

能量系统优化技术是低温与常温集输技术的延续、升级和完善。2017 年至 2020 年，推广扩大至 37 座转油站，实现水驱站库全覆盖，截至 2021 年底，累计节电 $2557 \times 10^4 \text{kW} \cdot \text{h}$，节气 $4318 \times 10^4 \text{m}^3$，创造经济效益 2550 万元。

二、污水处理工艺及技术

油田进入特高含水时期，一方面随着开发储层性质变差，渗透率逐步降低，地层对注入水水质要求标准提升；另一方面随着开发规模的扩大和单井含水上升，油田产出含油污水量大幅增加，污水处理工艺面临水质升级和负荷上升的双重挑战。地面系统面对形势变化，对污水处理工艺进一步研究优化，形成了"两级沉降 + 压力过滤"的普通及深度污水处理工艺技术。

（一）普通污水处理工艺

随着油田开发深入、产液量逐年升高，采油井检泵、压裂措施井数逐年增多，油层泥沙和地面杂物进入地面系统，沉积在各类容器中，污水处理难度逐步增加。为了更好地适应水质变化，从 2001 年开始，污水处理工艺逐步由"一级沉降 + 一级核桃壳重力过滤"工艺升级为"两级沉降 + 一级核桃壳压力过滤"工艺（图 3-61），反冲洗模式由余压反洗调整为升压反洗。2013 年，为解决水驱污水含聚升高问题，新建了石英砂过滤工艺的普通污水站，保障水质达标。

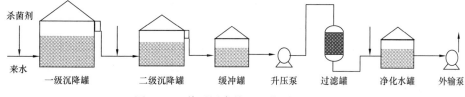

图 3-61 普通污水处理工艺原理流程图

（二）深度污水处理工艺

随着过渡带开发及二次与三次加密调整，开发对象主要为表内薄差层和表外储层，油田开发对注水质量的要求进一步提升，"20、20、5"的水质指标不再适用低渗透层的开发需求，地面系统开始逐步升级为"5、5、2"的水质指标污水处理技术，在普通污水处理工艺的基础上，增加两级石英砂压力过滤，形成了深度污水处理工艺（图3-62）。先后建成15座含油污水深度处理站。

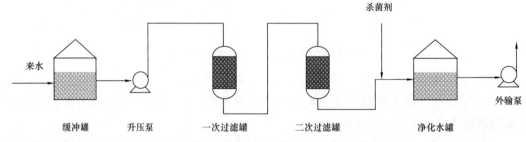

图3-62　深度污水处理工艺原理流程图

（三）水质提升系列技术

在污水处理的生产实践中，先后暴露出沉降罐淤泥、过滤罐滤料板结、滤料再生效果差等问题，配套研究了含油污泥处理、快速成床、个性化反冲洗技术，优化了过滤罐收油、布水等工艺。

含油污泥处理技术：随着油田开发的逐步深入，含油污泥所带来的生产和环境矛盾越来越突出。为解决油田含油污泥无害化处理，通过调研国内外含油污泥处理技术及运行情况，结合大庆油田开发实际，2008年，在杏北开发区建成首座含油污泥处理站。站内采用"流化预处理—调质—离心"处理工艺（图3-63），主要流程为含油污泥通过自动进料系统进入流化预处理装置筛选并进行掺水流化，小于5mm的固体颗粒随含油污水进入污泥调质罐，大于5mm的颗粒经流化装置清洗后回收至集泥池进行再次处理。流化后的含油污泥进入调质罐，加药均匀调制后进入离心处理系统，离心处理后，产生的污泥主要用于铺垫井场，含油污水进入油水分离器进一步脱水，脱水后含水油外输至落地油回收站，污水输至回掺水罐与导热油换热后进行循环掺水。2017年，随着含油污泥处理量的逐步增加，对污泥处理站进行扩建，年处理量由$1.08 \times 10^4 m^3$提高至$2.74 \times 10^4 m^3$。

核桃壳过滤罐快速成床技术：由于核桃壳滤料为轻质滤料，滤料反冲洗膨化后滤料间隙较大，反冲洗后运行初期出水水质较差，随着过滤的进行，滤料逐步被压才能恢复正常过滤效果。针对核桃壳过滤滤料成床时间长的问题，2010年，在XS和XSY污水处理站研究了核桃壳过滤罐快速成床技术，在过滤罐进行余压反冲洗后，利用反冲洗水泵压力正向快速压实滤罐内的滤料，将滤料成床时间控制在8min以内，大大提高了核桃壳过滤罐运行效率及反冲洗后滤罐出水水质。

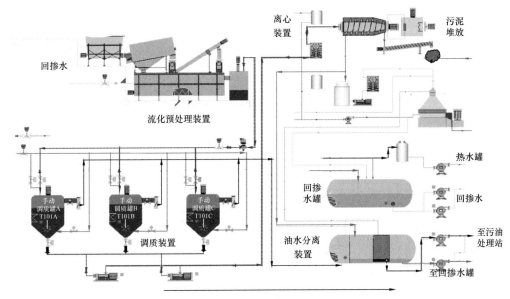

图 3-63 杏北开发区含油污泥处理站工艺流程示意图

个性化反冲洗技术：随着采出液全面见聚，含聚污水进入污水处理系统后，滤料极易污染，严重影响过滤环节处理效果，统一的反冲洗强度难以满足所有滤罐的滤料再生需要，造成过滤罐出水水质变差。针对过滤罐单一参数反冲洗情况，2016 年，对目前油田常用的 TDCS 及 AB PLC 反冲洗控制系统进行攻关，开发循环控制程序，实现过滤罐的全自动个性化反冲洗功能，根据污水处理站存在不同运行负荷、处理不同含聚污水及不同滤料流失等复杂情况，分析建立适用于水驱站库的过滤罐反冲洗分区控制图板，实现"一罐一参数"差异反冲洗。该技术先后在杏北开发区 9 座污水处理站共计 116 座过滤罐推广应用，除油率和除悬率分别提高 3.64 个百分点和 6.75 个百分点。

过滤罐收油工艺技术：为解决过滤罐在反冲洗时，上筛管之上的部分存在死油区，无法随着反冲洗水排出罐外的问题，从 2010 年开始，逐步对 XS 污水处理站等 6 座污水处理站 158 座过滤罐罐顶处加装收油工艺，提高滤料再生效果。实施过滤罐收油后，过滤环节除油率和除悬率分别提高 3 个百分点和 4 个百分点。同时通过现场试验，确定了收油周期为 5~20 天。

三、注水工艺技术

油田注水工艺在 20 世纪 60 年代中期基本定型，站内采用注水缓冲＋高压离心泵升压主体工艺（图 3-64），站外采用单干管单井配水（图 3-65）和单干管多井配水工艺（图 3-66）。1966 年至 1991 年，随着油田基础井网和一次加密井网开发，杏北开发区普通注水系统逐步建成。从 1991 年 XXB 过渡带开发开始，提出深度注水需求，尤其是1994 年之后，油田二次与三次加密井网对深度注水需求量逐步增大，杏北开发区深度注水系统逐步建成。截至 2021 年 12 月，建成了站库布局合理、井网完善的杏北开发区注水系统，较好地满足了不同开发阶段注水需求。经过多年探索，也逐步形成了注水系统节能系列技术。

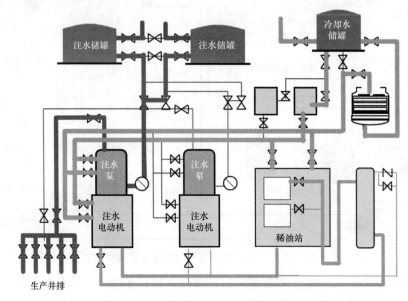

图 3-64　注水站工艺流程图

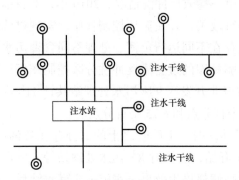

图 3-65　单干管单井配水工艺流程图

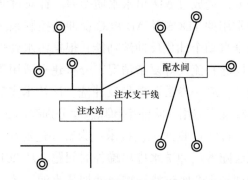

图 3-66　单干管多井配水工艺流程图

（一）注水系统分压和降压技术

由于聚合物驱及 XDB 和 XXB 过渡带井注入压力高，其余区域注入压力较低，导致注水系统的整体压力过高，注水井口调节阀节流过大，进而造成系统能耗大。针对此问题，开展了注水系统分压和降压技术研究。对高压区和低压区分别进行仿真模拟，低压区由于管网区域大，连通性好，调水比较畅通；高压区由于区域面积小，管网连通性差，而存在局部调水受阻的隐患。根据科学仿真决策，在井排之间增加连通，促进管网压力平衡，2010 年，累计连通注水管道 7km。注水系统分压和降压技术实施后，杏北开发区注水系统平均泵压下降了 0.69MPa，平均管压下降了 0.79MPa，泵水单耗下降了 0.27kW·h/m³，注水系统效率提高了 2～3 个百分点，取得了明显的节能效果。

（二）注水系统布局优化调整技术

为适应开发需求，注水系统形成普通、深度和三采三套注水管网，随着不同区块间交替进行三次采油开发，在生产运行过程中，逐步出现了以下问题：一是三采注水管网相对独立，在不同开发阶段水量变化较大，注水泵无法实时匹配水量波动，调节难度较大；二是普通注水管网注水井开井率低，部分井吸水能力差，注水量逐年下降，系统供过于求导致高管压与高单耗矛盾极为突出；三是注水井受钻关、周期注水、冬季保管道等因素影响，水量呈季节波动，冬夏季差幅较大。针对注水系统存在问题，开展了全过程优化调整。

一是优化供需关系。为了使注水量与注水能力达到平衡，研究优化调整技术，对于普通注水系统，一方面，在 XYS 区西部和 XSL 面积区块分别核减 XQ 注水站和 XES 注水站，核减注水能力 $2.16 \times 10^4 m^3/d$；另一方面，通过调整后续水驱注入水质为普通水，将注入站来水管道与相邻普通注水管网进行挂接，增加普通注水井网需求水量，使供注关系达到平衡。对于三采注水管网，利用深度注水管网注水量大，管网调节能力强的优势，对 XYE 注水站和 XYB 注水站等 4 座注水站水驱、三采注水管网注水阀组进行连通，减小不同开发阶段水量波动对注水能耗的影响。

二是优化系统运行。结合泵特性曲线排量上升单耗下降的特点，优先运行大排量、低扬程注水泵，同时在系统上提高负荷、均衡机泵布局，通过研究明确了"大排量、低扬程、高负荷、均布局"的运行模式，最大程度保证供需平衡，提高系统运行效率。注水系统通过应用优化调整技术，"十三五"实现了注水单耗、注水泵运行台数的稳定下降。截至 2021 年 12 月，完成注水单耗 $5.76 kW \cdot h/m^3$，在日注水量 $19 \times 10^4 m^3$ 的基础上，注水泵运行数量控制在 23 台以内，年贡献节电量超过 $1000 \times 10^4 kW \cdot h$。

（三）节点节能技术

为了进一步降低注水泵单耗，积极应用注水泵减级技术和斩波内馈调速技术等节能技术，一是 2011 年，在 XS 注水站应用斩波内馈调速技术，将注水电机转子的部分电转差功率移给定子，实现高压注水电动机的无级调速，通过协调供排关系，达到节能效果。通过现场的运行试验和技术改进，实现了斩波内馈调速技术在高转速、大功率注水电动机上的应用，斩波内馈调速技术应用前后注水泵单耗下降 $0.6 kW \cdot h/m^3$，泵压下降 0.7MPa。二是从 2007 年开始，对区域管压高及泵管压差超标注水泵实施减级运行，累计完成 9 台机泵减级运行，日均节电 $0.35 \times 10^4 kW \cdot h$。三是基于 Visual Studio 2010 软件开发平台，应用 C 语言编制完成了"油田注水系统能量优化软件"，实现油田注水系统的图形建模、用能评价、仿真计算、参数优化、开泵方案优化、布局优化、机泵管理等功能。应用该软件进行优化管理运行，在加快优化方案编制周期的同时，能够明显提高优化设计的质量。

第四章　三次采油高效开发技术

大庆油田自20世纪60年代以来，一直十分重视三次采油的基础科学研究和现场试验。在大庆石油会战初期就提出，如果采收率提高1%，就相当于找到了1个玉门油田；如果采收率提高5%，就相当于找到一个克拉玛依油田。为此，在20世纪60年代初期，分别在萨中和萨北地区开辟了三次采油提高采收率试验区；20世纪80年代初，开展了以聚合物驱为重点的三次采油科技攻关；随着科学技术的进步，20世纪90年代大庆油田又开展了碱—表面活性剂—聚合物三元体系的复合驱驱油技术研究。通过"七五""八五"及"九五"以来的国家重点项目科技攻关，聚合物驱驱油技术和三元复合驱驱油技术均取得了突破性进展。截至2021年底，聚合物驱累计生产原油2.4386×10^8t，三元复合驱累计生产原油4256×10^4t，三次采油产量占油田整体产量比例由1996年的5.26%升至2021年的35.99%，为大庆油田"高水平，高效益，可持续发展"做出了突出贡献。

持续突破采收率极限，是杏北开发区开发工作者永恒的追求。围绕这一主题，紧跟大庆油田步伐，全力推动新理论发展和创新技术的进步，1995年开展聚合物驱驱油先导性矿场试验，2001年开展工业化聚合物驱开发；1994年开展三元复合驱先导性矿场试验，2006年开展工业化三元复合驱开发。截至2021年底，杏北开发区共有25个三次采油工业化区块和10个三次采油试验区块，含油面积130.34km²，油水井5943口，累计产油量达到2598×10^4t，为杏北开发区持续稳产奠定了坚实基础。工业化三次采油区块投入开发以来，通过精心分析、深化调整、综合挖潜，取得较好的开发效果，并形成了以聚合物驱驱油技术、强碱三元复合驱驱油技术为代表的大幅度提高采收率技术。

第一节　杏北开发区聚合物驱油技术

"八五"以来，围绕一类油层剩余油分布高度零散、水驱挖潜难度越来越大这一难题，杏北开发区持续加快技术创新与现场实践步伐，通过聚合物驱驱油机理理论研究、先导性矿场试验探索应用，逐步推广至工业化生产，取得了一系列技术成果与经验。同时，在发展聚合物驱实践的过程中，不断发现新矛盾，解决新问题，发展了抗盐聚合物驱新型药剂驱油技术，取得了显著效果，并成功应用于现场开发生产实践。

一、一类油层普通聚合物驱油技术

（一）杏北开发区普通聚合物驱油技术的发展及取得经验

聚合物驱油是通过在注入水中加入一定量的高分子质量的聚丙烯酰胺，增加注入水的黏度，改善油水流度比。注入的聚合物溶液具有较高的黏度，通过油层后具有较高的残余阻力系数以及黏弹效应等。黏度越高，残余阻力系数越大，驱替相的流度就越小，驱替相与被驱替相的流度比就越小，聚合物驱扩大油层宏观和微观波及效率的作用就越大，采收率提高值就越高。1995 年，杏北开发区开展 XW 区中部聚合物驱先导性矿场试验，通过四年多的试验，中心井阶段提高采收率 16.7 个百分点，对杏北聚合物驱动态反映特点、驱油技术都有了较深的认识。试验表明，杏北开发区主力油层开展聚合物驱能够取得显著的增油降水效果。因此，进入高含水后期开采阶段，为缓解一类油层水驱挖潜剩余油难度越来越大、经济效益越来越差的矛盾，自 2001 年开始，分别在 XSL 区（面积）南部和北部等 10 个区块开展聚合物驱工业化推广。

在聚合物驱发展过程中，通过优化层系组合及井网部署，合理调整注入参数，逐步探索形成以"四个坚持"为核心的适合杏北开发区的聚合物驱油配套调整技术，即坚持清配清稀体系注入、坚持优化调整注入参数、坚持合理控制注采速度、坚持优化实施措施挖潜，促使聚合物驱开发效率不断提升。

1. 聚合物驱布井技术

1）优化层系组合

2001 年以来，杏北开发区工业化聚合物驱区块普遍采用葡Ⅰ1—葡Ⅰ3 油层一套层系组合开发，但从开发效果看，由于层间干扰较大，不利于注入体系的优选，影响开发效果。2006 年以后，在综合考虑隔层条件、油层性质、层系组合等因素的基础上，确定了杏北开发区剩余聚合物驱区块葡Ⅰ1—葡Ⅰ3 油层分葡Ⅰ1—葡Ⅰ2 和葡Ⅰ3 两套层系开发的思路，进一步提高了控制程度，改善了开发效果。

2）合理缩小注采井距

2006 年以前，投注的聚合物驱区块普遍采用 200m 注采井距，葡Ⅰ1—葡Ⅰ2 和葡Ⅰ3 沉积单元控制程度差异较大。2006 年开始，将开发一类油层葡Ⅰ1—葡Ⅰ3 的注采井距由 200m 优化到 150m 以内，在窄河道上能够形成注采关系的井点比例大幅提高，聚合物驱整体控制程度提高 12 个百分点，其中葡Ⅰ1—葡Ⅰ2 油层提高 15 个百分点以上。同时，将杏北开发区剩余聚合物驱区块进一步细划为 18 个，按井距缩小到 150m 以内，且保持葡Ⅰ1—葡Ⅰ3 油层分两套层系开采，较 200m 井距、葡Ⅰ1—葡Ⅰ3 油层一套层系开发，可采储量得到较大的提升。

2. 优化聚合物驱驱油体系

杏北开发区聚合物驱工业化初期阶段，区块注采井距为 200m，开发对象为葡Ⅰ1—葡Ⅰ3 油层，采用低速小段塞的注入方式，注入速度为 0.14PV/a，注入孔隙体积为 0.7PV，平均注入浓度 1000mg/L。随着聚合物驱工业化不断推广，区块注采井距缩小至 125m，开发对象为葡Ⅰ1—葡Ⅰ3 的油层，稀释方式为清配污稀，为进一步提高聚合物的波及体积，注入方式优化为多段塞高低浓度交替注入，注入速度提高至 0.18PV/a，注入孔隙体积增大至 0.8PV，同时为保证注入体系黏度，注入浓度提高至 1400～1600mg/L。通过对比不同稀释体系下的聚合物驱油效果，针对 141m 井距、单层系开发的油层，坚持采用清配清稀的注入方式，进一步优化了聚合物驱注入速度，调整为 0.16~0.2PV/a，确定了总段塞长度为 0.9PV，初期段塞长度 0.05PV，注入浓度 1400mg/L，注入速度 0.16PV/a，小段塞调堵高渗透层；后期段塞长度 0.85PV，注入浓度 1200mg/L，注入速度 0.20PV/a，长段塞驱替中低渗透层，全过程注入黏度要求 40mPa·s 以上。

3. 聚合物驱分层注聚技术

聚合物驱区块开发目的层普遍为葡 I 1—葡 I 3 油层，在笼统注入方式下，由于层间矛盾突出，聚合物溶液在高渗透层低效注入，低渗透层动用程度低，影响聚合物驱整体开发效果。因此，需要应用分层注入技术，改善层间差异，进一步扩大波及体积，提高最终采收率。

根据分层注入实践和数值模拟研究结果，开展聚合物驱分注选井选层标准研究，认为适合分层注聚的注入井应具备以下条件：全井油层发育好，油层动用状况差异大，拟限制层注入强度高于全区平均水平；分注层段内渗透率级差尽可能小于 3；层段日配注聚合物溶液量至少 20m³，保证分层测试调配具有较高的精度；注入压力水平较低，在水驱空白区块优选注入压力低于区块平均水平的注入井，对已注聚区块优选分注井考虑留有一定的压力上升空间；隔层厚度应大于 1m，符合分注工艺要求。

根据以上原则，结合各区块的实际情况，逐步加大聚合物驱分注力度，工业化聚合物驱区块分注率提高到 56.4%。分层注聚后，油层动用状况得到改善，周围采出井含水回升速度逐渐变缓、含水低值期保持时间比笼统注入井区长，部分采出井二次受效或未见效井见效；分注井区采聚浓度与笼统注入井区基本相当，说明聚合物溶液沿高渗透层的推进速度得到较好控制。另外，开展含水回升期分注井高渗透层段周期注聚试验，结果表明，高渗透层停注后，中低渗透层的动用状况得到改善，周围连通采出井含水回升速度得到有效控制。

4. 聚合物驱动态跟踪调整技术

以 XYS 区西部 II 块 3 号和 4 号站开展的聚合物驱提效率试验为例，通过深化跟踪调整技术、规范措施技术流程等研究，发展和完善聚合物驱提高开发效率的技术。

（1）总结形成了不同开发阶段的跟踪调整技术原则（表 4-1）。

表 4-1　不同开发阶段方案跟踪调整原则及做法

开发阶段	调整原则		
	以量控压	以浓调层	以液带油
注聚合物初期	低速低压防止中低渗透层堵塞	匹配高渗透层调堵高水洗层位	对沉没度高、未受效或受效差采出井实施提液引效
注聚合物见效期	提速升压确保聚合物均匀推进	阶梯式降浓逐渐适应中低渗透层，提高全井油层动用程度	及时发挥采出井受效期时效性，实施增液提效
含水回升期	稳速稳压保证中后期注入能力	匹配剩余油潜力较大渗透层，挖潜剩余油潜力，延缓含水回升	以控制产液递减和含水及采聚浓度上升速度为目的实施稳液控无效

建立了注采参数跟踪调整的两个技术方法：

一是建立了注入参数跟踪调整技术方法。在深化认识注入参数匹配关系图版的基础上，为描述油层渗透率与注入浓度的匹配关系，定义了浓度匹配率的概念：

$$浓度匹配率 = \frac{与浓度匹配的有效厚度}{射开有效厚度} \times 100\%$$

从不同注聚合物阶段浓度匹配率分布情况看（表4-2），注聚合物初期由于高浓段塞注入，浓度匹配率较低，仅为40.7%，随着不同注聚合物阶段的浓度调整，浓度匹配率逐渐提高，含水下降期浓度匹配率提高到60.3%，含水回升期浓度匹配率达到69.4%。

表4-2 不同注聚合物阶段浓度匹配率分布情况表

注聚合物阶段	平均浓度 mg/L	浓度匹配率 %	不同渗透率油层浓度匹配率井数比例，%			
			≤50%	50%~70%	70%~90%	>90%
注聚合物初期	2104	40.7	65.7	24.3	10.0	—
含水下降期	1656	60.3	15.6	26.0	51.1	7.3
含水回升期	1575	69.4	7.3	15.1	67.3	10.3

从不同沉积单元浓度匹配率分布情况看（表4-3），上部沉积单元浓度匹配率较低，葡Ⅰ1单元浓度匹配率仅为39.7%，葡Ⅰ3₃单元浓度匹配率最高达到85.1%；从不同渗透率级别浓度匹配率分布情况看，渗透率低于300mD的油层浓度匹配率较低，仅为23.0%。

表4-3 葡Ⅰ1—葡Ⅰ3油层各沉积单元不同渗透率下浓度匹配率分布情况

沉积单元	有效厚度 m	平均渗透率 mD	浓度匹配率 %	不同渗透率级别浓度匹配率，%		
				$K \geq 500mD$	$300mD \leq K < 500mD$	$K < 300mD$
葡Ⅰ1₁	98.3	381	39.7	100.0	39.5	26.8
葡Ⅰ1₂	202.1	427	62.3	100.0	68.7	21.3
葡Ⅰ2₁¹	256.6	394	41.9	100.0	35.1	25.6
葡Ⅰ2₁²	360.6	540	57.5	100.0	64.0	4.4
葡Ⅰ2₂	772.7	514	65.1	100.0	63.7	25.6
葡Ⅰ3₂	248.5	435	60.2	100.0	40.4	17.4
葡Ⅰ3₃	1270.9	644	85.1	100.0	51.5	22.1
合计/平均	3209.7	543	69.4	100.0	54.3	23.0

从浓度匹配率与剖面动用关系看（表4-4），随着浓度匹配率的提高，剖面动用逐渐变好，当浓度匹配率达到70%以上时，油层厚度和层数动用比例提高幅度较大，可达到

65%以上，但匹配率超过90%后，由于浓度提高波及体积下降，油层的动用程度提高幅度较小。

表4-4　浓度匹配率与剖面动用关系统计表

分类	浓度匹配率分级对应关系			
	≤50%	50%～70%	70%～90%	>90%
井数，口	15	21	51	25
平均浓度匹配率，%	41.1	61.4	79.4	97.5
层数动用比例，%	50.0	58.4	67.1	68.3
厚度动用比例，%	48.8	59.4	65.8	67.5

为此，根据压力空间和浓度匹配率之间的关系，实施个性化注入参数调整。对浓度匹配率低于70%的注入井，为提高油层匹配程度，结合压力空间实施个性化方案降浓：压力空间小于1MPa井实施较大幅度降浓18口，平均配注浓度由1770mg/L下调至1315mg/L；压力空间1～3MPa井实施适当降浓37口，平均配注浓度由1736mg/L下调至1536mg/L；压力空间大于3MPa井实施提量降浓33口，平均配注浓度由1747mg/L下调至1547mg/L，注入液量由1935m³上升到2275m³（表4-5）。

表4-5　浓度匹配率低于70%注入井调整前后对比表

压力空间 MPa	井数 口	比例 %	调整前			调整后			差值		
			压力 MPa	注入液量 m³	平均配注浓度 mg/L	压力 MPa	注入液量 m³	平均配注浓度 mg/L	压力 MPa	注入液量 m³	平均配注浓度 mg/L
<1	18	20.5	12.4	1035	1770	11.6	995	1315	−0.8	−40	−455
1～3	37	42.0	10.9	2120	1736	10.8	2120	1536	−0.1	—	−200
>3	33	37.5	9.4	1935	1747	10.9	2275	1547	+1.5	+340	−200
合计/平均	88	—	10.6	5090	1747	11.0	5390	1494	+0.4	+300	−253

对浓度匹配率高于70%的注入井，为保证注入压力平稳上升，中低渗透层顺利注入，实施提量48口，注入液量由2320m³上调到2845m³，提浓11口，平均配注浓度由1569mg/L上调至1687mg/L，整体调整后注入压力上升1.3MPa（表4-6）。

通过以上调整，浓度匹配率由69.4%提高到77.5%，聚合物体系与油层适应性进一步增强，调整前后对比层数动用比例和有效厚度动用比例均有所增加，中、低渗透层增加幅度尤为明显（表4-7）。

调整井区采出井受效状况持续向好。从注入浓度调整井区周围采出井看，含水持续下降，含水小于90%的井数比例逐步增加，其中，含水在80%～90%之间的井数比例增加幅度相对较大（表4-8）。

表4-6　浓度匹配率高于70%且压力空间大于3MPa注入井调整前后对比表

调整方式	井数口	比例%	调整前			调整后			差值		
			压力 MPa	注入液量 m³	平均配注浓度 mg/L	压力 MPa	注入液量 m³	平均配注浓度 mg/L	压力 MPa	注入液量 m³	平均配注浓度 mg/L
提量	48	81.4	9.6	2320	1495	11.1	2845	1495	+1.5	+525	—
提浓	11	18.6	10.3	530	1569	10.8	530	1687	+0.5	—	+118
合计/平均	59	—	9.7	2850	1509	11.0	3375	1531	+1.3	+525	+22

表4-7　注入参数调整前后油层动用对比情况

渗透率分级 mD	调前		调后		差值	
	层数动用比例 %	有效厚度动用比例 %	层数动用比例 %	有效厚度动用比例 %	层数动用比例 %	有效厚度动用比例 %
≤150	31.5	27.3	40.1	39.9	+8.6	+12.6
150～300	50.6	49.7	58.4	56.4	+7.8	+6.7
300～500	55.1	52.3	59.4	57.6	+4.3	+5.3
>500	73.3	70.1	75.6	73.7	+2.3	+3.6
平均	60.5	61.4	65.6	65.9	+5.1	+4.5

表4-8　降浓前后周围连通采出井变化情况

含水分级 %	调整前			调整后			差值		
	井数比例 %	日产油 t	含水 %	井数比例 %	日产油 t	含水 %	井数比例 %	日增油 t	含水 %
≤80	28.3	6.0	76.31	31.8	7.5	75.15	+3.5	+1.5	-1.16
80～90	38.8	4.7	86.33	43.3	5.3	86.29	+4.5	+0.6	-0.04
>90	32.9	1.8	94.55	24.9	1.9	94.13	-8.0	+0.1	-0.42
平均	—	4.6	90.54	—	5.2	89.62	—	+0.6	-0.92

二是建立了合理流压跟踪调整技术方法。通过建立纵向非均质渗流模型，结合平面径向流的渗流规律，研究了不同注聚合物阶段的流压变化特点：

$$Q = \frac{2\pi Kh(p_e - p_{wf})}{\mu \ln \dfrac{R_e}{R_w}}$$

（4-1）

式中　Q——流量，cm^3/s ；

　　　K——渗透率，mD ；

　　　h——厚度，cm ；

　　　p_e——地层压力，$10^{-1}MPa$ ；

　　　p_{wf}——流压，$10^{-1}MPa$ ；

　　　R_e——泄油面积等效半径，cm ；

　　　R_w——井筒半径，cm ；

　　　μ——黏度，$mPa \cdot s$。

注聚合物初期主要采用高浓度聚合物溶液调整高渗透层吸水剖面，应控制低渗透层产出，因此流体流动的动力要小于低渗透层的渗流阻力，故注聚合物初期应保持较高的流压水平；注聚合物见效期主要发挥聚合物驱受效阶段的时效性，提高低渗透层产液量，流体流动的动力应大于低渗透层的渗流阻力，流压需进行合理下调；含水回升期主要延缓含水回升速度，控制高渗透层的产液量，流压需进行适当调整。依据不同注聚合物阶段的开发特点，结合实际开发效果统计，量化了聚合物驱不同阶段合理流压界限。

注聚合物初期：主要采用高浓度聚合物溶液，调整高渗透层吸水剖面，延缓聚合物溶液突破时间，延长低值期持续时间。根据注聚合物初期油井流压与低值期持续时间关系统计结果看，注聚合物初期油井流压在 5.0～7.0MPa 时，见效后低含水持续时间大于 10 个月的井数比例达到 84.3%，高于其他流压分级水平，因此，注聚合物初期合理流压界限为 5.0～7.0MPa（表 4-9）。

表 4-9　注聚合物初期油井流压与低值期持续时间关系统计

流压分级 MPa	井数 口	平均 流压 MPa	低值期 时间 月	<10 个月		10～15 个月		>15 个月	
				低值期 时间 月	井数 比例 %	低值期 时间 月	井数 比例 %	低值期 时间 月	井数 比例 %
<5	38	2.99	8.9	7	60.5	11	34.2	18	5.3
5～7	89	5.38	12.3	8	15.7	12	61.8	16	22.5
>7	30	8.01	8.6	8	66.7	11	33.3	—	—
合计 / 平均	157	5.30	10.0	7	36.3	12	49.7	17	14.0

注聚合物见效期：主要促进区块全面受效，最大程度上提高油层动用状况和区块开发效果。从见效期油井流压与含水下降幅度统计结果看，见效期油井流压在低于 4.0MPa 时，见效后含水下降幅度大于 15 个百分点的井数比例较高，但从平均单井累计产油量看，流压 2.0～4.0MPa 时，平均单井累计产油量最高为 2234t。因此，注聚合物见效期合理流压界限为 2.0～4.0MPa（表 4-10）。

表4-10 注聚合物见效期油井流压与含水最大降幅关系统计

流压分级 MPa	井数 口	平均流压 MPa	平均含水最大降幅 %	平均单井累计产油量 t	不同最大含水降幅分级对应数据					
					<15百分点		15~30百分点		≥30百分点	
					累计产油量 t	井数比例 %	累计产油量 t	井数比例 %	累计产油量 t	井数比例 %
<2	14	1.54	29.6	1698	—	—	1754	50	1644	50
2~4	73	3.07	29.4	2234	2183	5.5	2128	50.7	2360	43.8
≥4	74	5.41	17.4	1414	1264	40.5	1485	52.7	1651	6.8
合计/平均	161	4.04	24	1815	1406	21.1	1785	51.6	2166	27.3

含水回升期：主要挖潜剩余油潜力，延缓含水回升速度，控制采聚浓度上升速度。从含水回升阶段油井不同流压与含水上升速度及采聚浓度上升速度关系统计结果看，含水回升阶段油井流压3.0~5.0MPa时，含水上升速度及采聚浓度上升速度较慢，因此，含水回升阶段合理流压界限为3.0~5.0MPa（表4-11）。

表4-11 含水回升期油井流压与含水上升速度关系统计

流压分级 MPa	井数 口	平均流压 MPa	含水上升速度 %/月	采聚浓度上升速度 mg/(L·月)	不同含水上升速度分级对应数据					
					<1百分点/月		1~2百分点/月		≥2百分点/月	
					采聚浓度上升速度 mg/(L·月)	井数比例 %	采聚浓度上升速度 mg/(L·月)	井数比例 %	采聚浓度上升速度 mg/(L·月)	井数比例 %
<3	23	1.95	3.7	89	—	—	82	13	90	87
3~5	43	4.11	1.2	36	31	41.9	37	48.8	48	9.3
≥5	53	6.62	1.9	26	27	9.4	28	50.9	23	39.6
合计/平均	119	4.81	2.0	42	30	19.3	35	42.9	55	37.8

依据聚合物驱不同阶段合理流压界限，制订了流压调整原则：各区块、各采出井依据不同注聚合物阶段，按照合理流压界限，实施分类调整；流压调整以调参为主、换泵和螺转抽为辅的方式实施调整；实际流压超出合理范围较大的采出井，依据流压调整原则，流压的调整分步进行。试验区累计实施参数调整128井次，调整前后对比，平均单井日增液8.3t，日增油2.1t，含水降低2.3个百分点，流压降低2.2MPa（表4-12）。

（2）创建了井组分类管理技术方法。

针对区块内各单井开发指标差别较大，没有合理的井组分类管理模式，以储层发育和剩余油条件为基础开展了井组分类管理技术研究（表4-13至表4-15）。

表 4-12　提效率试验区采出井参数调整前后对比情况

项目	井次	调整前				调整后				差值			
		产液量 t/d	产油量 t/d	含水 %	流压 MPa	产液量 t/d	产油量 t/d	含水 %	流压 MPa	增液量 t/d	增油量 t/d	含水 %	流压 MPa
调参	110	36.2	4.5	87.6	7.4	43.8	6.4	85.4	5.4	+7.6	+1.9	−2.2	−2.0
换泵	12	44.7	5.3	88.0	8.2	67.6	12.0	82.3	3.0	+23.0	+6.6	−5.8	−5.1
螺转抽	6	44.9	6.8	84.8	8.9	71.7	12.5	82.6	3.6	+26.8	+5.6	−2.2	−5.3
总计/平均	128	36.6	4.6	87.5	7.5	44.9	6.6	85.2	5.3	+8.3	+2.1	−2.3	−2.2

表 4-13　试验区采出井含水分级统计表

含水分级 %	井数 口	比例 %	平均单井生产情况				
			日产液量 t	日产油量 t	含水 %	沉没度 m	见聚浓度 mg/L
＜85	20	20	764	208	72.75	542	675
85~90	22	22	724	88	87.80	581	645
90~95	42	42	1910	152	92.06	498	634
≥95	16	16	772	13	98.41	669	465
总计/平均	100	—	4170	461	88.96	552	609

应用灰色关联分析方法，判别油层发育和剩余油状况，实施井组分类评价。

表 4-14　油层发育条件分级评价结果

项目 级别	井数 口	有效厚度 m	渗透率 mD	平面渗透率 变异系数	纵向渗透率 变异系数	一类厚度连通比例 %	综合评 判分值
Ⅰ类	67	11.4	571	0.233	0.509	83.4	0.46
Ⅱ类	95	8.3	485	0.245	0.474	79.5	0.35
Ⅲ类	69	5.8	513	0.255	0.588	62.1	0.25
合计/平均	231	8.7	521	0.243	0.515	81.5	0.36

表 4-15　剩余油状况分级评价结果

项目级别	井数，口	含油饱和度，%	注聚前初含水，%	高水淹厚度比例，%	综合评判分值
Ⅰ类	66	48.6	89.7	30.1	0.75
Ⅱ类	92	43.3	91.7	53.3	0.47
Ⅲ类	73	38.8	93.3	71.1	0.24
合计/平均	231	43.4	91.6	52.3	0.48

以区块所处对标分类区域的上分界线为目标曲线，绘制标准曲线（图4-1）。

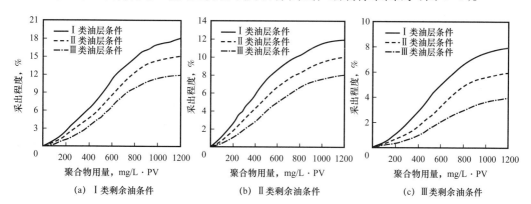

图 4-1 不同类型井组聚合物用量与采出程度关系图版

依据标准曲线进行单井评价，共分为三种剩余油类型（表4-16），依据评价结果确定调整方向。

表 4-16 各类井组开发效果统计分析表

项目	Ⅰ类油层条件		Ⅱ类油层条件		Ⅲ类油层条件		合计	
	井数口	达标井数比例%	井数口	达标井数比例%	井数口	达标井数比例%	井数口	达标井数比例%
剩余油Ⅰ类	25	72	28	60.7	13	61.5	66	65.2
剩余油Ⅱ类	23	69.6	39	79.5	30	76.7	92	76.1
剩余油Ⅲ类	19	68.4	28	78.6	26	61.5	73	69.9
合计/平均	67	70.1	95	73.7	69	68.1	231	71.1

针对未达标井进行原因分析，并制定治理对策（表4-17）。

表 4-17 未达标井原因分析及治理对策

主要原因	井数，口	比例，%	治理方向
参数不匹配	11	4.8	依据参数模板结合实际注入状况进行合理调整
注入速度快	8	3.5	结合周围采出井沉没度和采聚浓度变化进行合理调整
注入压力低	9	3.9	以控制低效无效循环为目的实施停控高渗透层
注入体系差	13	5.6	实施冲、洗、换等措施，降低黏损，提高注入体系质量
注入时率低	8	3.5	加强注入泵维护保养，提高注入时率
采出时率低	4	1.7	加强监督、及时跟踪，保证采出井及时开井
流压不合理	14	6.1	及时实施调参、换泵，合理调整流压
合计	67	29.1	—

（3）总结归纳了非均质油层小井距聚合物驱动态变化规律。

XYS区西部聚合物驱区块是杏北开发区首次采用125m注采井距的工业化聚合物驱区块，与以往注聚合物区块对比，开发规律存在一定差异，与XSL区（面积）南部的动态开发特点对比，归纳总结了杏北开发区125m井距非均质油层注采动态变化规律：

特点一，注采能力强，压力上升速度慢。从注入压力变化情况看，125m注采井距开发注入压力上升速度相对较缓，提效率试验区初期注入黏度达到97.2mPa·s，过程中平均注入黏度为53mPa·s，注入压力上升速度仅为0.8MPa/0.1PV；而XSL区（面积）南部初期注入黏度为49.9mPa·s，注入压力上升速度就达到1.3MPa/0.1PV；从注采能力看，提效率试验区注采能力强于XSL区（面积）南部，视吸水指数降幅仅为29.3%，低于XSL区（面积）南部27.8个百分点，采液指数降幅27.5%，低于XSL区（面积）南部24.0个百分点（表4-18）。

表4-18　不同井距聚合物驱区块0.493PV注入状况对比表

区块	井距 m	黏度，mPa·s		注入压力		视吸水指数		产液指数	
		初期	平均	目前 MPa	上升速度 MPa/0.1PV	目前 m³/（MPa·d·m）	降幅 %	目前 t/（MPa·d·m）	降幅 %
XSL区（面积）南部	200	49.9	44.0	12.1	1.3	0.58	57.1	0.533	51.5
提效率试验区	125	97.2	53.3	10.8	0.8	0.49	29.3	0.581	27.5

特点二，油层动用状况前期升幅较高，中后期保持平稳（表4-19）。提效率试验区前期动用状况较好，含水低值期阶段厚度动用比例达到了64.3%，与空白水驱阶段对比，提高了14.0个百分点，回升期保持平稳；而XSL区（面积）南部低值期后剖面得到持续改善，回升期阶段仍有接替层得到动用。分析认为由于提效率试验区注入压力上升速度缓慢，中后期中低渗透层未能得到较好动用，剖面改善效果变差。

表4-19　油层动用状况对比表

区块	层数动用比例，%				厚度动用比例，%			
	空白 水驱	含水 下降期	含水低 值期	含水 回升期	空白 水驱	含水 下降期	含水 低值期	含水 回升期
XSL区（面积）南部	50.3	58.5	63.7	67.3	49.7	58.8	63.5	68.1
提效率试验区	51.4	62.8	64.2	65.7	50.3	62.1	64.3	65.2

特点三，聚合物突破快，采聚浓度高，存聚率低（表4-20）。从采聚浓度情况看，提效率试验区见聚时间早，注入孔隙体积仅0.037PV开始见聚，且相同注入孔隙体积倍数（0.493PV）下，采聚浓度升幅快，提效率试验区每0.1PV采聚浓度上升94mg/L，高于XSL区（面积）南部64mg/L。从存聚率看，提效率试验区存聚率下降幅度较大，每0.1PV下降4.7个百分点，高于XSL区（面积）南部3.3个百分点。

表 4-20　采聚浓度与存聚率状况对比表

区块	见聚时间		采聚浓度		存聚率	
	注入 PV	时间 月	目前 mg/L	升幅 mg/（L·0.1PV）	目前 %	降幅 百分点/0.1PV
XSL区（面积）南部	0.061	7	306	64	84.1	3.3
提效率试验区	0.037	4	449	94	78.4	4.7

特点四，含水下降加快、回升速度快，低值期持续时间短（表 4-21）。提效率试验区 2010 年 11 月注聚，0.037PV 时含水开始下降，2012 年 4 月达到含水最低值 81.7%，含水降幅 13.3 个百分点，含水降幅大于 XSL 区（面积）南部，但低值期持续时间较短，未出现低含水稳定期，含水低值期时间仅维持 0.23PV，含水上升速度较快，每 0.1PV 上升 4.8 个百分点，高于 XSL 区（面积）南部的每 0.1PV 上升 1.4 个百分点。

表 4-21　含水及低值期持续时间对比表

区块	受效时间（注入孔隙体积倍数）PV	初含水 %	含水最低值 %	含水降幅 %	低值期时间		相同注入孔隙体积倍数下的含水 %	含水上升速度 %/0.1PV
					注入 PV	时间 月		
XSL区（面积）南块	0.055	93.4	83.4	10.0	0.32	28	86.0	1.4
提效率试验区	0.037	95.0	81.7	13.3	0.23	14	92.1	4.8

综合以上分析，杏北 125m 井距非均质油层受注入压力上升速度缓慢影响，中后期中低渗透层动用变差，且聚合物突破速度较快，导致区块含水回升速度较快，低值期持续时间短。

（4）建立了聚合物驱措施挖潜技术规范。

在以往措施效果的基础上深入分析并总结规律，形成聚合物驱措施挖潜技术规范（表 4-22 和表 4-23）。

表 4-22　注入井措施技术标准

标准名称	技术标准	具体内容
分注标准	"2133"	拟分注层段有效厚度在 2m 以上；隔层厚度大于 1m；注入压力上升空间大于 3MPa；层段内渗透率级差小于 3
压裂标准	"一高四低"	注入压力较高，压力上升空间小于 0.5MPa；油层动用程度低，有效厚度动用比例小于 60%；注入强度较低，小于 6m³/（d·m）；井区综合含水低，优势连通油井含水小于 90%；井区沉没度低，小于 300m

续表

标准名称	技术标准	具体内容
调剖标准	注聚初期"4332"	视吸水指数高于平均水平 30%； 启动压力低于平均水平 30%； 注水压力低于平均水平 30%； 渗透率级差大于 3.0； 油层动用程度低于平均水平 20%； 产液强度高于全区 20.0%； 含水高于全区综合含水 2.0 个百分点
	中后期"三高两低"	产液量高、见剂浓度高、含水级别高； 压力低于平均水平、油层动用程度低

表 4-23　采出井措施技术标准

标准名称	技术标准	具体内容
压裂标准	静态"222" 动态"123"	一类连通有效厚度大于 2m； 一类连通方向在 2 个方向以上； 平均渗透率值在 200～500mD 之间； 含水降幅在 10 个百分点以上； 产液量降幅在 20%～80% 之间； 沉没度小于 300m
堵水标准	"四高一低"	含水高、见剂浓度高、产液强度高、沉没度高； 接替层动用程度较低
换泵标准	"55588"	实际生产流压大于 5MPa； 渗透率变异系数大于 0.5； 采出程度不大于 50%； 地层压力大于 8MPa； 有效厚度大于 8m

采出井压裂标准研究从静态和动态两个方面分析了采出井压裂的敏感参数。

一是油层连通状况的影响。统计结果表明：一类连通有效厚度和连通方向决定了注入井能否为措施井及时供液，是影响压裂后产液增幅的重要因素（表 4-24 和表 4-25）。

表 4-24　一类连通厚度与压裂效果关系表

一类连通厚度 m	日增液量 t	日增油量 t	单位厚度增油 t	有效期 月
≤2	28.8	4.2	0.9	4
2～4	31.2	6.5	1.3	6
4～6	41.3	14.8	1.4	9
>6	45.6	17.6	1.7	12

表 4-25　一类连通方向与压裂效果关系表

一类连通方向数量，个	日增液量，t	日增油量，t	单位厚度增油，t	有效期，月
≤2	32.5	9.1	1.1	6
>2	39.9	11.6	1.3	8

二是产液降幅的影响。统计结果表明，受效后产液量降幅在 25%～50% 之间的采出井，压裂效果较好，降幅过高或过低效果均相对较差（图 4-2，表 4-26）。

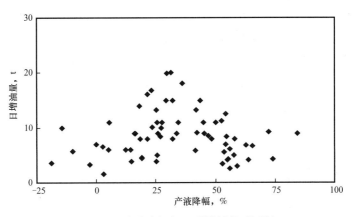

图 4-2　产液降幅与压裂效果关系图版

表 4-26　不同产液降幅井压裂效果对比表

产液降幅分级，%	日增液量，t	日增油量，t	单位厚度增油，t	有效期，月
≤25	30.8	10.7	1.2	6
25～50	41.9	13.9	1.3	9
>50	38.8	9.0	1.1	9

三是压前含水降幅的影响。受效采出井压裂前含水降幅越大，压裂后日增油量越大，应优先选择含水率降幅大于 10 个百分点以上的采出井实施压裂（图 4-3，表 4-27）。

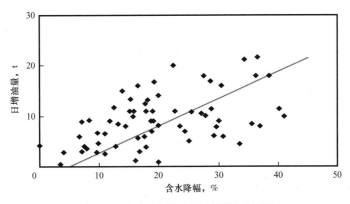

图 4-3　含水降幅与压裂效果关系图版

表4-27 不同含水率降幅井压裂效果对比表

含水率降幅分级 百分点	日增液量 t	日增油量 t	单位厚度增油 t	有效期 月
≤10	37.6	6.7	1.1	6
10～20	43.6	13.6	1.4	8
20～30	42.5	14.3	1.4	10
>30	44.7	18.6	2.0	12

四是沉没度的影响。统计结果表明，压前沉没度处于100～300m，压裂增油效果最好，沉没度在300～600m效果其次，沉没度过高或过低压裂效果均不好（表4-28）。

表4-28 不同沉没度井压裂效果对比表

沉没度分级 m	日增液量 t	日增油量 t	单位厚度增油 t	有效期 月
≤100	35.6	7.6	0.8	5
100～300	42.4	14.6	1.7	10
300～600	34.3	11.2	1.2	11
>600	38.8	9.5	1.1	7

通过选井选层原则分析，量化了含水下降期采出井压裂的选井标准：一类连通厚度大于2m，连通方向2个以上；平均渗透率为200～500mD；含水率下降值大于10个百分点；产液降幅在20%～80%。依据以上标准，试验区实施采出井压裂15口，初期平均单位日增油8.8t，含水下降14.7个百分点，未出现措施无效井，低效井比例与以往聚合物驱区块相比也明显降低。

（二）污水体系聚合物驱"提质提效"技术

XSL区（面积）南部是杏北开发区第一个使用清水配制污水稀释2500万相对分子质量聚合物体系的工业化聚合物驱区块，注聚合物初期井口取样黏度只有5mPa·s左右，导致注入压力升幅偏小、见效井数比例偏低、见聚井数比例高，影响区块最终开发效果。2006年以来，通过精细研究影响污水稀释聚合物体系黏度的主控因素，探索形成污水稀释聚合物溶液注入体系质量优化技术，实施针对性治理，注入体系质量不断改善，聚合物驱开发效果不断提升。

一是针对污水水质差，影响聚合物注入体系黏度的情况，加装曝氧装置，并将普通污水调整为深度处理污水。在现场取样过程中发现，无论是正常井口取样，还是反吐取样，样品黏度均下降很快。分析认为，污水中含有大量硫酸盐还原菌、铁细菌及腐生菌等物质，尤其是硫酸盐还原菌，遇污水中的硫化物代谢产生硫化氢，硫化氢腐蚀金属设备设施产生亚铁离子，亚铁离子氧化所产生的羟基自由基攻击聚合物主链造成链断裂，导致聚合物溶液发生快速降解，溶液黏度大幅度下降。室内实验表明，适当提高污水中含氧量，可有效降低各种菌类以及化学反应对污水稀释聚合物体系黏度造成的不利影响。因此，XSL区（面积）南部聚合物驱区块及后来投产的注聚合物区块均加装曝氧装置，并逐步将普通污水调整为深度处理污水。调整后，污水稀释聚合物体系井口黏度提高 10mPa·s 以上。

二是针对常规静态混合器条件下，污水稀释超高分子质量聚合物溶液仍存在严重混合不均的现象，2006年开始研制推广分散式静态混合器，并对污水稀释超高分子质量聚合物溶液混合不均机理开展研究，分析认为：在污水稀释聚合物溶液中，聚合物分子的官能团被污水中的大量离子围绕屏蔽，分子间无法相互作用，只能以单个分子或少量分子聚集形成束状或带状。为此，研制并应用具有缓冲、分散、搅拌和预混等多重作用的分散式静态混合器，使用后，井口取样黏度大于 20mPa·s 的取样占总数比例达到 94.3%，较安装前的 16.7% 得到大幅提高。

通过上述一系列调整技术，污水稀释聚合物注入体系质量明显改善。在加强个性化调整的基础上，井口平均取样黏度保持在 40mPa·s 左右。

二、一类油层抗盐聚合物驱油技术

（一）污水体系聚合物驱面临的主要难题

大庆油田聚合物驱经过十几年的工业化推广应用，形成了较为完善的配套技术。2002年以来，年产油量始终保持在 1000×10^4t 以上，2011年至2012年，通过开展聚合物驱提效率工作，在原油产量稳步上升的同时，聚合物干粉用量增长速度得到控制，聚合物驱开发效果进一步改善，吨聚增油由快速下降变为平稳回升。但是，污水体系聚合物驱开发仍面临三大技术难题：一是污水区块聚合物用量高，开发成本相对较高。目前吨聚增油水平距"十一五"初期仍有较大的差距，尤其是采用清水配制污水稀释聚合物体系的区块，由于污水矿化度较高，黏度保留率较低，为保证驱油效果，聚合物浓度偏高、聚合物用量较大的问题较为突出，如杏北开发区污水矿化度为 5328mg/L，1900万相对分子质量清配污稀聚合物体系为保证 40mPa·s 的注入黏度，注入浓度需要到 1600mg/L 以上，按照注入 0.8PV 计算，聚合物用量将接近 1000mg/L·PV，聚合物用量较大。二是污水区块提高采收率低，整体开发效果较差。大庆油田共有 37 个清水配制污水稀释聚合物驱区块，提高采收率值在 10~12 个百分点，开发效果整体较差。三是坚持清配清稀体系注入，加剧污水平衡矛盾。为提高聚合物驱开发效率，注聚合物区块改为清配清稀，需要平衡过剩污水，提高后续水驱注采比，加剧低效无效循环。

为了进一步提高聚合物驱效率，节约聚合物干粉，提高聚合物驱开发效果，迫切需要开展污水条件下抗盐聚合物驱现场试验，探索适合地层水较高矿化度条件下低浓高黏的抗盐聚合物体系，满足聚合物驱开发需求，为污水体系较高矿化度条件下聚合物驱高效开发开辟新路子。

（二）抗盐聚合物驱油机理

抗盐聚合物具有抗盐、抗剪切、增黏性能，室内研究有较好的驱油效果。从国外相关研究看，抗盐聚合物在增大溶液黏度的同时，提高了抗盐和抗剪切性能；国内各种研究也表明，抗盐聚合物在较高矿化度条件下具有较好的热稳定性、增黏性和驱油效果；从大庆油田的室内研究看，在污水条件下具有较高的溶液黏度，且现场注聚合物试验取得较好的驱油效果。

一是 LH 抗盐聚合物分子线性好，可注入渗透率下限低。应用静态与动态光散射联用的方法，借鉴国际通用的高聚物形态因子 ρ，定量评价聚合物单分子线性，其中形态因子 $\rho=R_{g0}/R_{h0}$（其中：R_{g0} 为均方根回转半径，R_{h0} 为等效流体力学半径），单分子均方根回转半径 R_{g0} 可以采用静态光散射法，通过 Zimm 法回归获得；单分子等效流体力学半径 R_{h0} 可以采用动态光散射法，依据 Stokes-Einstin 公式计算获得。计算结果表明，LH2500 抗盐聚合物形态因子 ρ 为 2.18，明显高于 2500 万相对分子质量普通聚合物的 1.5。参考现代高分子物理聚合物溶液形态标准表，证实 LH2500 聚合物分子更接近线性。

二是 LH 抗盐聚合物黏度保留率高，前缘驱替黏度高。应用 XYE 联合站深度污水，测定不同聚合物的黏浓关系，分别制作 5 种可供选用的抗盐聚合物及普通 2500 万相对分子质量聚合物的黏浓曲线，证实 LH2500 聚合物表观黏度不是最高的。但相同黏度条件下，LH2500 和 GL 抗盐聚合物黏度保留率明显大于其他三种抗盐聚合物，也大于 2500 万相对分子质量普通聚合物。值得关注的是，LH2500 抗盐聚合物 30 天后黏度保留率明显回升，120 天时黏度保留率高达 92%。使用相同的污水条件下，抗盐聚合物比 2500 万相对分子质量普通聚合物浓度低 15%～35%，表现出较好的黏度稳定性与增黏能力。

三是 LH 抗盐聚合物抗剪切能力强，体系流变性较好。利用匀化器对 2500 万相对分子质量、50mPa·s 聚合物溶液高速剪切，在剪切时间 6s 以及相同条件下对其他同黏和同浓抗盐聚合物溶液进行剪切，实验结果表明抗盐聚合物 KYPAM 表现出更优的抗剪切性，剪切后黏度保留率为 64%，其他抗盐聚合物黏度保留率均低于 2500 万相对分子质量聚合物（55%），依次为 LH（49%）、GL（49%）、TS（36%）和 DLKP（26%）。LH2500 抗盐聚合物抗剪切性低于普通 2500 万相对分子质量聚合物，表现出较强的剪切变稀能力。

四是 LH 抗盐聚合物黏弹性好，提高采收率幅度大。拉伸实验表明，LH 聚合物溶液拉伸断裂时间比普通聚合物长 1/3，黏弹性好，有利于提高驱油效率。

（三）XL 区中部 3 号注入站 LH2500 抗盐聚合物现场试验

杏北开发区于 2013 年在 XL 区中部 3 号注入站井区开展首个 LH2500 抗盐聚合物先导性现场试验，面积 1.54km^2，目的层葡Ⅰ2—葡Ⅰ3 油层，孔隙体积 332.25×10^{4}m^3。采用五点法面积井网，注采井距 125m。总井数 71 口（33 注 38 采），中心井 12 口。平均有效厚度 7.4m，有效渗透率 454mD。试验区最终提高采收率 19.15 个百分点（图 4-4）。

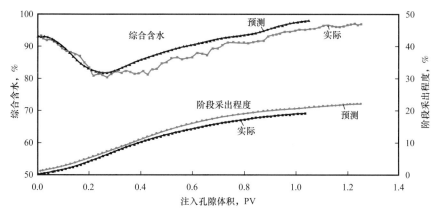

图 4-4　XL 区中部 3 号注入站数值模拟曲线

先导性现场试验明确了抗盐聚合物驱动态变化规律：

一是地层能量有效恢复，注入压力稳步上升。试验区采用清配污稀配制工艺，与采用清配清稀注入方式、地质条件相近的 XL 区中部 1 号和 2 号注入站普通聚合物区块对比，注入黏度水平相对较低，但 LH2500 抗盐聚合物注入地层后具有较高的黏度保留率，所以注聚合物过程中注入压力升幅相当。在注入相同孔隙体积条件下，XL 区中部 3 号注入站地层压力和注入压力升幅明显高于普通聚合物驱对比区块，分别高出 0.4MPa 和 1.0MPa。

二是中低渗透层改善效果好，剖面反转时间较晚。LH2500 抗盐聚合物分子线性度高，受地层孔隙剪切后表现出较强的变稀能力，可注入油层渗透率下限较普通聚合物低，相同注聚合物浓度条件下注入参数与中低渗透层匹配更好。3 号试验区整体油层动用达到80.1%，高于对比区 1 号和 2 号注入站 5.6 个百分点；试验区中低渗透层动用好于普通聚合物驱，其中低于 300mD 油层动用程度高于普通聚合物驱 14.4 个百分点。试验区剖面反转井数比例相对较低，含水回升初期试验区剖面反转井数比例低于非试验区 10.2 个百分点。

三是注采能力强，注采指数降幅较小。抗盐聚合物驱较普通聚合物驱注采能力强，在注入相同孔隙体积条件下，吸水指数与产液指数降幅分别低 10.9% 和 7.1%。分析原因认为，LH2500 抗盐聚合物分子合成过程中严格采用均聚反应、减少支化产物，同时采用后水解技术，分子保持了较好线性结构，聚合物体系在多孔介质中传输运移能力增强，即使进入注聚合物后期油层仍未发生堵塞，确保了注聚合物全过程保持稳定的注采能力。

四是采出井含水降幅大、低值期持续时间长。抗盐聚合物体系采用清配污稀，注入溶液黏度较小，注入压力上升幅度中等，但它与岩心孔隙适应性较好，可以进入岩心深部，有效封堵高渗透层，同时能够促使后续聚合物溶液进入中低渗透层，最大限度扩大波及体积。试验区截至 2021 年 12 月，综合含水 93.46%，目前仍保持平稳回升态势。中心井最大含水降幅 19.8%，高于普通聚合物驱 5.4 个百分点以上，含水低值期长达 18 个月，明显长于普通聚合物驱，注聚合物后期含水回升速度明显缓于普通聚合物驱。

五是采出井先见效后见聚，存聚率较高。由于抗盐聚合物注入性较强，注聚合物初期沿油层高渗透部分缓慢推达油层深部，采出井含水逐步下降。注入体系受地层的吸附捕集及地层水的稀释影响，初期聚合物前缘浓度较低。但当中低渗透层逐步动用，当聚合物体系快速突破后，产出液中聚合物浓度逐步上升，随着含水进入低值期，采聚浓度达到最高值。当高渗透油层产生的流动阻力最大，低渗透油层开始启用，注入体系在油层中波及体积范围较大，所以抗盐聚合物驱较普通聚合物驱存聚率高。

（四）建立和完善抗盐聚合物驱技术体系

先导性现场试验形成了抗盐聚合物驱配套调整技术标准：

一是形成了注入参数个性化设计技术。首先，量化单井浓度设计标准与设计流程，以匹配 80% 油层厚度为标尺，个性化设计单井注入浓度，促使单井注入参数匹配率达到最高，力争匹配 90% 以上的油层。其次，量化了注入参数过程跟踪调整图版，统计现场剖面资料，建立了不同渗透率油层的浓度匹配关系图版，同时量化了浓度与油层动用、注入浓度和累计产油的关系，有效指导现场注入参数调整。

二是形成了分类井组动态调整技术流程。首先从静态参数入手，优选五项关键指标，建立了量化分类标准，将试验区井组细分为叠加型、深切型、单一型三类。考虑抗盐聚合物注入性较强，开发调整应以稳字当先，针对不同类型井组，合理设计注入参数，有效控制注采速度，辅以措施调整，最大程度扩大波及体积，最大限度提高采收率。其次是优化注入方式调整标准，提高驱替效率。针对抗盐聚合物注入性强、参数匹配难度大的实际，结合井组的发育特征，确定了分类井组注入方式。对于叠加型井组先调剖，注聚合物中前期高浓注入，后期梯次降浓；深切型井组先注前置段塞，再梯次降浓；单一型井组直接采用梯次降浓。

三是建立了抗盐聚合物驱注采井措施标准。建立抗盐聚合物驱注采井压裂技术标准，通过对压裂厚度与视吸水指数、压裂厚度与压裂有效期、渗透率与视吸水指数增幅、渗透率与压裂有效期、压裂层渗透率与单位厚度日增油量等敏感参数开展对应分析，结合已实施的注采井压裂效果，建立注采井压裂选井选层标准。依据此标准，实施注入井压裂 8 井次，措施后平均单井压力下降 2.6MPa，日实注增加 15m³；采出井压裂 15 井次，措施后日增油 8.5t，含水降幅 7.9 个百分点，均优于普通聚合物驱。

四是建立了抗盐聚合物质检化验标准。首先建立抗盐聚合物质检技术标准，杏北开发区制定了 LH2500 耐温抗盐聚合物质检标准，其中常规产品质检验收指标 10 项。其次完善了抗盐聚合物浓度检测方法，应用次氯酸钠浊度法检测 LH2500 聚合物浓度时由于标准曲线吸光值较低且线性关系不强，导致误差较大。为提高反应程度，分别采取固定次氯酸钠浓度增加体积用量、固定体积用量提高次氯酸钠浓度等方法，观察溶液浊度变化情况，结果表明，提高次氯酸钠浓度效果较好，浓度由 1.3% 提高到 2.5% 时，标准曲线吸光值最大，相关系数达到 0.9984，可满足化验精度要求。采用模拟污水稀释的方法验证改进后浊度法的准确性。验证结果表明，改进后浊度法的误差为 −4.80~4.65%，满足化验分析准确度要求。

（五）抗盐聚合物驱油技术的推广及效果

一类油层抗盐聚合物驱油技术经过 6 年时间的攻关，试验取得了明显的增油降水效果，为大庆油田污水条件下高效聚合物驱开发开辟了一条提高采收率的新途径，具有良好的应用前景。为此，推广至 XQ 区中部三个区块，通过深入研究抗盐聚合物驱规律，坚持做到"四必须、四到位"，即"必须坚持注入与采出压力调整到位""必须坚持参数设计与油层匹配到位""必须坚持因井施策与精准调控到位""必须坚持体系质量全过程管控到位"，抗盐聚合物驱开发效率进一步提升，推广区块阶段效果显著。

三、聚合物驱采油工艺配套技术

（一）聚合物驱分层注入配套技术

聚合物驱油是大庆油田高含水后期保持可持续发展的重要技术措施。尽管聚合物驱开发的都是油层发育状况相对良好、有效厚度大、渗透率高的砂岩组，但层间矛盾仍然比较突出。笼统注入时，油层动用情况差，聚合物单层突进，部分采出井见聚较早，含水上升较快，并且在全井注入压力上升的同时，各层段的注入压力上升幅度不同，导致各层段注入量的分配变化较快，注聚合物合格率比较低。

为了提高注聚合物合格率，缩短测试周期，提高测试准确率，大庆油田从 2000 年开展了聚合物分层注入工艺技术的研究和应用。先后研制应用了双管分注、油套分注、环形降压槽分注、偏心分注等注入工艺技术。这些新技术的应用，有力地保证了聚合物驱的整体开发效果（表 4-29）。

表 4-29 聚合物驱及三元复合驱分注工艺适用性分析

序号	分注工艺管柱	适应性	不足	在用井数，口
1	笼统注入工艺	笼统注入	无法满足地质精细注入需求	854
2	偏心分注工艺	多级分层注入井	受注入介质流体性质及开发原理影响，仍存在投捞成功率低、管柱易堵塞等问题	1788
3	油套分注工艺	2 级分层注入井	单井只能分注二个层段，从油套环空注入对套管有影响，冬季地面管理困难	51
4	环形降压槽	2~3 级分层注入井	每次调整注入量需逐个打捞配注器，在打捞的过程中，配注芯易卡在管柱内，测试调配困难	7
5	双管分注	2 级分层注入井	地面流程复杂，成本高，不可洗井	2
合计	—	—	—	2702

分层注聚合物后，分注井区油层动用状况得到较好改善，周围采出井见效明显。一是改善了中低渗透油层的注入状况，二是分层注入促使周围采出井聚合物驱见效，三是分注后周围采出井出现二次受效的好局面。

聚合物驱和三元复合驱主要的分注工艺是偏心分注工艺。杏北开发区主要采用的配注方式为 FGP 及全过程一体化偏心分注工艺。

1. FGP 偏心分注工艺

FGP 偏心分注工艺装备由可洗井封隔器、FGP 配注器和挡球组成（图 4-5）。FGP 配注器内通径 46mm，偏心孔 ϕ25mm，工具长度 1150mm，堵塞器的流线型环形降压槽组件外径有 ϕ24mm、ϕ23mm、ϕ22mm、ϕ20mm、ϕ18mm 和 ϕ16mm 六种，每节长度 11mm。FGP 堵塞器可满足后续水驱需求，在堵塞器下方更换常规陶瓷水嘴进行配注。

图 4-5　FGP 配注器和堵塞器实物图

由于偏心孔直径大、带有防腐涂层，在耐堵及耐腐蚀上具有优势，通过研制配套可调堵塞器，在测试调配效率上得到了提高。FGP 偏心分注工艺主要适用于多级分层注入井，但受到注入介质流体性质及开发原理影响，仍存在投捞成功率低、管柱易堵塞等问题。

2. 全过程一体化偏心分注工艺

全过程一体化偏心分注工艺装备由可洗井封隔器、三元小尺寸配注器和挡球组成（图 4-6）。三元小尺寸偏心配注器内通径为 46mm，偏心孔 ϕ20mm，工具长度 1650mm，堵塞器的流线型环形降压槽外径有 ϕ17mm、ϕ17.5mm 和 ϕ18mm，每节长度 11mm。全过程一体化偏心分注工艺主要适用于多级分层注入井，已在大庆油田化学驱注入井全面推广。

堵塞器为环形降压槽结构，通过调整环形降压槽直径及级数，可以调节节流压差，控制黏损率等参数，实现较小的黏损下，形成明显的节流压降，达到控制液量的目的。技术指标可以实现单层流量 70m³/d 范围内，分压注入工具最大节流压差为 2MPa，黏损率为 9.2%；流量 50m³/d 时，节流压差为 1.5MPa，黏损率为 8.2%。

图 4-6　三元小尺寸配注器和堵塞器实物图

（二）聚合物驱举升工艺配套技术

聚合物驱采油主要是通过增加水相的黏度和减小油水流度比，来提高注入液的波及系数，从而提高原油采收率。但随着注聚合物时间的延长，油井见聚合物后，由于聚合物的黏弹性作用，增加了泵柱塞的摩擦阻力，井液携砂能力增强，对泵的磨蚀加快，造成泵漏失；由于杆柱的下行阻力增大，导致稳定性变差，增加了杆柱的偏磨概率。针对以上问题，优化抽油机机型和抽油杆类型，应用大流道泵、低摩阻泵、杆管扶正优化技术，改善抽油泵和杆柱的受力状态，降低聚合物驱油井偏磨问题，提高生产效率。

一是优化抽油机机型和抽油杆类型。应用优化设计软件，对不同泵径的抽油泵进行预测，得到泵深 1000m、沉没压力 3MPa 条件下的最大载荷和最小载荷等参数，针对聚合物驱采出井受效后载荷波动大易断杆的问题，为提高杆柱承载能力，设计使用 HY 级抽油杆和承载能力大的机型（表 4-30）。

表 4-30　抽油机机型、抽油杆级别设计优化表

	泵径，mm	44	57	70	83
受力计算	最大载荷，kN	37.71	56.13	66.69	85.58
	最小载荷，kN	19.16	26.12	26.12	36.06
	最大扭矩，kN·m	19.48	31.01	41.47	59.94
	折算杆柱应力，N/mm²	65.63	76.37	96.79	93.76
应用	抽油杆级别	HY 级	HY 级	HY 级	HY 级
	机型	CYJY10-4.2-53HB	CYJY10-4.2-53HB	CYJY12-5-73HB	CYJY14-5.5-89HB

二是应用大流道抽油泵。由于聚合物驱采出液黏度大，造成活塞与泵筒的摩擦阻力增大。在保证抽油泵泵效的前提下，为了降低抽油杆下行阻力，在常规抽油泵结构的基础上，优化活塞与泵筒间隙，减少了游动阀球的数量（图 4-7），杏北开发区聚合物驱采

出井累计应用大流道抽油泵 2574 井次，应用后交变载荷下降 12.1 个百分点，平均偏磨检泵周期延长了 74 天。

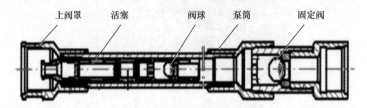

图 4-7　大流道泵结构示意图

三是应用杆管扶正优化技术。为减少杆、管偏磨，在采出井上应用抽油杆扶正器和防磨接箍，按照偏磨程度，优化扶正器配置数量（表 4-31），提高杆柱的稳定性，既保证防磨效果，又有效降低杆柱交变载荷。

表 4-31　聚合物驱抽油机井扶正器布置表

抽油方式	扶正器类型	扶正器分布
聚合物驱抽油机	定动结合 / 注塑扶正器	井筒上部：1～40 根，每根杆 1 个； 井筒中部：41～80 根，每根杆 2 个； 井筒下部：81～100 根，每根杆 3 个

在偏磨严重的井同时使用内衬油管。内衬油管具有内壁光滑、摩擦系数低的特点，将杆管硬摩擦转换为抽油杆与内衬油管涂层间的软摩擦，减少摩擦阻力，降低偏磨。对井斜大、全角变化率大的偏磨严重井，在采用内衬油管、抽油杆扶正的基础上，同时采用上提泵挂的方式避开严重偏磨段。累计应用 584 井次，有效延长了偏磨检泵周期。

四是应用低摩阻泵。在常规泵结构的基础上（图 4-8），低摩阻泵采用环行槽结构、增大柱塞与泵筒的间隙、缩短柱塞有效长度（图 4-9），从而降低杆柱下行阻力，减少偏磨。杏北开发区累计应用低摩阻泵 1027 井次，平均偏磨检泵周期延长了 59 天，泵效上升 1.2 个百分点。

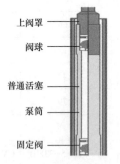
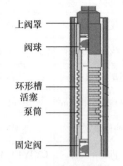

图 4-8　普通泵结构示意图　　　　图 4-9　低摩阻泵结构示意图

通过聚合物驱举升工艺配套技术的应用，延长了采出井免修期，提高了泵效，截至 2021 年底，聚合物驱采出井泵效为 51.9%，检泵周期为 983 天，免修期为 808 天，具有较好的经济效益和社会效益。

四、聚合物驱地面工艺配套技术

随着聚合物驱油技术进入工业化推广阶段，地面配注工艺、含聚采出液处理工艺以及与之相关的黏度损失治理工艺不断成熟和发展完善，满足了不同区块、不同阶段的开发注入需求，为提高油田开发水平提供了技术支撑。

（一）聚合物配制工艺及技术

结合杏北开发区三次采油总体安排，综合考虑三次采油周期性的特点和能力接替，在规划布局上进行经济技术比对、总体优化，2002 年至 2011 年，分期安排建设了 4 座聚合物配制站，总配制能力达到 $7.64×10^4$t/a。在充分总结试验区经验基础上，配制站优化采用"分散—熟化—外输—过滤"短流程配制工艺，注入站分为"单泵单井"和"一泵多井"注入工艺，由于"一泵多井"工艺具有设备数量少、注入站占地面积小、流程简化、维护工作量少等优势，最终将聚合物驱开发注入工艺定型为"一泵多井"注入工艺。

结合聚合物驱开发现场运行情况，地面系统不断总结管理经验，发展完善工艺技术，优化运行参数，满足开发需求。针对聚合物驱油技术开发过程中出现的黏度损失大的问题，地面系统结合黏度损失规律及工艺流程，开展聚合物注入工艺降黏度损失技术研究，分节点进行黏度损失治理。一是母液管道黏度损失治理，实施高速母液流冲洗技术，即降低下游注入站母液储槽的液位，将外输泵的排量提高，让母液快速流动，利用母液的高黏滞力带走母液干线上的杂质，并跟踪洗后管道黏度损失变化，摸索高速母液流合理冲洗周期，使母液管线的黏度损失维持在 4% 以内。二是单井管道黏度损失治理，开展高压水冲洗、高压水投球、高温水投球对比试验，通过对冲洗效果、有效时长等数据分析，确定高温水投球为最佳管道冲洗方式，同时根据注入井特性，制定个性化管道冲洗周期，XYS 区西部聚合物驱 166 口注入井管线实施该工艺后，全程黏度损失较冲洗前下降了13.69 个百分点；并研制注入管道冲洗配套工具，实现收球时间由 2h 缩短至 15min，收球率 100%。同时，为降低静态混合器对聚合物母液的剪切降解，开展静态混合器结构优选试验。通过实施参数定型、措施优化等一系列措施，杏北开发区聚合物驱黏度损失始终优于公司指标，黏度损失管理保持较高水平。

（二）集输工艺及处理技术

集输工艺方面，聚合物驱站外集输工艺仍采用双管集油掺水流程，2009 年，在 XYS 区西部聚合物驱采出井首次尝试应用单管通球不加热集油工艺，实践表明，聚合物驱采出井井口油压上升速度较快，严重影响正常生产运行管理，不适应聚合物驱开发阶段，因此将该区块集输工艺陆续恢复为双管集油掺水流程，在后续聚合物驱开发区块中全部保留掺水工艺。

脱水工艺方面，由于杏北开发区脱水工艺在一次加密调整建设时期基本定型，因此仍采用一段游离水脱除器 + 二段复合电脱水器主体工艺。考虑聚合物驱采出液含聚合物，采出液黏度大，与水驱采出液一同处理影响处理效果及下游污水站水质，因此优化脱水站站内设备运行方式，采用"聚合物驱、水驱分开处理，可分可合"工艺。其中聚合物驱处理工艺对节点参数要求进行了优化，将游离水脱除器普通聚合物驱处理温度调整为不宜大于 40℃，高浓聚合物驱处理温度调整为 40℃，普通聚合物驱沉降时间调整为不宜大于 25min，高浓聚合物驱沉降时间调整为不宜大于 40min，二段电脱水温度提高至 55℃，高浓聚合物驱污水沉降时间延长至不小于 4h。设备优化上，针对平挂电脱水器在处理聚合物驱采出液时存在脱水电场运行不平稳的问题，应用组合电极；针对火筒炉加热含水油存在的安全隐患问题，将二段脱水炉由火筒炉调整为真空炉。通过分质处理，节点优化，促进了聚合物驱采出液处理系统的高效安全运行。

（三）聚合物驱污水处理工艺技术

随着聚合物驱工业化开发，采出液含聚浓度不断提高，聚合物驱污水处理难度逐步增大，污水见聚以后，油珠粒径变小，油水乳化严重，沉降分离难度加大，污水黏度增加，由不含聚污水的 0.8mPa·s 左右上升至超过 4mPa·s，黏度的增加加大了油水沉降分离的难度，也影响了核桃壳滤料的再生效果，水驱污水处理工艺已无法满足开发需要。为解决聚合物驱污水处理难题，应用了普通聚合物驱、高浓聚合物驱污水处理工艺技术，配套完善了气浮、提温反冲洗等工艺技术，含聚污水处理效果得到了有效改善，外输水质始终能够达到"20、20、5"的指标要求，满足了聚合物驱开发要求。

1. 聚合物驱污水处理工艺

2001 年，针对水驱污水处理工艺无法满足聚合物驱污水处理需要的问题，开始应用"一级自然沉降 + 一级混凝沉降 + 一级石英砂压力过滤"的普通聚合物驱污水处理工艺（图 4-10），该工艺沉降时间相比水驱沉降工艺延长了 1 倍，过滤工艺升级为石英砂滤料，较长的沉降时间提高了油水分离效果，石英砂滤料相比核桃壳滤料对聚合物适应能力更强，实现了聚合物驱污水达标处理。

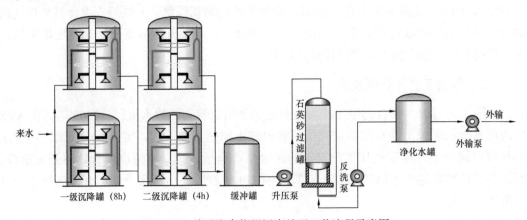

图 4-10　普通聚合物驱污水处理工艺流程示意图

2007年，针对石英砂过滤罐出现反冲洗不彻底、上部滤料板结、过滤效果变差的问题，杏北开发区率先开展了石英砂过滤罐内部结构改进试验：一是增设了横向布水筛管、齿状搅拌器；二是降低了底部筛管，增大了滤料顶层与上部筛管的距离；三是将原石英砂滤料改为石英砂、磁铁矿双层滤料，增加滤罐吸附能力。改造后过滤罐出水含油合格率达到100%，水中悬浮物含量合格率为65%。

2010年，XYS区西部开始采用高浓度聚合物驱开发，聚合物驱污水含聚浓度进一步提高，含聚浓度超过450mg/L，黏度高达4mPa·s，油水分离难度进一步加大，原有的聚合物驱污水处理工艺的沉降时间和单层石英砂过滤罐已无法满足处理需求。针对高浓度聚合物驱污水处理问题，自2012年开始，应用"两级气浮沉降＋一级石英砂磁铁矿双滤料压力过滤"的高浓度聚合物驱污水处理工艺（图4-11）。相比普通聚合物驱污水处理工艺，一级沉降时间延长4h，二级沉降时间延长2h，并配套气浮工艺，过滤罐采用石英砂磁铁矿双滤料过滤罐并配套机械搅拌工艺，同时配套增加了提温反冲洗工艺。工艺升级后，气浮沉降提高了油水分离效果，提温反冲洗工艺提高了滤料再生效果，实现了高浓度聚合物驱污水处理稳定达标。

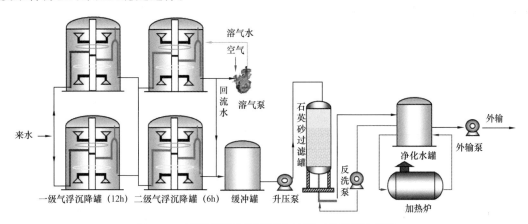

图4-11 高浓度聚合物驱污水处理工艺流程示意图

2. 聚合物驱污水配套工艺

1）气浮沉降工艺

相比于普通聚合物驱污水处理工艺，高浓度聚合物驱污水处理工艺除延长了沉降时间外，最显著的技术升级就是沉降段采用了气浮沉降工艺（图4-12）。沉降出水通过回流进入溶气泵，与空气混合后形成溶气水进入沉降罐内，再通过曝气头释放出来，微小的气泡对水中的小油滴及杂质进行了吸附，增大了体积从而提高了上浮速度，实现了油水分离，提高了沉降效果，回流比和溶气压力可以实时调整以适应不同的水质变化。

2014年，为验证气浮沉降工艺运行效果，开展了气浮沉降工艺运行参数优化试验，对比优化了气浮泵的溶气压力，确定溶气压力0.4MPa为最佳值，除油率可以达到87%以上，并以此为基础优化了气浮回流比，确定回流比30%为最佳值，除油率为90%。优化后，气浮沉降工艺对含聚浓度超过500mg/L的污水含油去除率达到90%，相比于未投运气浮沉降工艺时的含油去除率提高11%。

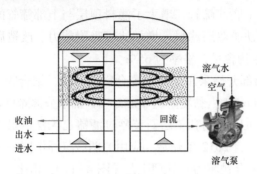

图4-12 气浮沉降工艺原理示意图

2）提温反冲洗工艺

随着聚合物开发区块不断增加，油田采出液成分日趋复杂，化学剂含量上升，常温反冲洗工艺难以保证滤料再生效果。杏北开发区先后为3座高浓度聚合物驱污水处理站增设了提温反冲洗工艺（图4-13），提高滤料再生效果。

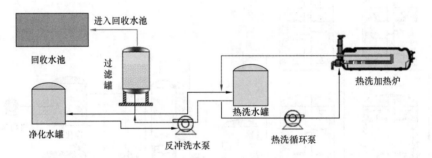

图4-13 提温反冲洗工艺原理示意图

2018年，开展了闷罐提温反冲洗试验，优化运行参数。闷罐是指将热水注入过滤罐对滤料进行浸泡，一定时间后水温降低至常温，热能充分对滤料中的油污等杂质进行作用，提高滤料再生效果。根据站库现场条件及水质情况，以滤料再生效果为评价标准，确定了最佳的闷罐温度为60℃。根据最佳的闷罐温度确定了闷罐时间，确定了冬季闷罐时间不宜超过2h，秋季闷罐时间不宜超过2.5h，春夏季闷罐时间不宜超过3h；还确定了闷罐后采用常温水反冲洗、闷罐反冲洗周期，进一步降低了热水用量。技术及优化参数的推广，既保证了水质，又控制了能耗。

（四）水驱和聚合物驱优化调整技术

杏北开发区自2002年开始聚合物驱开发，2006年开始三元复合驱开发，形成了水驱、聚合物驱和三元复合驱并存的开发局面。三次采油区块产油量和产液量过程变化较大，随着区块开发受效，产油量和产液量达到一定峰值后，平稳下降，进入后续水驱阶段，产油量逐渐降低，整体呈现典型的周期性特点。同时受地层不吸水和高含水关井等因素影响，采出液大幅降低。水驱开发建设较早，随着开发层系调整和控水提效措施实施，建设较早的水驱转油站油气分离负荷呈下降趋势，保持在较低水平。

针对后续水驱区块三次采油采出液与水驱采出液性质趋于一致、整体负荷偏低、水驱转油站老化严重的问题，从含聚浓度界限、合并站库负荷率界限、低负荷站库优化调整方式三方面进行研究，地面系统开展水驱、聚合物驱优化调整技术研究，明确调整模式、调整界限、合并界限。

一是研究确定调整模式。水驱站库运行时间较长，腐蚀老化较为严重，而聚合物驱和三元复合驱转油站建设时间相对较短，设备设施运行状况相对良好。同步考虑聚合物驱采出液含剂逐渐降低，水驱、三次采油采出液性质接近的实际情况，为解决站库老化腐蚀问题，提高系统运行效率，实施了区域内的水驱、三次采油转油站优化调整，即将后续水驱区块内运行年限长、老化严重的水驱转油站负荷转到设施状况好、负荷低的三次采油转油站，核减老化水驱转油站；二是研究确定调整界限。转油站设备设施可根据实际采出液含聚情况核算能力，无限制性约束界限，因此，将下游的含聚约束界限作为上游转油站合并的含聚界限，根据《杏北油田含油污水平衡调配试验研究》结论，含聚界限确定为不超过150mg/L；三是研究确定合并站库负荷率界限。站库负荷率主要受站内处理容器设备和管道输送能力限制。转油站内主要容器设备为二合一设备、三合一设备、输油泵、掺水泵、热洗泵等，由于日常运行管理中，要求定期对容器进行清淤和维护，机泵进行定期保养，因此，处理能力可按照设计值核算。对于外输能力，主要考虑管道随着运行年限的延长，管道内壁发生沉积性缩径，影响输送能力。分别选取了运行年限为5～10年、10～15年和15年以上的转油站站间外输油管道作为含水油管道，测试管道起点和终点的温度与压力，反向推算得出外输管道缩径15%～20%。最终管道输送能力按照设计能力的80%核定，即转油站合并的负荷率界限为80%。

根据以上研究成果，2000年以来，先后在XSL区（面积）南部和北部，XSW区中部，XYE区东部（Ⅰ块、Ⅱ块），XS区西部以及XYS区西部等的7个区块实施优化调整，核减老化站库19座，区域站库平均负荷率提升32个百分点，减少用工171人，累计降低改造投资17444万元，年降低运行成本4635万元。

第二节　杏北开发区三元复合驱驱油技术

杏北开发区一类油层在聚合物驱发展的同时，围绕最大幅度提高采收率这一核心，不断拓展新思路，发展新技术，同步开展了一类油层三元复合驱技术探索实践。通过三元复合驱驱油机理研究、先导性矿场试验探索应用，逐步推广至工业化生产，取得了巨大成功，起到了示范引领作用。同时，探索了优势井型与优势驱油剂强强联合的开发模式，率先在大庆油田开展了水平井强碱三元复合驱技术攻关，取得了显著效果，并成功推广至现场开发生产。

一、一类油层强碱三元复合驱驱油技术

（一）杏北开发区强碱三元复合驱驱油技术的发展

三元复合驱驱油是通过在注入水中加入一定量的表面活性剂、碱和聚合物，大幅度降低油水界面张力，增加注入水的黏度，从而降低油水流度比，扩大油层宏观和微观波及体积，进一步驱替水驱残余油，大幅度降低剩余油饱和度，提高驱油效率和原油采收率。界面张力越低，降低剩余油饱和度的幅度越大，提高驱油效率和采收率的幅度就越大。杏北开发区 1994 年首次在 XW 区中块开展三元复合驱先导性矿场试验，该试验主要为了研究三元复合体系在大庆油田南部厚油层驱油的可行性，评价驱油效果，分析注采井动态变化特点，为推广三元复合驱驱油技术积累经验。试验区历时三年，综合含水由96.9% 下降到 80.7%，下降了 16.2 个百分点，提高采收率 25 个百分点。通过三元复合驱先导性矿场试验，取得两点认识：一是三元复合驱取得较好的增油降水效果，油层发育比较均匀是三元复合驱取得较好效果的基础；三元复合体系界面活性宽，稳定性好是取得较好效果的先决条件；三元复合体系降低残余油阻力系数和促进乳化作用可提高驱油效果。二是明确了采出液在不同开采阶段的乳化特征，可分为无乳化阶段、油包水阶段、复合型阶段和水包油阶段四个阶段。

按照油田公司三元复合驱"十一五"工业化推广的要求，杏北开发区于 2007 年在XYE 区东部Ⅱ块首次进行三元复合驱工业化推广。在借鉴已开展的三元复合驱试验所取得认识的基础上，部署了注采井距 150m 的五点法面积井网，注入了三元复合体系，在开发调整过程中总结了宝贵经验。"十二五"期间，按照油田整体规划部署，坚持"三元快发展"的原则，开辟了 XL 区东部一类油层强碱三元复合驱工业性示范区。

（二）XL 区东部Ⅱ块强碱三元复合驱工业性示范区技术成果

三元复合驱工业化推广过程中，面临合理注采井距和层系组合方式不明确、驱油体系配方和注入参数设计不清晰、动态规律认识和配套调整技术不成熟、地面配注工艺和污水处理技术不完善、三元结垢规律和配套处理技术不明确、现场生产管理和劳动组织模式不适应 6 方面问题。为此，选择 XL 区东部Ⅱ块作为一类油层强碱体系三元复合驱示范区，明确工业化三次采油目的层的三元体系配方和复合驱效果，总结不同阶段的动态开发规律，完善配套技术，建立相关制度，为油田持续稳产储备技术，对大庆油田的可持续发展、创建百年油田具有十分重要的意义。

示范区含油面积 4.77km²，孔隙体积 1328.9×10⁴m³，共有注入井 109 口、采出井 105口。经过四年强化配套技术系列攻关、规范主要技术管理标准、创新现场生产管理模式，实现了工业化推广，示范区提高采收率达 20 个百分点以上，探索形成了三元"五化"开发模式，即控制程度最佳化、体系配方最优化、调整技术配套化、技术标准规范化、现场管理精细化。示范区开发效果与全油田三元复合驱试验区对比，与第四采油厂聚合物驱、大庆油田一类和二类油层聚合物驱对比，取得 4 项技术成果。

1.布井方案优化设计技术

以往的实践经验表明，缩小井距有利于保证三元复合驱的注采能力，注采井距越小，注采能力下降幅度越小（表4-32）。

表4-32 不同注采井距条件下产液能力对比

区块	注采井距 m	平均单井产液量			产液指数		
		水驱 t/d	复合驱 t/d	下降幅度 %	水驱 t/(MPa·d·m)	复合驱 t/(MPa·d·m)	下降幅度 %
Z 区西部	106	35	30	14.2	0.9	0.4	58.8
XE 区中部	200	133	40	69.9	10.3	2.4	81.0
北一断西	250	199	79	60.0	10.2	1.5	85.3

XL 区东部葡 I 1—葡 I 3 油层的平均破裂压力为 13.1MPa，为确保区块的注入速度在 0.12～0.18PV/a 之间，合理的注采井距应选择不大于 150m。考虑井网部署与老井的结合、层系上返以及开发后期井网的综合利用，在对区块综合分析的基础上，对三元复合驱井网部署进行了优选，确定在原一次加密调整井排和二次加密调整井排间布一排三元复合驱井，并与三次加密油水井互相协调，形成注采井距 141m 的五点法面积井网，一类连通比例达到 89.8%，控制程度达到 85% 以上（表4-33）。

表4-33 不同布井方案对比表

方案	井距 m	设计三元复合驱井数 口	总井网密度 口/km²	控制程度 %	内部收益率 %	利润总额 万元
方案一	150	398	80.8	75.3	12.51	117200.5
方案二	141	423	84.6	78.2	12.63	127826.8
方案三	125	544	97.3	—	7.58	99537.0

2.开发层系优化设计技术

在杏北开发区工业化聚合物驱生产过程中，葡 I 1—葡 I 3 油层一套层系开采层间矛盾比较突出，有必要对层系组合进行优化。根据葡 I 1—葡 I 3 油层实际发育情况，考虑产量规模、产量接替及实际注入能力等因素，确定了葡 I 1—葡 I 3 油层分两套层系开采的基本原则：层系间隔层厚度 1.0m 以上的比例达到 70% 以上，每套层系基本上能够形成独立的油水运动系统；一套聚合物驱层系内的油层地质条件相近，层间差异较小，利于聚合物体系的优选；考虑到产量接替及油层发育情况，层系间厚度应尽量均匀，单套层系有效厚度应在 5m 以上；考虑到地面注入系统规模及实际注入需要，注聚合物初期平均单井日注入量在 50m³ 以上，注聚合物后期平均单井日注入量也应在 30m³ 以上。

XL 区东部将葡 I 1—葡 I 2 油层和葡 I 3 油层分两套层系开采具备以上要素，具体表现在：一是葡Ⅰ1—葡Ⅰ2油层和葡Ⅰ3油层性质差异较大。葡Ⅰ3油层各沉积单元以高弯曲分流河道沉积为主，河道砂钻遇率高，大于65%，葡Ⅰ1—葡Ⅰ2油层各沉积单元由下至上为三角洲水下分流平原沉积渐变为内前缘相水下分流河道沉积，河道规模小，平均河道砂的钻遇率仅为36.6%，与葡Ⅰ3油层性质存在较大差异，两类油层组合为一套层系开发层间干扰严重。将其分别开采可以减少葡Ⅰ3油层和葡Ⅰ1—葡Ⅰ2油层之间的干扰，有利于提高葡Ⅰ1—葡Ⅰ2油层的动用程度，提高采收率。二是厚度和储量条件满足。葡Ⅰ1—葡Ⅰ2油层和葡Ⅰ3油层平均发育有效厚度均大于5.0m，分别为5.46m和6.66m；表内储层具有一定地质储量，能够达到一定的产能规模。三是葡Ⅰ3_2与葡Ⅰ2_2之间隔层发育比较稳定。葡Ⅰ3_2与葡Ⅰ2_2之间大于1m的隔层钻遇率为70.1%。二类砂岩连通比例为15.8%，有效厚度连通比例则只有1.3%，因此，将葡Ⅰ1—葡Ⅰ2油层和葡Ⅰ3油层分别作为一套层系开采，损失的有效厚度较小。

综合以上分析，确定了区块目的层分葡Ⅰ1—葡Ⅰ2和葡Ⅰ3两套层系开采，避免了葡Ⅰ3油层对葡Ⅰ1—葡Ⅰ2油层的干扰，渗透率级差由3.0下降到1.2，为油层动用程度的提高奠定了基础。葡Ⅰ3油层单独开采，在141m注采井距条件下控制程度达到85.1%，三元复合驱过程中动用程度高达80%以上。

3. 动态跟踪调整配套技术

以往的室内研究和现场实践均表明，三元复合驱的开发效果主要受油层控制程度、三元体系配方、注入体系质量、注采参数合理性等因素影响。为保证三元复合驱开发效果，在开发全过程需要对主要控制指标建立技术界限，指导开发调整。

一是明确三元复合驱动态变化规律（表4-34）。从注入端来看，三元复合驱注入能力下降规律与聚合物驱相似，注入前置聚合物初期，注入能力大幅度下降，注入压力由4.3MPa上升到7.5MPa，上升了3.2MPa，视吸水指数由1.53m³/（MPa·d·m）下降到0.89m³/（MPa·d·m），降幅达到41.8%；三元主段塞初期注入压力上升幅度和视吸水指数降幅减缓；三元副段塞注入能力降幅进一步减缓，至后续聚合物阶段基本保持稳定，注入压力低于破裂压力0.5MPa左右、视吸水指数基本稳定在0.5m³/（MPa·d·m）左右。从采出端来看，产液量稳定，产液指数逐步下降。开采目的层发育连通好，产液能力较强，产液强度相当于200m注采井距的聚合物驱水平，达到10t/（d·m）。三元复合驱注入过程中做好清防垢工作和检泵维护工作，能够实现较长时间的产液量不降，示范区全过程产液速度保持在0.2PV/a以上。井组的注采能力变化规律与全区一致，但受储层发育、连通关系、注采参数的匹配程度等因素影响，个性差异较大，物性好、连通性好、注采参数匹配好的井组注采能力强。三元复合驱示范区含水最大降幅15.88个百分点，与清配清稀的XSL区（面积）北部相当；注入孔隙体积为0.13PV时含水开始下降，相比其他聚合物驱和三元复合驱区块较晚，下降速度较慢，但含水低值稳定期长，达到注入孔隙体积0.453PV时，此特点与以往聚合物驱区块不同，但与萨北开发区北一区断东弱碱三元复合驱区块特点相似。采出井先见效、注入孔隙体积0.18PV时采出液见聚合物，之后平稳上升，含水低值期时聚合物浓度达到429mg/L，之后上升速度减缓，三元复合驱后期基本保持在 500mg/L 左右；注入孔隙体积 0.468PV 时见碱，之后逐步上升，三元复合驱后期碱浓度最高值达到 500mg/L 左右；注入孔隙体积 0.555PV 时见表面活性剂，表面活性剂浓度始终较低，在 7mg/L 左右。见碱同时采出井开始结垢，采出液 pH 值升高、总矿化度升高、碳酸氢根离子消失、碳酸根离子增加。

表 4-34 单井组注采能力分级

视吸水指数分级 m³/（MPa·d·m）	井数比例 %	三元复合驱初期视吸水指数 m³/（MPa·d·m）	一类连通厚度比例 %	一类连通方向 个	平均渗透率 D	配注浓度 mg/L	周围采出井产液强度 t/（d·m）	三元复合驱末视吸水指数 m³/（MPa·d·m）
<0.6	14.7	0.50	100.0	2.5	0.450	1797	8.81	0.30
0.6~0.8	29.4	0.71	93.4	2.9	0.488	1786	8.05	0.56
0.8~1.0	21.1	0.90	97.8	2.9	0.437	1845	6.60	0.64
1.0~1.2	20.2	1.06	98.9	3.1	0.516	1921	9.43	0.65
≥1.2	14.7	1.46	97.7	3.4	0.540	1830	9.71	0.74
合计/平均	100.0	0.90	97.0	3.0	0.485	1835	8.38	0.59

二是确定开发要素的全程控制界限。应用多因素综合决策分析法，确定了各影响因素的权重系数、关联度及密切等级，更加全面、科学地评价三元复合驱开发效果影响因素及影响程度。

$$f(y) = k_1 f(x_1) + k_2 f(x_2) + \cdots + k_n f(x_n) \tag{4-2}$$

式中 $f(y)$——多因素综合决策因子；

$f(x_n)$——单因素决策因子，$n=1, 2, \cdots$；

k——权重系数，$n=1, 2, \cdots$。

权重系数 k 表示各因素对开发效果的影响程度，影响越大，权重系数 k 值越大。利用灰色关联分析的方法，可考察各个因素对开发效果的影响程度。灰色关联分析方法是基于灰色系统的一种不确定的态势分析方法，其实质就是考察曲线间几何形状的差别，依其差值确定其密切程度，各因素与开发效果之间的密切关联度越高，则对开发效果的影响越大。选取三元复合驱开发过程较完整的 5 个区块的数据，将提高采收率值、含水最大降幅和含水低值期持续时间分别作为灰色关联分析的参考数列，5 个区块的注采速度、油层动用程度等 8 个因素作为比较数列，考察各个因素与提高采收率值、含水最大降幅、含水低值期持续时间之间的关联程度。

通过计算，求得各个因素与提高采收率值、含水最大降幅、含水低值期持续时间之间的关联系数和关联度。影响三元复合驱开发效果的主要因素是油藏地质因素中的注采速度、油层动用程度，其次为全区注采比、界面张力及总压差，渗透率和有效厚度的密切程度和权重系数 k 最低（表 4-35）。

表4-35 三元复合驱开发效果影响因素灰色关联计算结果分析表

因素	采液速度	注入速度	油层动用	注采比	界面张力合格率	总压差	渗透率	有效厚度
关联度	0.836	0.835	0.845	0.832	0.831	0.830	0.828	0.829
密切关联度	0.989	0.988	1.000	0.984	0.982	0.981	0.979	0.980
密切等级	十分密切	十分密切	十分密切	密切	密切	密切	较密切	较密切
密切度 A 值	3	3	3	2	2	2	1	1
权重系数	0.18	0.18	0.18	0.12	0.12	0.12	0.06	0.06

综合以上分析,确定了三元复合驱开发过程中需要重点把控的五大开发要素:保持注采平衡、控制体系质量、调整压力系统、提高动用程度、改善注采能力,并对各要素制订了相应的技术界限,为开发调整指明了方向。

三是形成三元复合驱动态跟踪调整技术。根据三元复合驱动态特点,开发过程可以划分为未见效期、含水下降期、含水稳定期和含水回升期4个阶段,结合各阶段开发特点和矛盾,形成了以"时"定调、以"静"定调、以"动"定调的三元复合驱动态跟踪调整技术体系。把握阶段规律,以"时"定调。区块注入化学体系以后,依据含水变化特点可分为未见效期、逐步见效期、低含水稳定期、含水回升期4个阶段,在深入总结以往试验区块各开发阶段开发规律及存在问题的基础上,宏观把握各阶段主要调整对策和手段。精细储层刻画,以"静"定调。三元复合驱新井完钻后区块井网密度由50口/km^2增加到137口/km^2,应用精细地质识别技术、井间连续追踪方法进行沉积微相重新识别、重新组合或修正废弃河道,使储层描述更加清楚。示范区开采目的层葡 $I3_2$ 和葡 $I3_3$ 油层,属于高弯曲分流河道沉积,开采层系相对单一,具有废弃河道、点坝砂体较为发育、层内夹层发育程度较高等特点。为此,开展了砂体内部建筑结构的深入剖析,明确油层非均质性对开发效果的影响,为方案调整提供指导。跟踪单井潜力变化,以"动"定调。区块采出井进入受效期以后,依据采出井不同的含水级别和单位厚度累计产油量绘制了全区采出井的分类图板,将区块分为治理区、挖潜区、稳定区和控制区4个区,对采出井进行分类管理。分析结果表明,受层内夹层干扰、突弃型废弃河道遮挡、剩余油潜力、油层均质性等因素影响,各分区的开发效果不同。

4. 精细生产管理模式

XL区东部 II 块验证了新技术的实施需要在管理制度、管理方法、管理模式等方面不断革旧鼎新、创新驱动,方能取得较好的开发效果。"最佳的注入体系、最高的采出时率、最稳的集输系统"是保障三元复合驱开发效果的基础,通过探索实践,使之从无到有、从摸索前行迈向成熟发展,为三元复合驱工业化推广提供现场经验和借鉴意义。

一是实施协作化管理。建立组织机构,构建了"三元"小队管理格局,明确了各部门职责、分工,实现了三元复合驱高效率、高标准的管理体系。

二是实施标准化管理。沿用、完善、新建了管理制度,借鉴水驱、聚合物驱经验,按照共同点优化沿用、差异处补充完善和空白项科学建立的原则，系统梳理优化沿用86项标准，试行完善补充健全34项标准。

三是实施专业化管理。劳动组合专业化，化验室集中管理，优化配置，通过化验人员由后线调至前线，便捷了信息的采集录入。同时，整合资源，化验室由4个合并为2个，精简了人员和设备。注采分开管理，调整注采分工，将注入站只负责站内管理转变为注入系统全过程管理，实现站内外、注采井分类管理。采出井分区管理，按照井站位置，将三元复合驱区块划分为6个管理单元，推行大班组承包管理制度，配备车辆、专职管理人员，提高了工作效率及质量。现场管理专业化，注入站机泵维修和保养上，针对母液泵泵效低、理论排量低、故障率高的"两低一高现象"，对机泵实施差异管理、自主维修，保证运行时率96%以上。在加药管理上，通过几年的优选，确定了以地面液体点滴加药为主的防垢方式，确定了药剂配方，明确了加药参数，改进了加药车辆，并完善了配套管理制度，形成了"超前监测、提前诊断、适时加药、清防结合"的结垢预警与治理体系。作业管理上，组建了专业作业施工队伍，开辟了厂、矿作业绿色通道，简化工作流程，快速协调施工队伍，有效缩短了泵况恢复时间，针对解卡采取"提、洗、泡、活"解卡方法，作业解卡成功率保持在50%以上。管道清垢专业化，在管线清垢上，总结出"三个优化"的管理方法，即优化管线清垢方式，采用空穴射流的方法进行管线除垢；优化管线清垢周期，由一年一次改为一年两次；优化管线清垢时机，在春、秋两季实施。

（三）强碱三元复合驱驱油技术工业化推广

XL区东部Ⅱ块强碱三元复合驱工业性示范区取得的开发效果，坚定了对三元复合驱推广的信心，示范区取得的技术成果、建立的规章制度、技术标准，可广泛应用于强碱三元复合驱开发调整中，对强碱三元复合驱工业化推广起到至关重要的作用。借鉴XL区东部强碱三元复合驱工业化示范区成功经验，强碱三元复合驱工业化应用规模不断扩大，"十二五"以来陆续推广至XSS区东部Ⅰ块和Ⅱ块，"十三五"期间推广至XQ区东部4个区块。推广过程中，驱油体系不断优化，聚合物分子质量方面，根据油层发育情况选择2500万相对分子质量和1900万相对分子质量聚合物；段塞设计方面，坚持前置聚合物段塞、三元主段塞、三元副段塞、后续聚合物保护段塞；药剂浓度方面，初期以调堵高渗透层为主要目的采取高浓高黏注入，待薄差层压力启动后以降低油水界面张力、扩大波及体积、驱替中低渗透层为主要目的，采取高速低浓度注入。前置聚合物段塞采用0.06PV×[1300mg/L（P）]，主段塞采用0.35PV×[1.2%（NaOH）+0.3%（S）+1900mg/L（P）]，副段塞采用0.15PV×[1.0%（NaOH）+0.15%~0.2%（S）+1900mg/L（P）]，后续保护段塞采用0.20PV×[1700mg/L（P）]；注入速度设计方面，综合分析三元体系结垢、乳化、注采能力、允许注入压力上限以及注采井距等因素，确定注入速度为0.18~0.20PV/a。

二、一类油层平直联合强碱三元复合驱技术

2006年，杏北开发区针对自身实际，通过精细建立三维可视化地质模型、优化水平

井钻井轨迹设计、水平井钻井过程中三维地质模型实时跟踪模拟和钻井方案实时调整等工作，在 XL 区东部点坝砂体顶部完钻了 2 口水平井。通过优化射孔方案，挖潜厚油层顶部剩余油，2 口井投产后取得了较好效果，初期产能达到普通直井的 5 倍以上。同时，水平井取心资料表明，点坝砂体顶部含油饱和度为 44.6%，高于底部 21.4 个百分点，厚油层顶部剩余油相对富集，直井三次采油后资料显示，厚油层顶部仍有一定的剩余油潜力。因此，为了进一步挖潜厚油层顶部剩余油，较大幅度提高采收率，在 XL 区东部开展了水平井三次采油现场试验，研究水平井三次采油的可行性以及跟踪调整技术，为厚油层剩余油挖潜提供技术依据。同时，考虑到 XL 区东部水平井现场试验规模较小、代表性相对较低，为了进一步确定三元复合驱水平井开发挖潜厚油层的可行性及效果，2017 年在 XQ 区东部开展了扩大性现场试验。

通过开展两个平直联合现场试验，取得了突出的开发效果。一方面，通过"穿点坝、垂夹层"的思路构建水平井组，有效破解了点坝砂体内部侧积夹层遮挡注采的开发矛盾，支撑试验区取得最终提高采收率 30 个百分点的好效果；另一方面，通过砂体内部结构解剖，实现了叠置型砂体界面及局部剩余油的精准描述，有效指导了水平井的部署，其中一口水平井部署于点坝砂体叠置部位，在三元主段塞阶段日产油超 40t，含水降幅超过 45 个百分点。

（一）XL 区东部水平井三元复合驱现场试验

试验区含油面积 0.6km^2，孔隙体积 448.18×10^{4}m^3。葡 I 1—葡 I 3 油层孔隙体积 205.67×10^{4}m^3，葡 I 3$_3$ 油层孔隙体积 99.37×10^{4}m^3，其中葡 I 3$_3$ 油层地质储量占葡 I 1—葡 I 3 油层地质储量的 48.30%。共有水平井 5 口，方案设计为 2 口采出井、3 口注入井，周围单采葡 I 3 油层的相关注入直井 8 口、采出直井 10 口。2007 年 3 月至 2015 年 9 月，试验历时 8 年时间，取得了阶段提高采收率 29.66 个百分点的开发效果（图 4-14），高于直井 9.15 个百分点，为水平井三元复合驱开发技术的进一步试验及工业化推广应用积累了宝贵经验。

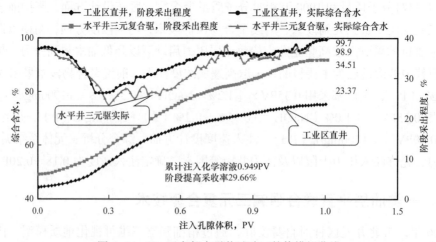

图 4-14　XL 区东部水平井试验区数值模拟曲线

1. 形成了不同注采关系组合方式开发效果评价技术

分别利用理想模型和 XL 区东部 I 块实际模型对水平井与直井不同组合方式下的注采关系进行了研究。

1）理想模型水平井直井组合方式注采关系研究

应用 CMG 软件的 STARS 的模块建立了理想模型。地质模型采用笛卡尔直角坐标网格，平面上 X 和 Y 方向都划为 41 个网格，网格步长均为 9.97m，纵向上分为三层，三层的地质模型参数分别参考 XL 区东部 I 块水平井试验区葡 I 3_3^2 层的上部、中部和下部实际情况，取葡 I 3_3^2 层的上部、中部和下部油层的平均值，三层渗透率分别是 522mD、576mD 和 768mD，孔隙度分别为 0.265、0.270 和 0.275，有效厚度分别为 1.92m、2.14m 和 1.98m。

为了研究不同井网组合方式的开发效果，设计了直井注直井采（VIVP）、直井注水平井采（VIHP）、水平井注直井采（HIVP）和水平井注水平井采（HIHP）4 种井网组合（VP—直井生产井；VI—直井注水井；HP—水平生产井；HI—水平注水井），研究水平井注水开发特征（表 4-36）。模拟中，VIVP 为五点法井网，总井数 4 口注入井、9 口生产井；VIHP 以 6 口直井作为注水井，1 口水平井作为生产井；HIVP 以 3 口直井作为生产井，2 口水平井作为注水井；HIHP 以 2 口水平井作为注水井，1 口水平井作为生产井，三元液注入速度为 0.18PV/a，注采比为 1：1。

表 4-36 四种井网直井和水平井井数 单位：口

井网组合		注入井	生产井	总井数
直井注直井采（VIVP）	直井	4	9	13
	水平井	0	0	
	合计	4	9	
直井注水平井采（VIHP）	直井	6	1	7
	水平井	0	0	
	合计	6	1	
水平井注直井采（HIVP）	直井	0	3	5
	水平井	2	0	
	合计	2	3	
水平井注水平井采（HIHP）	直井	0	0	3
	水平井	2	1	
	合计	2	1	

从以上计算结果可以看出，4 种井网组合中，直井注直井采（VIVP）开发效果最差，含水率最低值为 66.70%，含水率仅下降 29.39 个百分点，最终采收率为 68.28%。直井注水平井采（VIHP）和水平井注直井采（HIVP）开发效果相差不大，直井注水平井采（VIHP）含水率最低值为 57.57%，含水率下降了 37.47 个百分点，最终采收率为

71.74%；水平井注直井采（HIVP）含水率最低值为59.90%，含水率下降了35.53个百分点，最终采收率为71.09%。水平井注水平井采（HIHP）开发效果最好，含水率最低值为55.92%，含水率下降了38.80个百分点，最终采收率为72.18%。水平井注水平井采（HIHP）比直井注直井采（VIVP）、直井注水平井采（VIHP）和水平井注直井采（HIVP）含水率最低值分别低10.78个百分点、1.65个百分点和3.98个百分点，且在三元复合驱含水上升阶段，含水率上升缓慢，水平井注水平井采（HIHP）比直井注直井采（VIVP）、直井注水平井采（VIHP）和水平井注直井采（HIVP）分别提高采收率3.90个百分点、0.44个百分点和1.09个百分点。

2）实际模型水平井直井组合方式注采关系研究

应用XL区东部 I 块水平井试验区葡 I 3_3^2 层实际地质模型，对水平井直井组合方式注采关系进行研究。分别在葡 I 3_3^2 层实际地质模型上设计了直井注直井采（VIVP）、直井注水平井采（VIHP）、水平井注直井采（HIVP）、水平井注水平井采（HIHP）和5口水平井5种井网组合（表4-37）。VIVP采用五点法面积井网，共有45口井，其中24口生产井、21口注入井；VIHP井网共有26口井，其中12口生产直井、12口注水直井和2口生产水平井；HIVP井网共有25口井，其中22口生产直井和3口注入水平井；HIHP采用XL区东部 I 块水平井试验区葡 I 3_3^2 油层实际的井网，共有23口井，其中10口生产直井、2口生产水平井、8口注入直井、3口注入水平井；5口水平井井网为试验区3注2采水平井。

表4-37　5种井网直井和水平井井数　　　　　　　　　　　　单位：口

井网组合		注入井	生产井	总井数
直井注直井采 （VIVP）	直井	21	24	
	水平井	0	0	45
	合计	21	24	
直井注水平井采 （VIHP）	直井	12	12	
	水平井	0	2	26
	合计	12	14	
水平井注直井采 （HIVP）	直井	0	22	
	水平井	3	0	25
	合计	3	22	
水平井注水平井采 （HIHP）	直井	8	10	
	水平井	3	2	23
	合计	11	12	
5口水平井	直井	0	0	
	水平井	3	2	5
	合计	3	2	

从以上计算结果可以看出，实际地质模型中，由于油层上部 2/3 处存在夹层，且油层存在平面非均质性，各井网开发效果明显低于理想模型。5 种井网组合中，直井注直井采（VIVP）和 5 口水平井开发效果最差，含水率最低值分别为 81.00% 和 79.42%，含水率仅下降 15.83 和 16.52 个百分点，最终采收率分别为 65.97% 和 65.54%。直井注水平井采（VIHP）和水平井注直井采（HIVP）开发效果中等，直井注水平井采（VIHP）含水率最低值为 79.19%，含水率下降了 17.00 个百分点，最终采收率为 68.72%；水平井注直井采（HIVP）含水率最低值为 79.96%，含水率下降了 15.64 个百分点，最终采收率为 68.05%。水平井注水平井采（HIHP）开发效果最好，含水率最低值为 76.93%，含水率下降了 18.09 个百分点，最终采收率为 73.05%。水平井注水平井采（HIHP）比直井注直井采（VIVP）、直井注水平井采（VIHP）、水平井注直井采（HIVP）和 5 口水平井含水率最低值分别低 4.07 个百分点、2.26 个百分点、3.03 个百分点和 2.49 个百分点，且在三元复合驱含水上升阶段，含水率上升缓慢，比直井注直井采（VIVP）、直井注水平井采（VIHP）、水平井注直井采（HIVP）和 5 口水平井分别提高采收率 7.08 个百分点、4.33 个百分点、5.00 个百分点和 7.51 个百分点。

2. 明确水平井三元复合驱动态特征

水平井试验区三元复合驱注采能力下降规律与工业区相似。从注入端来看，注入前置聚合物段塞初期，注入能力大幅度下降，注入压力由 5.5MPa 上升到 8.6MPa，上升了 3.1MPa，视吸水指数由 1.48m³/（MPa·d·m）下降到 1.13m³/（MPa·d·m），降幅达到 23.6%；三元主段塞初期注入压力上升幅度和视吸水指数降幅减缓；三元副段塞注入能力降幅进一步减缓，至后续聚合物阶段基本稳定，注入压力低于破裂压力 1MPa 左右、视吸水指数基本稳定在 0.5m³/（MPa·d·m）左右。

从采出端来看，产液量稳定，产液指数逐步下降。开采目的层发育连通好，水平井射开井段长、泄油面积大，产液能力较强，三元复合驱注入过程中做好清防垢工作和检泵维护工作能够实现较长时间的产液量不降，水平井试验区全过程产液速度保持在 0.2PV/a 以上；随着地层压力的逐步上升，产液指数逐步下降，产液指数由空白水驱末的 5.1t/（MPa·d·m）逐步下降到三元后期的 1.2t/（MPa·d·m），注入孔隙体积 0.6PV 以后基本保持稳定。水平井试验区含水最大降幅 20.6 个百分点，高于工业区直井 3 个百分点以上；注入孔隙体积 0.031PV 时含水开始下降，早于其他三元复合驱试验区及工业区；下降速度与 XL 区东部Ⅰ块工业区接近，含水低值稳定期长达到 0.433PV 时，在注入孔隙体积 0.8PV 时通过水平采出井堵水等措施方案调整后，含水二次下降，降幅达到 7 个百分点。采出液离子和化学剂浓度变化规律研究方面，采出井先见效，注入孔隙体积 0.13PV 时采出液见聚合物，之后平稳上升，低值期平均采聚浓度为 401mg/L，进入回升期后采聚浓度上升速度有所加快，注入孔隙体积 0.71PV 时达到见聚峰值 785mg/L，之后见聚浓度开始下降，三元复合驱后期基本保持在 500mg/L 左右；注入孔隙体积 0.281PV 时见表面活性剂，注入初期表面活性剂浓度始终较低，在 10mg/L 左右，注入孔隙体积 0.63～0.73PV 时达到见表高峰，平均达到 46mg/L，之后见表面活性剂浓度逐渐下降；注入孔隙体积 0.35PV 时见碱，之后逐步上升，三元复合驱后期最高值达到 650mg/L 左右。见碱同时采出井开始结垢，采出液 pH 值升高、总矿化度升高、碳酸氢根离子消失、碳酸根离子增加。

水平井试验区与工业区三元复合驱动态特征存在差异。由于水平井在井型、井轨迹长度、井轨迹位置、泄油面积和注采井距等方面与开采相同层位的三元复合驱直井存在一定差异，开发过程中的动态变化特点与直井也不同，总体表现为"六高、一晚"的动态特点（表 4-38 至表 4-40）。

表 4-38　试验区与工业区开发效果对比

区块		水驱空白末期		前置聚合物阶段		三元主段塞阶段		三元副段塞阶段		目前		
		含水 %	阶段采出程度 %	含水 %	阶段采出程度 %	含水 %	阶段采出程度 %	含水 %	阶段采出程度 %	含水 %	平均单井累计产油量 %	阶段采出程度 %
试验区	采出直井	95.7	—	92.2	—	78.6	—	91.6	—	96.4	13948	—
	水平井	95.2	—	84.9	—	83.9	—	85.7	—	94.8	45158	—
	全区	95.7	6.0	91.8	7.7	79.6	15.1	89.3	25.7	95.3	19149	33.1
工业区（单采葡Ⅰ3）		95.6	2.3	94.3	3.2	80.0	10.0	93.1	16.4	94.9	8668	21.1

表 4-39　化学驱阶段含水变化情况

分类	受效时间（注入孔隙体积倍数）PV	含水，%			最大含水降幅 %	低值期时间 月
		水驱空白末期	最低值	2015 年 9 月		
试验区	0.075	95.7	74.7	95.3	21.0	24
工业区	0.081	95.6	78.3	94.9	17.3	14

表 4-40　化学驱阶段增油倍数情况统计表

分类	日产油量最低			最大增油倍数				目前		
	日产液量 t	日产油量 t	含水 %	日产液量 t	日产油量 t	含水 %	增油倍数	日产液量 t	日产油量 t	含水 %
试验区	66.0	2.9	95.7	72.0	18.2	74.7	5.3	62.0	2.9	95.3
工业区	42.5	1.5	96.4	41.9	8.9	78.8	4.8	25.1	1.3	94.9

"六高"指的是：一是试验区阶段采出程度高于工业区。从整体上看，试验区阶段采出程度高于工业区 12 个百分点，平均单井累计产油量是工业区的 2.2 倍，开发效果好于工业区；二是试验区最大含水降幅高于工业区。试验区在注入孔隙体积 0.075PV 时开始受效，含水最大降幅达到了 20.9 个百分点，高于工业区 3.7 个百分点，低值期达到 24 个

月；三是试验区受效井比例高于工业区。试验区在注聚合物 2 个月后采出井开始受效，之后受效井数快速增加，在聚合物用量 644.84mg/L 时采出井全部见效，受效井比例高于相同聚合物用量下的工业区 25.7 个百分点；四是试验区单井增油效果高于工业区。由于水平井开采目的层为葡 I 3₃ 顶部，化学驱阶段最高平均单井日产油量达到了 18.2t，高于工业区 9.3t，最大增油倍数达到了 5.3 倍，高于工业区 0.5 倍；五是试验区注采能力高于工业区。受试验区井型、发育连通状况等因素影响，试验区水驱空白末视平均单井日注入量达到了 60.9m³，高于工业区 1.42 倍，注入能力较强；平均单井最高日产液量达到了 87.8t，高于工业区 38.1t；六是试验区油层动用程度高于工业区。从区块开发过程中的油层动用状况来看，试验区化学驱阶段有效厚度动用比例在 70% 以上，三元主段塞阶段动用程度最高，有效厚度动用比例达到了 84.55%，与水驱空白末对比上升了 21.59 个百分点，葡 I 3 油层中上部有效厚度动用比例始终高于开采相同层位的三元复合驱直井 8 个百分点以上。

"一晚"则是见剂时间、发生垢卡时间晚。试验区采出液中见碱和表面活性剂数据显示，见剂时间、发生垢卡时间晚于工业化三元复合驱区块。

3. 形成了水平井三元复合驱的配套调整技术

一是建立了个性化的配注配产技术。以井组碾平厚度方法为基础，考虑注入井的注入能力和与周围油井的连通关系，根据井组内含油饱和度和周围油井的含水情况，对单井配注量进行调整。这样既满足了方案要求的注入速度，又充分考虑了注入井的注入能力及剩余油分布。井组碾平厚度方法是在统计以注入井为中心的井组碾平厚度的基础上，根据方案注入速度，反求其注入强度，然后乘以井组的碾平厚度，计算出单井的日配注量。

二是建立了水平井三元复合驱配套调整技术。开发过程中，通过精细地质认识，密切跟踪动态变化情况，分析调整措施的实施效果，形成了水平井三元复合驱配套调整技术。与水驱相比，三元复合驱具有历时短、阶段性强、注采井动态变化快、影响因素多的特点，因此，为增强技术人员的动态敏感性，坚持"日跟踪、旬分析、月总结"的管理制度，每天通过生产日报跟踪区块整体情况，每旬对比分析单井的动态变化情况并及时实施针对性调整措施，每月总结评价调整措施的实施效果，努力做到问题井能够及时发现、及时分析、及时治理。通过总结分析试验区开发过程中的动态变化规律，明确了水平井三元复合驱不同开发阶段的调整目的和措施（表 4-41）。

表 4-41 水平井三元复合驱开发过程中的调整措施统计

项目	不同开发阶段对应统计				
	逐步见效期	低含水稳定期	含水回升前期	含水回升后期	后续水驱
调整目的	扩大波及体积促见效	提高驱油效率延长低值期	控制含水回升速度	控制单层突进挖掘低渗透层剩余油	控制低效无效循环个性挖潜
调整措施	高浓度段塞	措施提效层间调整	交替注入参数调整	压堵结合	周期注水优化参数

三是建立了水平井与直井井间连通关系确定方法：利用示踪剂技术确定井间连通关系；利用储层地质再认识研究成果确定井间连通关系；应用脉冲试井技术进一步确定井间连通关系。

（二）XQ 区东部平直联合三元复合驱开发扩大性现场试验

XL 区东部开辟了国内首个水平井三元复合驱现场试验，通过 10 年开发实践，试验区取得较好效果，最终提高采收率 29.66 个百分点，高于直井 9.15 个百分点。但从推广角度看，仍存在较多问题制约其推广应用。一是 XL 区东部试验区规模较小，仅为 3 注 2 采，且井网设计不规则，代表性相对较低；二是水平井开发驱油机理认识不清，室内渗流机理物理模型、精细建模数值模拟技术尚需攻关，室内研究不够深入；三是水平井开发调整技术有待进一步完善，目前整体上仍沿用工业化直井开发技术，尚未实现调整方法的重大突破；四是水平井开发配套工艺技术需深入攻关，水平井压裂、注采剖面测试、注采压力测试等工艺技术尚不成熟，需要深入攻关。为进一步确定三元复合驱水平井开发挖潜厚油层的可行性及效果，迫切需要进一步开展扩大性现场试验。

XQ 区东部平直联合三元复合驱开发扩大性现场试验试验区含油面积 2.44km²，孔隙体积 $452.2 \times 10^4 m^3$。试验区位于 XQ 区东部 Ⅱ 块和 Ⅳ 块内，共有水平井 16 口，与周围直井形成了 28 注 43 采的平直联合开发试验区。试验区目前取得较好的阶段开发效果，同时取得了三项阶段技术成果。

1. 明确了水平井三元复合驱剩余油变化及渗流特征

开展不同开发方式数值模拟研究。选择水平井 A、水平井 B 和水平井 C 所围区域，在原水平井区域分控制注采剖面和不控制注采剖面两种情况开展三元复合驱水平井效果预测，数值模拟至区域含水 98% 时，明确水平井注—水平井采目的层剩余油变化及流场分布特征，在同一区域，应用目前的饱和度场，设计直井注—直井采 4 注 9 采的五点法面积井网（图 4-15），数值模拟至区域含水 98% 时，明确三元复合驱直井注—直井采目的层剩余油变化及流场分布特征，最终落实研究区水平井与三元复合驱相结合对开发效果的影响。

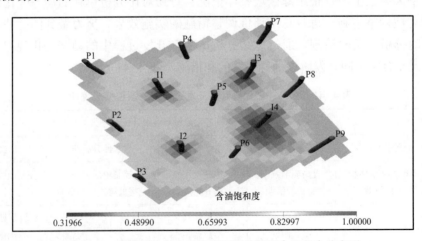

图 4-15　设计 4 注 9 采五点法面积井网剩余油叠合分布图

从4注9采的五点法面积井网流线分布图可以看出（图4-16），目的层直井流体以径向流形式流动，研究区以I4为中心的井组驱替过程中波及面积更大，驱油效率更高。结果表明上部剩余油饱和度高，中下部剩余油饱和度低。水平井流体流动特征为（图4-17）：水平井端点处流线形态为拟半环球流，具有相对较大的供液空间，因此射孔端点单位长度产量比例较大。因此将射孔的首、尾两段选择在油层物性好、水淹级别低、剩余油较为富集的油层，可改善水平井开发效果。

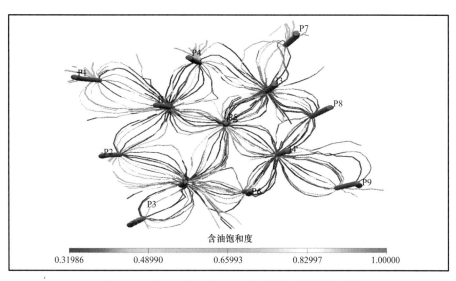

图4-16 设计4注9采五点法面积井网流线分布图

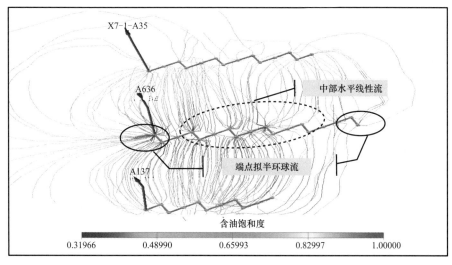

图4-17 水平井注—水平井采流线分布图

2. 完善了平直联合三元复合驱开发调整技术

油田开发调整过程中，静态认识和动态调整是相辅相成的，缺一不可。地质认识是基础，能够科学有效指导动态调整；而动态变化规律的再认识也可以促使地质研究围绕开发矛盾，进行更深入的探索。为此，只有动静态深度融合，相互推动不断前进，方能促使油田开发调整更加精准、高效。在平直联合试验区开发过程中，围绕解决平面、层内矛盾，总结出了一套有效的动静结合的调整方法，平直联合三元复合驱开发调整技术不断完善。

一是个性化设计了不同井型的注入参数。应用数值模拟技术评价不同分子质量、注入浓度、速度等因素与开发效果的关系，确定了不同注采关系的注入参数设计原则，水平井间采用低速高浓注入控制突破，平直井间采用高速中浓均匀推进，直井之间采用中速中浓有效驱替。同时，依据水平井跟趾端相对位置匹配注入量，根据储量丰度匹配注入强度，依据理论公式定量设计单井、小层配注量。

二是形成了平面分类地质条件调整方法。针对区块废弃河道、点坝砂体大面积发育实际，重点研究不同地质条件平面调整方法。废弃河道井区，应用示踪剂成果，结合剖面动用状况，明确了轻度废弃河道连通动用好，与河道砂体基本一致，可视为一类连通，按照需求优化注采参数；中度废弃河道连通动用中等，先高浓调堵高渗透层，暂弃潜力部位，后低浓限制高渗透层，适应潜力部位；高度废弃河道连通动用差，重点对剩余油富集部位实施压裂措施挖潜。点坝侧积体井区，垂夹层方向，以压裂为主，定向挖潜夹层遮挡型剩余油；顺夹层方向，以调整为主，先高浓调堵优势通道，后低浓动用顶部潜力部位，实现定位挖潜厚油层顶部剩余油的目的。

三是制订了垂向分单元剖面调整对策。区块主要开采葡 I 3$_2$ 和葡 I 3$_3$ 单元，两单元层间差异较大，葡 I 3$_2$ 单元发育厚度小，高水淹比例低，含油饱和度高，葡 I 3$_3$ 单元发育厚度大，高水淹比例高，剩余油少。根据葡 I 3$_2$ 和葡 I 3$_3$ 发育状况，结合测井曲线主要特征，识别了葡 I 3$_2$ 与葡 I 3$_3$ 单元之间独立型、叠加型和深切型三种砂体叠加模式，区块井组砂体叠加类型以独立型为主，占比 90%。对于独立型单元，明确剖面反转时机及受效特点，以时定调，具体做法：剖面显示，注剂后各单元阻力系数不断变化，反转差异性较大，主要分为剖面不反转、一次反转、交替动用三种类型。剖面反转一次井，平均反转时机为 0.30PV，剖面反转时，采出井含水、采聚浓度逐步升高；剖面交替动用井，平均反转时机有所延后，平均反转时机为 0.37PV，周围采出井受效较早，含水低值期长。为此，采用剖面反转前，实施压裂加降浓保持低渗透层动用，反转后，实施方案提浓调堵高渗透层的调整方法，通过调整，采出井含水保持低稳。叠加型、深切型单元明确剖面动用状况及压力特征，以压定调，具体做法：优选发育厚度大、压力上升速度慢的 12 口井进行深度调剖，调整后注入压力稳步上升，低含水层动用状况明显改善，采出端受效进一步加快。

3. 明确了水平井三元复合驱阶段动态变化规律

一是水平井注采能力更强。从平均单井日注入量和单井日产液量对比情况来看，水平井注采能力均能达到直井的 2 倍以上，具有较好的注采能力。同时，水平井平均单井日产油量达到直井的 3 倍左右，沉没度水平高于直井。二是水平井结垢程度更轻。统计全区结垢井数比例发现，水平井区结垢井比例仅为 30%，工业区直井结垢井比例达到

72.9%，结垢程度明显低于直井。三是水平井乳化程度更高。根据采出液化验结果来看，水平井乳化程度为 34.7%，高于直井 9.5 个百分点，乳化井比例保持在 70% 以上，乳化类型以水包油为主。从采出井化验界面张力数据来看，部分井具有超低界面张力，受效状况良好。

三、三元复合驱采出井清防垢技术

由于三元复合驱注入体系中碱的存在，随着开采时间延长，采出液流经的部位均存在一定程度的结垢现象，造成抽油机井卡泵、螺杆泵井断杆，检泵周期大幅度缩短，同时套管结垢造成产量下降，影响措施实施，成为制约三元复合驱工业化推广的难题。通过对三元结垢特征的不断认识和持续的技术攻关，形成了"防、耐、除"的清防垢配套技术，满足了三元复合驱的开发需求。

（一）三元复合驱采出井结垢特征

1. 垢样特征

1）外观特征

对现场采集的垢样观察发现（图 4-18）：垢样宏观特征为片状，有的表面沾有砂砾，颜色为灰白色、褐色等，疏松或致密，垢片在纵向上具有明显的层状结构特征。

图 4-18 三元复合驱采出井垢样

2）垢样成分

采出井生成的垢不是单一垢，而是硅酸盐垢、碳酸盐垢及有机质等的混合垢。垢的成分与采出井温度、pH 值、离子含量和结垢部位等有关（表 4-42），从射孔井段到井口结垢程度逐渐减轻，随着 pH 值的增大，垢样中碳酸盐含量呈现降低趋势，硅铝酸盐含量呈现上升趋势（表 4-43）。

表 4-42 采出井 1 垢质分析 单位：%

结垢部位	$BaCO_3$	Fe_2O_3	$MgCO_3$	$CaCO_3$	$SrSO_4$	SiO_2
柱塞	29.80	0.17	1.01	24.78	2.30	25.04
抽油杆	22.96	0.71	1.11	25.86	2.23	28.10
尾管	20.41	0.75	0.85	21.86	1.76	37.05

表 4-43　采出井垢样分析

井号	垢样日期	成分含量，%					
		$BaCO_3$	Fe_2O_3	$MgCO_3$	$CaCO_3$	SiO_2	pH 值
采出井 2	2006-2-15		0.1	0.54	64.97	3.24	9.67
	2007-3-21	3.02	0.1	0.38	24.74	40.42	10.72
采出井 3	2009-7-2	34.12	2.75	0.68	21.23	18.21	9.13
	2010-7-13	1.86	0.38	0.18	2.08	83.06	10.73

2. 结垢机理

当强碱三元复合驱注入液进入地层后，受地层温度、压力、离子成分和注入体系的pH 值等因素的影响，与地层岩石矿物、地层水发生包括溶解、混合和离子交换等在内的多种反应。这些反应如生成沉淀，可导致渗流能力下降，随着这种液体的不断采出以及所处环境条件的变化，在举升系统及设备上发生结垢现象。

1）碳酸盐垢结垢机理

碳酸盐垢的形成主要是难溶电解质离子浓度大于溶度积常数。溶度积的影响因素主要有温度、压力和流速，并随着三种参数的升高，溶度积均增大。CO_3^{2-} 浓度取决于溶液的 pH 值和 CO_2 含量。

2）硅酸盐垢结垢机理

注入体系中的碱与岩石表面接触并发生溶蚀反应，生成可溶性硅酸盐进入地层流体中，硅酸根离子水解成硅酸，硅酸很不稳定，分子内通过连续缩合形成多聚硅酸，多聚硅酸进一步缩合反应生成凝胶，由于温度和摩擦力等的作用，最终生成无定型二氧化硅，无定型二氧化硅及各种复杂溶液在流动过程中，由于温度、压力及动力学条件发生变化，生成硅酸盐垢。

3. 结垢阶段与采出液离子浓度变化的关系

通过对强碱三元复合驱采出井生产数据、采出液离子浓度变化及结垢情况进行分析可知，进入三元主段塞后采出井开始结垢，结垢阶段分为结垢初期、结垢中期、结垢后期。

结垢初期垢质成分以碳酸盐垢为主。采出液离子浓度变化：与水驱相比，pH 值缓慢上升，CO_3^{2-} 浓度开始上升，HCO_3^- 浓度下降。主要是由于随着三元体系中碱的注入，地层水原有的离子平衡被打破，HCO_3^- 转化为 CO_3^{2-}，使地层水中的 CO_3^{2-} 浓度上升，易与 Ca^{2+} 和 Mg^{2+} 等离子反应生成沉淀。

$$Ca^{2+} + 2OH^- \rightleftharpoons Ca(OH)_2 \downarrow$$

$$Ca^{2+} + CO_3^{2-} \rightleftharpoons CaCO_3 \downarrow$$

$$Mg^{2+} + 2OH^- \rightleftharpoons Mg(OH)_2 \downarrow$$

$$Mg^{2+} + CO_3^{2-} \rightleftharpoons MgCO_3 \downarrow$$

$$Ba^{2+}+CO_3^{2-} \Longleftrightarrow BaCO_3 \downarrow$$

结垢中期 pH 值一般在 9.5～10.5 之间，CO_3^{2-} 浓度继续上升，HCO_3^- 浓度继续下降，Ca^{2+} 和 Mg^{2+} 浓度下降。

结垢后期垢质成分以硅酸盐垢为主，结垢速度减缓。采出液离子浓度变化：HCO_3^- 浓度明显减少，甚至为零；Ca^{2+} 和 Mg^{2+} 浓度之和继续下降至 10mg/L 以下或 Ca^{2+} 和 Mg^{2+} 浓度为零，Si^{2+} 浓度继续上升。

不同区块采出井结垢阶段离子浓度界限值不同，依据采出井结垢特征研究，建立了适合杏北开发区各区块结垢预测模板（图 4-19），为采出井实施清防垢措施提供依据。

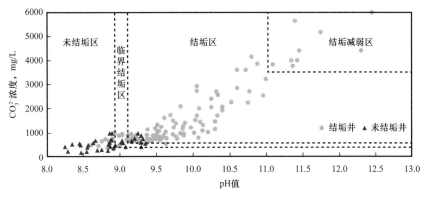

图 4-19 区块 3 结垢预测模板

（二）防垢技术及配套工艺

1. 化学防垢机理

根据强碱三元结垢特征研究成果进行防垢剂的研制，防垢剂含有羧基、羟基、膦基、磺酸基和氨基的多功能基团分子。对碳酸盐的防垢机理是破坏晶核使二价阳离子形成螯合物；对硅酸盐的防垢机理是分散，防止胶团积聚、沉降、析出。

2. 化学防垢工艺

1）固体化学防垢工艺

一是应用井下固体防垢块，将防垢块装入筛管中，在底部焊接有孔挡板增加支撑力，最下端用丝堵封严，最上端焊接有孔挡板。根据采出井的产液量和药剂有效浓度要求，计算出固体防垢块用量。

井下固体防垢块在区块 1 推广应用 15 口井，平均检泵周期 151 天。

二是应用井口投加固体防垢颗粒装置，在热洗流程上安装固体颗粒加药装置，加药箱内有螺旋杆，对于液面在井口、套压较高井通过旋转螺杆将药剂强制送入井内。

由于井口投加固体防垢颗粒装置储药量小、操作复杂，研制了固体防垢颗粒加药车，该装置主要由东风 JHX5140TXL 型洗井清蜡车改制，现场应用 18 口井，均能顺利将药剂加入井内。

2）液体防垢加药工艺

一是研制井口点滴加药装置。该装置由 4 部分组成，即储药系统、加药系统（加药泵、过滤器、加药管线）、控制系统（电控开关、加热器、传感器、单流阀、安全阀、压力表、液位计及各种开关）、井口连接系统（安全接头和自制三通）（图 4-20）。工艺原理是加药泵将已经配制好的液体防垢剂从储药罐中吸出，然后注入油套环空，进而溶解到井液中随采出液采出，实现防垢目的，该装置在杏北开发区推广应用 79 口井。

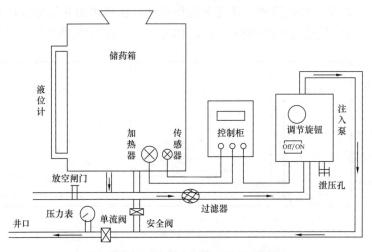

图 4-20　井口液体点滴加药装置流程图

二是研究计量间集中加药工艺。该工艺流程主要由计量间加药流程和井口加药流程两部分组成。计量间设备主要有加药罐、加药泵、电动阀、流量计、远程终端控制器（RTU）及电气控制柜。井口设备主要有药剂检测装置、电动阀、单流阀、截止阀和 RTU 控制箱。工艺原理为通过安装在计量间外的加药装置将液体防垢剂注入掺水管线，利用掺水将防垢剂携带至井口，由井口的传感器检测掺水导电电流变化，控制加药电动阀开启，将防垢剂注入油套环空（图 4-21）。

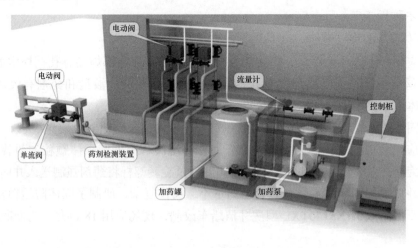

图 4-21　计量间集中加药工艺原理图

2013 年 11 月，在杏北开发区三元复合驱的 3 座计量间开展了计量间集中加药工艺试验，加药时率由 77.3% 提高到 98%。通过试验表明，集中加药保证了井内有效的防垢浓度，提高了加药时率，保证了防垢效果。

上述不同的加药工艺各有优缺点（表 4-44），随着对加药工艺的不断研究改进，现场适应性不断提高，杏北开发区化学防垢工艺主要采用井口点滴加药和计量间集中加药工艺。

表 4-44 三元复合驱不同加药工艺情况表

防垢工艺	适用条件	加药方式	工艺优缺点
固体防垢块	产液量小于 30m³/d	井下固体缓释	优点：随井下作业下入井内，安装方便，工作量小。 缺点：不能随时调整配方
固体防垢颗粒	产液量不限，沉没度大于 100m	井口定期投加	优点：固体防垢颗粒可以在油水界面悬浮，并以一定的速度溶解于水中，在不同结垢阶段采用不同防垢剂配方和用量。 缺点：固体防垢颗粒进入井内后如载体溶解不充分易堵筛管
井口点滴加药	产液量不限	井口点滴	优点：能够根据不同结垢阶段随时调整配方，实现连续点滴加药，井内药剂浓度均匀平稳。 缺点：单井加药、维护、巡检工作量大，受天气及井场条件影响大，加药时率保证困难
计量间集中加药	产液量不限	集中加药	优点：流程简单，能够实现单井定时、定量、自动加药，加药、维护、巡检工作量小，对掺水管线有防垢作用，受天气及道路影响小，加药时率高。 缺点：掺水系统的稳定性对加药有影响，一次性投资较井口点滴加药工艺高，药剂用量大

（三）耐垢技术

化学防垢措施可延缓采出井结垢的速度，在一定程度上延长了检泵周期，但检泵周期仍然较短。因此，在采取化学加药的同时，开展了耐垢技术研究，进一步延长检泵周期。

1. 防垢抽油泵技术

三元抽油泵在举升过程中易造成垢卡，主要原因：一是柱塞上下运动摩擦，温度升高，生成不溶性垢；二是采出液进入防砂槽后，速度降低，垢易于沉积；三是泵筒与柱塞间隙过大，便于垢在泵筒内壁沉积。因此在三元复合驱开发初期研制应用了长柱塞短泵筒防垢泵，该泵采用长柱塞短泵筒、等直径光柱塞结构，泵在工作中，始终有部分柱塞运动在泵筒之外，垢粒不易进入柱塞与泵筒的间隙沉积。在三元复合驱工业化区块推广应用后，结垢初期取得较好的效果，进入结垢中期后，对于频繁垢卡井耐垢效果差，平均检泵周期仅 100 天左右，因此结合抽油泵的工作原理和三元结垢特征，开始研制新型防垢泵，先后研制了衬套式防垢泵、软柱塞防垢泵、双泵筒防垢泵等，虽见到一定的防垢效果，但均存在一定的缺点。因此，开展了柔性金属泵的研制与应用。

柔性金属泵的柱塞主要由上阀罩、密封环、上支撑环、心轴、下支撑环、锁紧螺母、下阀罩等组成（图4-22）。上冲程游动阀关闭，固定阀打开，密封环在液体压力作用下膨胀变形，与泵筒完全贴合，完成泵内吸入液体、井口排出液体的过程；下冲程固定阀关闭，游动阀打开，密封环上下压力平衡，密封环收缩回初始形态，完成泵向油管内排液的过程。

图4-22　柔性金属泵实物图

1）密封环设计

为延长密封环的使用寿命，对普通尼龙进行了改性，在原基体中添加了多种添加剂，提高了密封环的承载能力和耐磨性（表4-45），同时尺寸稳定性也得到提高，在10MPa压力下，可应用300×10^4次，现场应用周期可达一年以上，符合生产需求。

表4-45　尼龙改性前后的基本物性对比

性能项目	改性前尼龙	改性后尼龙1	改性后尼龙2
密度（23℃），g/cm^3	1.15	1.16	1.16
模塑收缩率，%	1.5	1.5	1.2
拉伸强度，MPa	73	71	75
屈服强度，MPa	73	70	70
断裂伸长率，%	150	140	300
弯曲模量，MPa	1100	1067	1282
泰伯磨损量，mg/1000次	16	5	3
静摩擦系数（上钢）	0.42	0.16	0.15

为确定密封环尺寸参数，在液相介质条件下按一定的抽油泵出口压力、入口压力实验密封环在不同长度与厚度下的泄漏量（图4-23和图4-24），优化确定密封环的长度和厚度。

为确定密封环初始间隙量，通过设定不同出、入口压力来进行不同泵径柱塞的初始间隙的泄漏量实验，采用双向流固耦合方法计算不同初始间隙的泄漏量及形变量，从而得到最优的初始间隙。

2）辅件结构设计

锁紧螺母位于柱塞的下部，通过预紧力调节密封环过盈量，并利用限位销钉防退。在零件表面喷涂防垢涂层，延缓结垢，进一步提高了泵的耐垢性能。

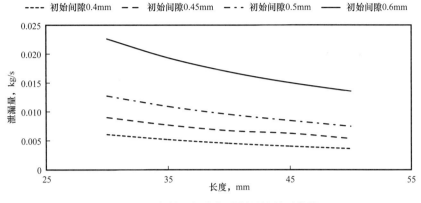

图 4-23　密封环长度与泄漏量的关系曲线

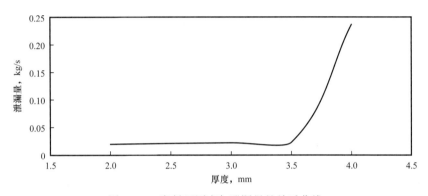

图 4-24　密封环厚度与泄漏量的关系曲线

柔性金属泵具有泵效高、耐垢性好、下行阻力小、作业不动管柱更换柱塞、施工周期短等技术优点。在频繁垢卡井试验应用柔性金属泵 58 井次，试验前平均泵效 54.7%、平均检泵周期 87 天，试验后平均泵效 61.6%、平均检泵周期 294 天，平均泵效增加了 6.9 个百分点，平均检泵周期延长了 207 天（表 4-46）。

表 4-46　柔性金属泵应用前后效果对比

井别	井次口	试验前					试验后				
		产液量 t/d	泵效 %	沉没度 m	系统效率 %	检泵周期 d	产液量 t/d	泵效 %	沉没度 m	系统效率 %	检泵周期 d
抽油机	58	44.6	54.7	415	29.2	87	48.9	61.6	348	36.2	294

2. 小过盈螺杆泵技术

螺杆泵在举升过程中，定子与转子表面都会发生不同程度的结垢现象，且各部位结垢不均匀，造成定转子间过盈值增加、配合精度下降、磨损加剧，表现为扭矩增大、电流波动大，杆断、泵漏失。针对螺杆泵的结构开展了小过盈螺杆泵研究与应用。小过盈螺杆泵就是通过减小过盈尺寸，实现降低扭矩，减小结垢造成的负载波动，同时过盈值减小有利于减轻结垢对泵特性的影响，延长泵的使用寿命。通过室内研究和现场试验，确定螺杆泵下井前的初始过盈量为0~0.15mm，在三元复合驱采出井应用后可以看到泵的举升特性曲线趋于合理、电流波动减小（图4-25至图4-27）。

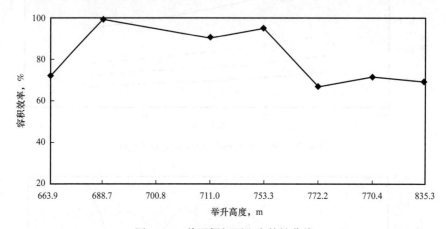

图4-25　普通螺杆泵生产特性曲线

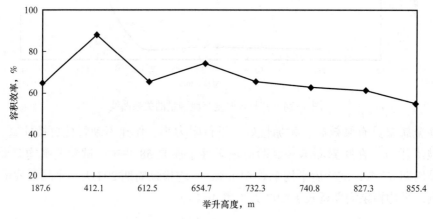

图4-26　小过盈螺杆泵生产特性曲线

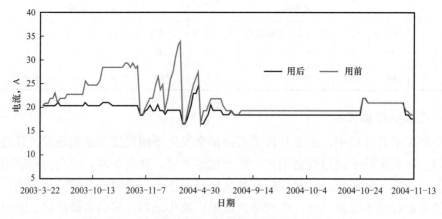

图4-27　采出井应用小过盈螺杆泵前后电流变化情况

现场应用表明：对于三元复合驱，在举升工艺上，抽油机比螺杆泵表现出较好的适用性，通过防垢抽油泵和小过盈螺杆泵现场应用，虽然小过盈螺杆泵具有一定的耐垢性，但仍存在频繁断杆、漏失等问题，而防垢抽油泵经过不断改进后具有耐垢性强、适应三元复合驱全过程等特点，因此三元复合驱采出井以长柱塞短泵筒防垢泵为主，针对结垢严重井，应用柔性金属泵。

（四）除垢技术及配套工艺

1. 化学除垢技术

化学防垢、防垢抽油泵虽然减缓了结垢速度，但还存在结垢造成卡泵的现象，因此开展化学除垢技术研究，进一步延长三元复合驱采出井检泵周期。

1）化学除垢剂机理

有机酸除垢剂主要由有机酸、无机酸、垢质转化剂、有机溶剂、渗透剂和缓蚀剂等组成。垢质转化剂可将垢质内不溶复合酸的硅酸盐垢通过配位溶解机制转化为可溶的物质成分。有机溶剂中的活性物质极性分子可同垢层表面的原油的极性物质相作用，降低原油对垢层的作用力，同时溶剂中的烃也可在一定程度上溶解垢中的有机物。渗透剂可改变垢表面的润湿性，使垢质变得疏松、易剥离和脱落。缓蚀剂有效降低了除垢剂对金属的腐蚀，满足现场施工应用要求。

有机碱除垢剂主要由洗油剂、渗透剂和螯合剂等组成。洗油剂主要用于清除垢质表面附着的原油，使除垢剂与垢质充分接触；渗透剂主要用于提高除垢剂渗透能力；螯合剂主要用于螯合分解碳酸盐垢和硅酸盐垢。在洗油剂、渗透剂和螯合剂等共同作用下，达到除垢的目的。

无机酸除垢剂主要成分为盐酸、氢氟酸，添加剂为缓蚀剂、清洗助剂等，是一种复合体系溶液，盐酸将垢样中的碳酸盐垢清除，氢氟酸将垢样中的硅酸盐垢清除，通过添加缓蚀剂、清洗助剂来降低除垢剂对管壁的腐蚀和增强除垢剂渗透性和乳化性。

2）化学除垢工艺

针对结垢初期垢卡井，采取有机酸化学除垢解卡，洗井后泵车从套管阀门注入前置液 15m³，注入除垢剂 10m³，之后注入顶替液，关井反应 3～5h 后替洗，返出液进罐车，启抽生产。现场施工 24 井次，成功率 91.7%。

针对结垢中、后期卡泵迹象井（载荷增大率大于 20%，功图呈现锯齿状、有明显结垢特征），采用有机碱化学除垢防卡。根据示功图及离子数据变化特征，制订了除垢计划表，每月进行更新。通过反循环注入 50% 浓度有机碱除垢剂 4m³，之后注入顶替液，启抽 5 个冲程后，关井反应 24h 后循环洗井，返出液进罐车，启抽生产。现场施工 331 井次，除垢后平均上电流下降 4A，平均有效期 148 天。

针对结垢中期垢卡井，采用有机碱除垢剂解卡与机械解卡相结合的方式。首先通过上提下放杆柱活动活塞进行解卡，如活塞无法下放则通过正打压将活塞活动到下死点后活动活塞解卡，待将活塞提出泵筒后注入除垢剂除垢解卡。该方法解决了药剂无法渗透进活塞与泵筒间隙、解卡成功率低的问题。现场应用 44 井次，全部解卡成功。

2. 水射流套管除垢技术

通过对三元复合驱 66 口采出井进行了井径测井，证实套管从射孔井段底界至泵吸入口附近均有不同程度的结垢。套管结垢后影响采出井产量和措施实施。针对套管结垢研究应用了螺杆钻具 + 牙轮钻头机械除垢工艺、机械除垢与注化学剂相结合的套管除垢工艺技术，应用后套管内径恢复至 118mm 以上，但存在施工周期长、施工费用高、炮眼附近垢质清除效果差、除垢时机缺乏依据等问题。为此，开展了水射流套管除垢配套技术研究，缩短施工周期，减少施工费用，恢复油井产量，保证三元复合驱采出井压裂、封堵等措施的实施。

水射流套管除垢的原理是利用高压水射流的冲击动量，将套管内壁附着的垢质击碎，使之脱离套管表面并随液流返排到地面，达到恢复套管内径的目的。

1）设计了高效除垢喷嘴

通过对 3 种不同形状的喷嘴优缺点进行对比分析，确定喷嘴为圆锥带圆柱出口段喷嘴。同时，在相同试验条件下，对不同喷嘴材料的抗冲蚀能力进行测定分析，综合考虑井下作业条件，确定了喷嘴材质。根据现场施工排量、喷嘴压降公式计算，在保证冲蚀质量最佳、射流面积可覆盖套管内壁的条件下，确定了喷嘴直径。利用结垢油管使用 ϕ2.5mm 单孔喷嘴分别采用 2 种喷距、2 种移动速度开展室内除垢实验，在不同喷嘴压降下观察除垢效果，实验表明喷嘴在压降 10.5MPa 以上便可清除垢质。

2）设计了适用于不同功率泵车的喷枪组合

根据水射流动力学可知，喷距为喷嘴直径的 6～8 倍时可获取最优的清洗效果，同时结合套管内径设计喷射工具外径；在保证喷射覆盖面和保持喷射工具强度的条件下，孔眼数量及分布层数设计遵循最小原则，从而提高清洗效果。通过数值模拟模拟了井下喷射工具在不同工况下的射流过程，从模拟结果可以看出，当排量为 0.6m³/min 以上时，5 种喷射工具的射流冲击面积基本可覆盖 25mm 外的套管壁，且喷嘴数量越多，覆盖面积越大，当排量增大到 1.0m³/min，射流覆盖面积基本无变化。在上述研究的基础上，加工了 2 个系列共 7 种除垢喷射工具，可适用于不同功率泵车、不同结垢程度井。

3）形成了适用于不同工况的施工工艺

一是确定了现场施工参数。根据现场情况，就压裂泵车除垢工艺和洗井泵车除垢工艺分别改变喷射工具喷嘴直径和喷嘴数量组合、油管外径计算了水力参数（表 4-47），为施工现场压力、排量提供依据。

二是确定了现场施工工艺。在打铅印或井径测试掌握结垢情况后，确定下入"轴向喷枪 + 油管"或"径向喷枪 + 扶正器 + 油管"的施工管柱和除垢喷枪。为保证现场施工的顺利进行，配套设计并加工了循环池、"一进二出"地面管汇、扶正器及轴径向一体喷枪。

表 4-47　除垢工艺水力参数计算结果

排量，m³/min	0.4	0.5	0.6	0.7	0.8
出口流速，m/s	114.83	143.53	172.24	200.95	229.65
喷嘴压降，MPa	7.6	11.88	17.11	23.29	30.42
油管摩阻，MPa	0.79	1.17	1.61	2.11	2.66
油套环空摩阻，MPa	0.18	0.27	0.38	0.49	0.62
预计井口油压，MPa	8.57	13.32	19.1	25.89	33.7

注：喷嘴直径和喷嘴数量组合 1、套管内径 124.26mm、油管外径 73mm、井深 1230m。

4）套管影响程度评价

由于压裂泵车水射流套管除垢工艺现场施工压力过高（大于 25MPa），因此为了评价水射流套管除垢对套管的影响，开展了水泥胶结影响与套管损伤影响两项现场试验。水泥胶结影响是在 2 口井水射流套管除垢前后分别进行声波变密度测井，通过对比分析水射流套管除垢对固井水泥胶结无影响。

套管损伤试验是利用试验套管在地面模拟施工环境进行喷射（表 4-48），喷射后经权威检测机构检测证实对套管无损伤。

表 4-48　套管损伤试验现场应用试验参数

喷射方式	压力，MPa	排量，L/min
移动喷射	35	1250
	37	1417
定点喷射	35	1.57
	37	0.37

5）确定了套管除垢时机

为研究三元复合驱采出井套管结垢规律选取 3 口井进行定点监测，连续三年跟踪其井径变化并总结规律。得到如下结论：一是在横向上，结垢井段为射孔井段底界至泵吸入口处，射孔井段结垢最为严重；二是纵向上，油井结垢期套管结垢速度为 2～3mm/ 月，后期结垢减缓，甚至出现部分溶解；三是对比不同产液量井的结垢情况，在横向上结垢速度基本相同，但纵向上结垢程度不同。

如以三元采出井仅进行一次套管除垢为标准，则三元复合驱采出井进入结垢后期的界限为最佳的除垢时机，即 CO_3^{2-} 浓度大于 4000mg/L，Ca^{2+} 和 Mg^{2+} 浓度之和为 0mg/L 持续 6 个月；当采出井需要实施压裂、堵水等措施时，若套管结垢则需要实施套管除垢。另外，通过对套管除垢施工井产液恢复情况进行对比，日产液量下降 40% 以上井除垢后产液恢复幅度较大，施工效果较好，能收回施工成本。

水射流套管除垢施工 136 井次，除垢周期 3～5 天，除垢成功率 100%，除垢后套管内径恢复至 122mm 以上，平均单井日增液 13.0t、日增油 1.0t。

综上所述，通过三元"防、耐、除"技术的应用以及精细化管理，取得了较好的效果，加药时率达到 90% 以上，三元复合驱全过程检泵周期达到 400 天以上。

四、三元复合驱封堵工艺技术

（一）无隔层精准机堵工艺

进入油田开发后期，由于三次采油增产试验区块开采层系单一，需对原有层系进行封堵改造，因试验区块结束后井况复杂，现有封堵工艺存在一定的不适用性：一是无隔层或隔层薄，现有封堵工艺满足不了层系封堵要求，以氯化钠区块为例，74 口采出井中无隔层和薄隔层井占比 15%（图 4-28）；二是套管内壁结垢严重，常规堵水工具卡封困难，影响封堵效果（图 4-29）。

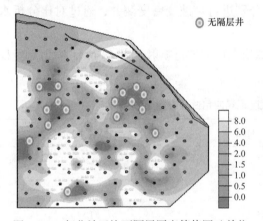

图 4-28　氯化钠区块下隔层厚度等值图（单位：m）

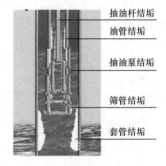

图 4-29　套管内壁结垢示意图

1. 长胶筒精准验窜工艺

针对原有验窜工艺存在封隔器胶筒短，无法实现薄隔层或物性夹层的可靠卡封问题，研制组合式验窜工艺管柱。组合式的验窜工艺管柱包括有隔层验窜工艺和薄隔层验窜工艺管柱两种。

有隔层验窜工艺是将扩张式封隔器卡在隔层位置，油管进行打压，使喷砂器通道打开，产生节流压差，扩张式封隔器坐封，注入水通过喷砂器注入封隔器下部油层，观察井口溢流量和压力变化，可以判断隔层是否窜槽（图 4-30）。

薄隔层或物性夹层验窜工艺是将长胶筒验窜封隔器卡在薄隔层或物性夹层位置，投球坐到定压开关滑套上，油管打压，定压开关滑套下行后，打开定压开关出液孔，关闭喷砂器出液通道，油管继续打压，定压开关产生节流压差，长胶筒验窜封隔器坐封，注入水通过定压开关注入长胶筒验窜封隔器下部油层，观察井口溢流量和压力变化，可以判断薄隔层或物性夹层是否窜槽。

2. 长胶筒精准封堵工艺

长胶筒精准封堵工艺根据方案和找水验窜结果，首先将长胶筒封隔器下到目的层，地面打压使长胶筒封隔器坐封胶筒覆盖在射孔炮眼上，同时卡瓦丢手工具坐卡，在套管轻微结垢的情况下，仍然具有很好的锚定效果，然后下放管柱，卡瓦丢手工具与堵水管柱脱开，实现薄隔层精准封堵（图4-31）。

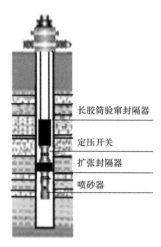

图4-30 有隔层验窜工艺原理示意图　图4-31 长胶筒精准封堵原理示意图

无隔层精准机堵工艺在杏北开发区现场应用41口井，工艺成功率100%，累计增油19621.91t，保证开发效果。该技术可适用于油田三元复合驱、聚合物驱和厚油层水驱采出井封堵，为后续更多试验区块开发提供技术支持。

（二）一体化封堵工艺

杏北开发区内有多个三次采油后试验区开展上返封堵工作，封堵过程中存在以下问题：一是机械封堵工序多，验窜、封堵、下完井等需多次起下管柱，施工周期长，成本高；二是上返井需要补孔，部分井补孔后井内压力大，无法实施常规封堵，需带压施工。为此，攻关形成了三项一体化封堵工艺。

1. 验窜与封堵一体化工艺

通过压力转换开关工具，将验窜工具和堵水工具连接在一起下入井内，实现一趟管柱既能验窜又能堵水，可缩短施工周期，降低施工成本。

现场施工过程中地面油管打压，压力传递给压力转换开关的锥体阀，经压力差开启锥体阀，压力进入油套环空，通过压力的变化检验扩张式验窜封隔器以下的隔层是否窜槽，完成验窜；确定封堵隔层后，上提管柱封堵工具卡在封堵隔层上，地面投球打压，使压力转换开关内滑套下行，封闭锥体阀通道，打开释放封堵工具通道，继续打压，使压力传递到封堵工具并释放丢手接头，完成封堵（图4-32）。

验窜与封堵一体化工艺现场试验20口井，工艺成功率100%，平均单井减少起下管柱2趟，缩短施工周期2天。

2. 补孔、封堵与下泵一体化工艺

将抽油泵或螺杆泵（装活堵）与射孔枪连接，下部连接油套通道关闭器、皮碗导压器、丢手卡瓦封隔器下入井内。地面定位校准射孔枪位置，上提下放管柱使油套通道关闭器坐封，关闭射孔枪以下油套管通道，套管打压 15~20MPa 射孔；完成射孔后，上提管柱打开油套通道关闭器，上提皮碗导压器至新射孔井段以上，此时卡瓦丢手封隔器提到封堵隔层处，套管再打压至 15~18MPa，压力通过皮碗导压器释放卡瓦丢手封隔器，使其工作，下放管柱验证卡瓦丢手封隔器坐卡状况；上提管柱使卡瓦丢手封隔器丢手，继续上提抽油泵至设计深度，下抽油杆，油管打压 5~10MPa，打开泵下活堵，完井生产（图 4-33）。

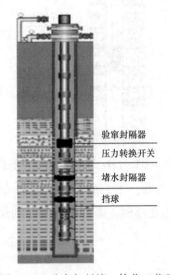

图 4-32 验窜与封堵一体化工艺示意图

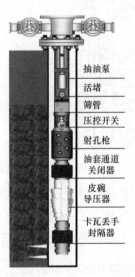

图 4-33 补孔、封堵与下泵一体化工艺示意图

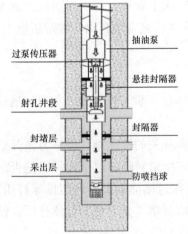

图 4-34 封堵与下泵一体化及防喷防顶工艺示意图

补孔、封堵与下泵一体化工艺现场试验 10 口井，工艺成功率 100%，简化施工工序 4 趟，缩短施工周期 3 天，无须带压作业，降本增效明显。

3. 封堵与下泵一体化及防喷防顶工艺

将泵下固定阀拆下，过泵传压器接到泵下阀处，下到指定位置后，油管正打压，压力从过泵传压器内套孔处进入外套与内套环空内，经由下接头孔处传递至泵下；将泵下封隔器坐封丢手后，下抽油杆用柱塞触碰顶杆，杆柱重力推动密封活塞体下移，将剪钉锉断，上提柱塞，密封活塞在弹簧的作用下上移，卡簧卡在外套的卡簧座处后限位锁紧，密封活塞与硫化橡胶贴合密封，传压通道永久关闭，抽油泵恢复原状态，正常生产（图 4-34）。

封堵与下泵一体化及防喷防顶工艺现场试验 5 口井，工艺成功率 100%，平均单井减少起下管柱 2 趟，缩短施工周期 2 天，降本增效明显；二次作业 3 口井，工艺一次作业油管防喷和二次作业油套防喷成功率 100%，避免井下作业施工放溢流所造成的环境污染问题。

现场累计应用以上三种一体化高效封堵工艺 35 口井，创造经济效益 420 余万元，为后续采油高效开发提供工艺技术支撑。

五、三元复合驱地面工艺配套技术

三元复合驱采出液中含有碱、聚合物和表面活性剂，这些驱油剂的存在影响了采出液的稳定性，导致乳化严重；此外，碱与地层岩石发生反应，生成大量以胶体状态存在的硅酸盐，导致采出液中机械杂质、黏土等固体颗粒的含量增加，造成地面管道、容器淤积结垢严重、电脱水器频繁跳闸。这些问题不仅给采出液的油水分离、达标处理增加了很大难度，而且对地面系统的安全平稳运行造成极大影响，同时也造成了开发生产成本的大幅提升。面对这些问题，地面系统迎难而上，开展一系列技术攻关，改善了采出液分离效果，保证了生产平稳运行。

（一）三元复合驱调配工艺技术

2006 年，杏北开发区进入三元复合驱开发阶段，与聚合物驱开发相比，注入体系中增加了碱和表面活性剂，在不同注入阶段，注入配方也有所差异。地面工艺在满足三元复合驱不同注入阶段的注入要求的同时，需灵活适应开发配注方案的调整，这对地面工艺提出了更高的要求。

在 XYE 区东部 II 块工业化推广中，为了满足聚合物、碱和表面活性剂三剂均可调整的要求，该区块采用"单泵、单井、单剂"的配注工艺。聚合物、碱和表面活性剂分别通过注入泵升压，计量后按次序与高压水混合，通过静态混合器混配成三元复合体系，注入地下。虽然该工艺在技术上完全能够满足开发对配注三元复合体系的要求，但在实际生产运行中存在投资较高，后期的维护成本高的问题；另外，碱和表面活性剂的注入量非常低，这两种化学剂的计量和调节浓度很难满足开发的要求。借鉴 XYE 区东部 II 块调配工艺经验，2007 年，在 XL 区东部三元复合驱开发时，升级采用"低压三元、高压二元"配注工艺（图 4-35）。该工艺是将一部分碱和表面活性剂在调配罐中与聚合物搅拌混合成化学剂，化学剂中的碱和表面活性剂含量是目的浓度；一部分碱和表面活性剂加入高压水管道中，通过静态混合器配成目的浓度的碱、表面活性剂二元水溶液。化学剂用"单泵单井"方式增压，在注水阀组通过静态混合器按比例与二元水溶液混合成三元复合体系，注入地下。该工艺优点为碱和表面活性剂为目的浓度，在调整聚合物浓度时，碱和表面活性剂的浓度不受影响，实施后，碱浓度、表面活性剂浓度和界面张力合格率均有了大幅提升，分别为 89.8%、90.2% 和 95.9%，但由于低压三元液中碱的存在，注入泵泵阀结垢、密封圈漏失问题严重，平均故障率为 2.89 次 / 月，远高于"低压一元"0.24 次 / 月，平均注入时率下降至 89.14%。

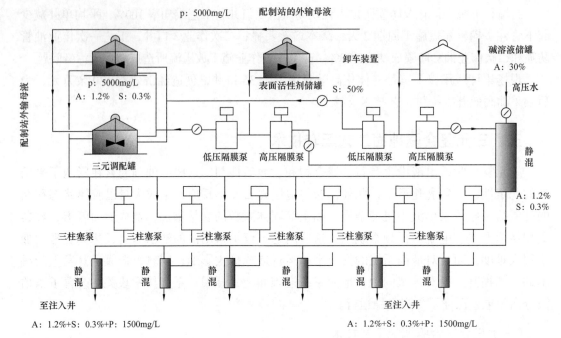

图 4-35 "低压三元、高压二元"配注工艺流程示意图
A—碱；P—聚合物；S—表面活性剂

针对"低压三元、高压二元"配注工艺注入泵故障率高的问题，地面系统开展"低压二元、高压二元"配注工艺试验（图 4-36），该工艺是将一部分表面活性剂在调配罐中与聚合物搅拌混合成化学剂，化学剂中的表面活性剂含量是目的浓度；一部分碱和表面活性剂加入高压水管道中，通过静态混合器配成所需浓度的碱、表面活性剂二元水溶液。化学剂用"单泵单井"方式增压，在注水阀组通过静态混合器按比例与高压碱、表面活性剂二元水溶液混合成三元复合体系，注入地下。与"低压三元、高压二元"配注工艺相比，该工艺在低压调配端减少碱的加入，解决了注入泵频繁垢卡问题，注入泵故障率降低 90%，运行时率提高至 99% 以上。

在试验摸索阶段，地面系统通过经济比对、技术分析，确定采用"集中调配，分散注入"工艺，将调配工艺前移至注水站统一建设，发挥规模效益，不仅使投资下降 42%，还使碱和表面活性剂实现集中卸车、质检，方便生产管理。同时，"低压二元、高压二元"工艺在进入三元复合驱主段塞阶段时，针对表面活性剂、碱浓度合格率无法达到 90% 的难题，一是通过数值模拟技术与现场试验相结合，优化低压二元集中调配参数，将"整体混合、笼统调配"调整为"序批混合、计量调配"方式、优化低压二元调配罐的搅拌时间，井口表面活性剂浓度合格率由前期的 66.9% 提高到 95.1%；二是根据聚合物浓度和碱浓度的关系及单井聚合物浓度分布规律，建立配碱系数动态调整图，编制参数优化软件，结合开发方案调整优选最佳参数，确保注入井碱浓度在 1.08%～1.32% 内，碱浓度方案合格率平均在 90% 以上。

经过多年的试验摸索，2013 年，杏北开发区研制定型"集中调配、分散注入""低压二元、高压二元"配注工艺，并应用于 XSS 区东部和 XQ 区东部三元复合驱开发区块，注入体系质量始终保持较高水平，聚合物浓度、碱浓度、表面活性剂浓度和界面张力的注入体系质量合格率分别为 100%、98.3%、98.4% 和 100%，远高于油田公司 95% 的指标，为杏北开发区原油持续稳产奠定坚实的地面技术基础。

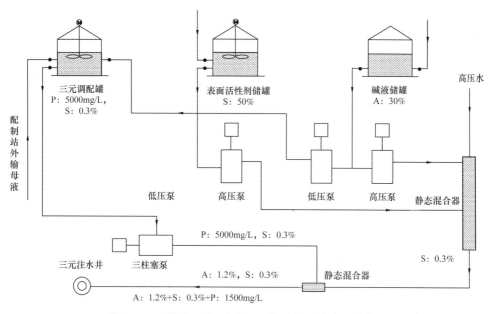

图 4-36 "低压二元、高压二元"配注工艺流程示意图

（二）集输工艺及配套技术

在集输工艺方面，研究了乳化、淤积结垢机理及规律，在对机理认识基础上，总结生产实践经验，优化定型了集输工艺，形成了破乳剂筛选方法和模板，确定了清淤除垢的集输界限，研发了不动火不停产除垢工艺，形成了加热炉专项治理技术及脱水系统保运技术，优化了生产过程中的运行参数，实现了原油合格平稳外输、集输系统安全平稳运行，为三元复合驱开发奠定了坚实的地面集输基础。

1. 三元复合驱采出液淤积结垢及乳化的机理规律

1）三元复合驱采出液淤积结垢机理及治理技术

三元复合驱采出液在集输管道中流动时不断向周围环境散热，当采出液温度接近于其析蜡、淤积温度时，采出液中的蜡质等组分将从饱和的液相中结晶析出，此时，采出液与管壁间温差将引起溶解蜡分子及其他易淤积物分子与已析出的相关颗粒形成径向浓度梯度，油流中心分子浓度高、淤积物颗粒浓度低，而管壁处的分子浓度低、淤积物颗粒浓度高，这一浓度差的存在和流动状态的影响将引起溶解的易淤积物分子和析出的蜡晶等相关颗粒包裹并携带部分液态原油以分子扩散、剪切弥散、布朗运动及重力沉降4 种方式不断向管壁迁移，并借助于各组分分子间的范德华力而淤积在管壁上。

通过室内模拟试验研究管道淤积结垢规律，研究表明，当集油温度为 28℃左右时淤积速率最高，此后随着温度升高淤积速率逐渐减小且当集油温度高于35℃后，淤积速率显著减小；随着三元复合驱采出液含水率升高，淤积速率逐渐减小；在同一集油温度下，随着流量增大，淤积速率减小；随着采出液含聚浓度升高，淤积速率增大。

结合室内研究结果，进一步开展三元复合驱采出井站外管道淤积结垢情况现场跟踪，确定不同开发阶段的淤积速率及淤积特性。从现场跟踪情况来看，随着注入孔隙体积倍数的不断增大，管道淤积速率逐渐增加（图4-37）。

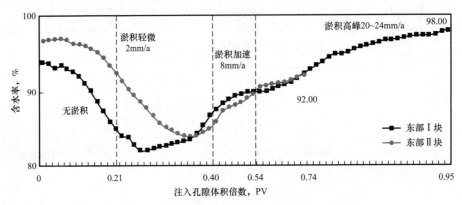

图4-37　XSS区东部单井掺水管道淤积情况

三元复合驱淤积物外观为棕褐色黏稠状，成分复杂，淤积物中含吸附水、原油以及碳酸盐垢、硅酸盐垢等固体物质，从垢质成分来看，三元复合驱淤积物垢质初期以碳酸盐垢为主，后期以硅酸盐垢为主（表4-49）。

表4-49　三元复合驱不同阶段垢质成分表

三元复合驱初期样品		三元复合驱后期样品	
垢质成分	所占比例，%	垢质成分	所占比例，%
碳酸盐	69.54	硅垢	52.30
二氧化硅	23.94	碳酸盐	31.12
氧化钠	1.98	硫酸钡	5.24
三氧化二铝	0.39	硫化亚铁、氧化铁	8.00
其他	4.15	其他	3.34

针对三元复合驱采出井集输管道易淤积的问题，对于部分回压经常升高的异常采出井，采取定期冲洗管道的措施，并开展在线高压冲洗参数优化试验，摸索管道最佳的冲洗排量和压力。试验结果表明，当压力2.85MPa、排量36m³/h冲洗100min后，井口回压降幅最大，回油温度最高，冲洗效果最好。

但随着淤积结垢速率的不断加快，采用在线大排量冲洗措施已不能有效减缓部分采出井回压升高速度，需采用空穴射流除垢措施才能有效降低回压。研究发现，当含聚浓度大于 500mg/L 时，采出液中钙离子和镁离子浓度下降明显，说明钙离子和镁离子转变为碳酸盐、硅酸盐等化合物垢质，以沉积物的形式存在，标志着集输管道进入结垢期。因此，将含聚浓度 500mg/L 作为在线大排量冲洗及空穴射流的临界值，并制订了集输管道清淤除垢措施模板（图 4-38）。

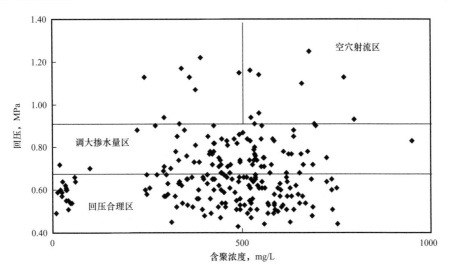

图 4-38　集输管道清淤除垢措施模板

同时，针对站内容器、管道淤积结垢问题，经过不断摸索总结，建立了清淤除垢制度（表 4-50）。

表 4-50　三元复合驱区块站内集输管道和容器清淤除垢制度

设备类别	三相分离器	加热炉	容器区管道
清淤周期	2～3 次 /a	火管温度 >400℃	1 次 /a
清淤方式	清淤 + 水射流除垢	清淤 + 水射流除垢	水射流除垢

通过采取以上清淤除垢措施，三元复合驱区块单井回压控制在 0.6MPa 以内，计量间掺水压力保持在 1.6MPa 以上，保证了集输系统的平稳运行。

2）三元复合驱采出液乳化规律及处理技术

三元复合驱采出液中的碱、表面活性剂和聚合物的协同作用，导致三元复合驱采出液乳化严重，同时采出液在抽油泵、阀门、外输泵和管道的剪切作用下形成稳定的乳状液，乳化状态复杂，油包水型、水包油型、水包油包水型、油包水包油型多种乳化液共存。聚合物使采出液的黏度增大，油珠上浮速度和聚结速率下降，同时也使油珠聚结过程中被束缚在油相中的水滴粒径减小；表面活性剂使水中的油珠粒径变小且稳定性变强；碱使油水界面易吸附原油中的天然界面活性物质，增加油滴聚结难度。随着采出液受效程度增加，宏观上，受效井上层乳化油相析水率逐渐降低，乳化程度变高，微观上，乳状液界面膜厚度大，油珠平均粒径减小，稳定性逐步增强（图 4-39）。

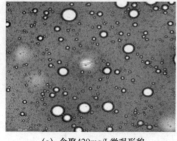 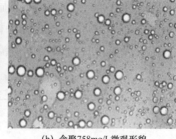 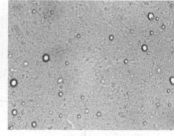

(a) 含聚429mg/L微观形貌　　　(b) 含聚758mg/L微观形貌　　　(c) 含聚880mg/L微观形貌

图4-39　采出液不同含聚浓度下的微观形貌

由于三元复合驱采出液乳化状态复杂，因此要求破乳剂不但能破除采出液中的油包水型乳液，使水珠聚结并分离，降低油相含水，达到电脱要求，还能破除水包油型乳液，使水中的油珠聚结并分离，降低污水含油。结合三元复合驱采出液见剂浓度变化特点，将三元复合驱采出液破乳分三个阶段进行研究，根据三元复合驱采出液不同阶段的特性选择不同配方，并针对不同三元复合驱区块建立了个性化的药剂投加模板（图4-40和图4-41）。通过应用加药模板指导现场适时调整药剂投加，提高了油水分离效果，达到了油水高效分离的目的。

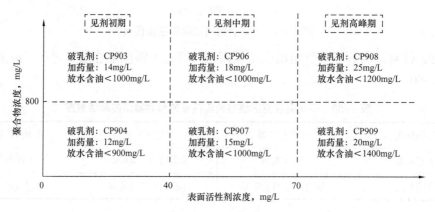

图4-40　XL区东部三元复合驱药剂投加模板图

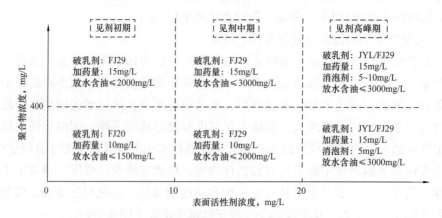

图4-41　XSS区东部三元复合驱药剂投加模板图

2. 集输处理工艺流程

1）站间三管集油工艺

针对三元复合驱单井集输管道淤积严重的问题，为满足单井管道在线大排量冲洗需求，在 XSS 区东部产能建设时，工艺设计上站间采用三管集油工艺（图 4-42），在原有站间集油掺水双管工艺基础上，为站间单独建设高压热洗管道，实现了转油站掺水、热洗分开运行，单井热洗压力由 2.0MPa 提高至 5.5MPa，满足了采出井高压热洗及大排量冲洗需求。在后续三元复合驱区块产能建设中，均沿用此集油工艺，目前已有 4 座三元复合驱站库应用该工艺，保证了站外采出井管道的平稳运行，提高了采出井的热洗效果。

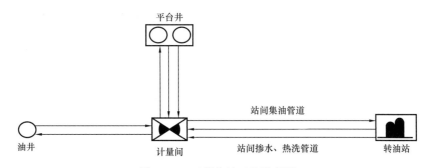

图 4-42　三管集油工艺示意图

2）转油站大罐沉降工艺

XYE 区东部及 XL 区东部三元复合驱产能建设中采用转油站生产工艺，但是在生产实践过程中发现，由于集输系统淤积结垢严重，出现站外集输管道回压升高、站内加热炉频繁烧损等问题，为此，2012 年，开展掺水沉降工艺（图 4-43）试验，在杏北三元 -2 转油站增加 1 座污水沉降罐，采出液放水回掺前先进入污水沉降罐沉降，然后进入加热炉加热最终回掺井口。试验结果表明，经大罐沉降后，掺水除油率达 75%，除悬率达 50%，水质得到有效提升，减缓了站外管道淤积结垢速率，延长了加热炉烟火管使用寿命。在后续 XSS 区东部及 XQ 区东部产能建设中，均沿用此工艺，三元系统已建成 4 座转油放水站，保证了站内外地面设施的良好运行。

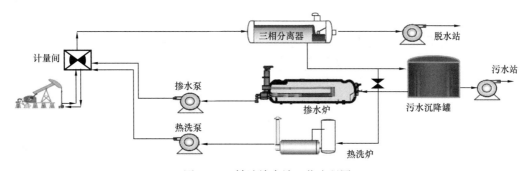

图 4-43　转油放水站工艺流程图

3）脱水站二段脱水工艺

三元复合驱脱水工艺仍采用一段游离水脱除器 + 二段复合电脱水器主体工艺，考虑三元复合驱采出液含碱、表面活性剂，携砂能力强，油水乳化严重，与水驱产液一同处理严重影响处理效果及下游污水站水质，因此优化脱水站站内设备运行方式，采用"三元复合驱、水驱分开处理，可分可合"工艺（图4-44）。其中三元复合驱处理工艺对节点参数要求进行了优化，将游离水脱除器处理温度调整为40℃，沉降时间调整为不宜大于40min，二段电脱水温度提高至55℃，三元复合驱污水沉降时间延长至不小于8h。通过分质处理，既保证了三元复合驱采出液的处理效果，又减轻了对水驱处理系统的影响。

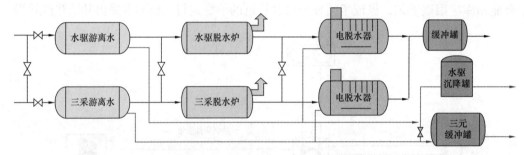

图4-44　脱水站二段脱水工艺流程图

随着三元复合驱采出液含剂浓度升高，采出液中淤积物增多，电脱水器绝缘吊柱上附着淤积物，易出现放电现象，致使绝缘性能下降，损坏数量较多，既增加了日常维护工作量，也影响了正常平稳生产。为延长绝缘吊柱使用寿命，研制了电脱防污染绝缘吊柱（图4-45），在原普通绝缘吊柱（图4-46）外增加防淤积护罩，使护罩与绝缘吊柱之间介质不流动，从而减少淤积物附着，同时将绝缘吊柱连接方式由原来的螺纹连接改成销钉连接，避免螺纹因锈蚀问题造成的脱落。

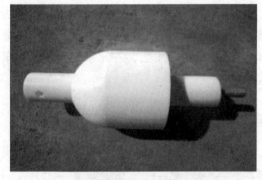

图4-45　防污染绝缘吊柱　　　　　　　　图4-46　普通绝缘吊柱

杏Ⅰ-1脱水站6台电脱水器应用该绝缘吊柱后，平均电流由19A下降为13A，运行稳定性明显增强。同时，维修工作量大幅下降，应用前仅2018年4—8月就累计更换绝缘挂件347个、绝缘棒10个、高压引线12条，更换极板147块；应用后2年仅更换了22个防污染绝缘吊柱，2条高压引线。2020年，在XS脱水站的3台电脱水器推广应用该绝缘吊柱，应用后三元复合驱电脱水器运行平稳。

3. 不停产不动火除垢工艺

由于三元复合驱集输系统淤积结垢严重，需定期对系统内管道和设备进行清垢，但受工艺影响，转油站内工艺管网、计量间 U 形汇管、单井阀组 S 弯处等特殊部位无法清垢，且在已有工艺条件下清垢程序复杂，影响正常生产。通过对站内、站间和计量间流程的不断优化完善，研制了站间管道清淤除垢快速连接装置、滑动伸缩式测温管、计量间除垢工艺阀组等新型工艺装置，最终形成了一套适用于三元复合驱集输系统的除垢配套工艺技术。

1）转油站内汇管除垢工艺

在站内掺水系统各管段的首端、末端增设带快速接头的钢制平焊盲法兰（图 4-47），空穴射流时从汇管首端打开盲法兰，将清管器投入，再从汇管的末端接收清管器；由于汇管中间部位有焊接三通，存在变径问题，将其改为标准三通，保证掺水管道是通径，清管器能顺利通过，实现了加热炉至泵房掺水汇管从泵房内发球至加热炉区收球，泵房至阀组间汇管从泵房内发球至阀组间收球。

(a) 汇管末端安装盲法兰　　　　　　(b) 汇管中间部分连接三通

图 4-47　改进后转油站泵房掺水汇管除垢工艺图

2）站间管道清淤除垢快速连接装置工艺

该装置由管道同口径球阀（或闸阀）、收发球筒、放空阀、快速接头等组成，在见剂初期直接连高压热洗车冲洗管线；见剂高峰期可将空穴射流用的清管器放入发球筒中，实现掺水管道从转油站发球至计量间收球，回油管道从计量间发球至转油站收球，球的移动方向与介质流动方向相同，均有阀门控制，减少了停产放空及动火切割管道作业环节。

3）计量间内除垢工艺

针对制约计量间除垢的难题，一是研制出一种滑动伸缩式测温管，正常工作时测温管插在管道内，射流时测温管能够取出，实现清管器在计量间内 U 形汇管能顺利通过；二是在计量间 U 形汇管末端增设收发球筒及掺水、回油汇管连通管道，确保清管器到达 U 形汇管末端时顺利接收；三是研制出单井除垢工艺阀组，解决了单井阀组 S 弯处无法清垢的问题。

通过应用以上除垢配套工艺，三元复合驱集输系统实现了不停产放空、不动火作业、无死角除垢，先后在大庆油田 7 座转油放水站、30 余座计量间推广应用，并纳入了大庆油田公司标准化设计。

4.加热炉专项治理技术

随着三元复合驱采出液见聚浓度的升高，转油站掺水黏度增大，含油增多，与聚合物、泥沙等物质形成混合淤积结垢物，这些物质在加热炉底部大量沉积，并附着在烟火管表面，加热炉出现进液循环不畅、局部高温等问题，导致加热炉提温困难，烧损频繁。杏北开发区通过不断摸索三元复合驱掺水、热洗加热炉淤积结垢、烧损规律和特点，在技术上确定节点技术指标，开展加热炉内部结构优化改进、自动清垢分体式加热炉应用等研究；在管理上优化加热炉运行方式，合理控制运行温度，最终形成了一套适用于三元复合驱的加热炉专项治理技术。

1）加热炉内部结构优化治理技术

一是针对三元复合驱加热炉进液不畅、导致加热段与出口段温差偏大的问题，改造加热炉进液管，在高于原进液管 20～30cm 处增设进液出口（图 4-48），避免淤积物堵塞。该技术在杏北三元 -1 和杏北三元 -2 转油站共 6 台加热炉上应用，应用后加热段与出口段温差平均降低 5℃。

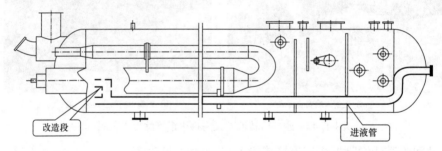

图 4-48　加热炉进液管改造示意图

二是针对烟、火管封头开焊及支撑点处火管鼓包变形问题，优化烟管支撑位置，远离高温区，并增加支撑点，适应炉管结垢重量增加要求（图 4-49）。该项治理措施在问题比较突出的杏北三元 -2 转油站 3 台加热炉上应用，延长烟火管维修周期 2 年。

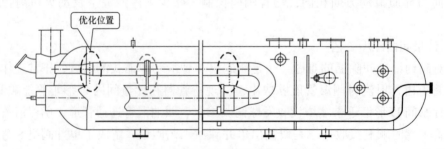

图 4-49　加热炉烟管支撑板改造示意图

2）分体式自动除垢加热炉的应用

针对三元复合驱加热炉火管淤积结垢严重，鼓包烧损频繁的问题，2013 年分别在杏北三元 −2 转油站及杏北三元 −5 转油放水站试验应用分体式自动除垢加热炉。该加热炉包含加热段、换热段及刮垢装置，加热段对含有热媒的介质进行加热，提温速度快，且避免了高含剂污水对火管的腐蚀结垢作用，火管不易烧损，同时换热体上下面设计刮垢装置，能够根据实际需求自动刮垢，换热面不易淤积结垢，保证换热效率。

但是在实际运行过程中，仍存在着刮垢周期不确定，出水悬浮物含量高的问题，为此进一步进行试验摸索，优化除垢工艺。一是摸索最佳刮垢周期，通过现场跟踪不同刮垢周期下的出水中含悬浮物变化情况，确定最佳的刮垢周期为每天 3 次；二是开展了自动除垢加热炉垢质去除技术试验，在加热炉换热器的最上层换热体的 56 个 ϕ108mm 通孔处安装 60 目的过滤网，实现对垢质的截留，防止垢质进入下游掺水管道造成淤积堵塞。

后期，分体式自动除垢加热炉分别在杏北三元 −6 转油放水站应用 1 台，杏北三元 −8 转油放水站应用 6 台，杏北三元 −9 转油放水站应用 1 台，保障了热洗加热炉的高效运行。

3）加热炉脉冲冲洗技术

受淤积结垢影响，三元复合驱加热炉在运行过程中出现了调节阀结垢卡堵的问题，进水量由正常时的 50m³/h 下降至 20m³/h 左右，负荷率仅 30%，炉效 77.6%，因此，通过摸索试验，研发脉冲冲洗技术解决调节阀卡堵问题。该技术应用脉冲冲洗控制装置（图 4-50），在调节阀处设计高扬程冲洗泵，在调节阀底部增加冲洗喷头，实现每 8h 自动冲洗 1 次。

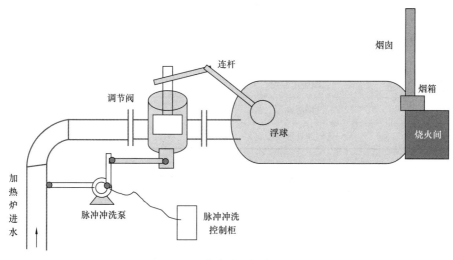

图 4-50 脉冲冲洗技术原理图

通过在杏北三元 −5 转油放水站的 5 号加热炉应用脉冲冲洗技术，调节阀卡阻的问题得到有效解决，加热炉进水量保持在 50～60m³/h，负荷率由 30% 提高到 75% 以上，加热炉炉效显著提升。

4）加热炉优化运行技术

在综合应用加热炉专项治理技术的基础上，优化加热炉运行管理，进一步提高加热炉运行效率。一是应用加热炉掺水、热洗分开运行工艺，将除垢炉作为热洗炉，高于70℃运行，二合一作为掺水炉，低于60℃运行，实现高低温分开运行，有效减缓二合一加热炉结垢和烧损；二是均衡加热炉加热负荷，通过大力推广应用多功能一体化燃烧器，实现加热炉自动调节及超温报警，火管温度达到400℃手动调整小火，达到450℃系统自动降温，达到475℃系统熄火保护，控制加热段温度在400℃，防止火管高温烧损。

通过应用加热炉专项治理技术，XSS区东部及XQ区东部加热炉仅维修5台次，与XL区东部同期对比大幅减少。

5. 生产运行优化及保运技术

随着三元复合驱区块的不断开发，集输系统油水分离及清淤除垢技术逐渐成熟，但是在生产实际运行过程中，仍存在着影响脱水系统平稳运行的不确定因素，为此，在生产实践中不断归纳总结，形成了一系列生产运行优化及保运技术，确保外输原油合格。

1）节点参数优化

一是严格控制采出液处理各关键节点的运行参数，强化系统整体管控。通过现场实践总结，确定转油放水站外输液含水、一段出油含水、二段脱水温度、电脱水器油水界面高度等参数界限值（表4-51和表4-52），并严格按参数要求执行，确保系统整体运行平稳。

表4-51　脱水系统关键节点运行参数界限要求

序号	参数类别	界限要求
1	转油放水站外输液含水，%	<50
2	一段出油含水，%	<15
3	一段出水含油，mg/L	<2000
4	二段脱水温度，℃	>55
5	沉降罐油厚，m	≤0.5
6	老化油处理温度，℃	≥55

表4-52　电脱水器不同阶段油水界面运行情况

开发阶段	水驱阶段	低含剂期	高含剂期
运行状态	高界面运行	中界面运行	低界面运行
界面高度，m	0.9～1.1	0.7～0.9	0.65～0.7

二是优化变频脉冲电脱水运行参数。通过选取电场强度、脉冲频率、含聚浓度、含水率、温度、破乳剂浓度等参数，采用正交试验法开展室内脱水率试验，摸索电脱不同参数下的脱水效果，最终建立关于脱水参数的回归方程，根据公式计算出现场不同含聚

浓度下最佳电场强度及脉冲频率组合，以此指导现场实际生产。在杏Ⅰ-1脱水站及XS脱水站应用该方法进行参数优化后，电脱水器平均运行电流由17A下降至13.6A，脱后原油含水量由0.18%降低至0.15%，既保证了脱后原油含水量达标，又降低了运行电流。

2）研制变频脉冲电脱恒流控制装置

针对变频脉冲电脱水器电流频繁波动、跳闸次数多的问题，研制了恒流控制装置，针对原油脱水工况，采用电子控制的方式对高频脉冲电源发生器进行调压。根据实际采样的电流和电压值大小，将原调压信号 U_0 通过由MCU组成的智能控制器后再输出 U_1 到三相移相调压模块进行调压，确保原油电脱水器高效稳定运行。该装置可实现软启动，减小电压突然上升时对脱水器硬件电路的冲击，提高脱水器的可靠性，同时该装置具有过流警报自动恢复功能，当警报信号出现时定时器开始启动，关闭控制器输出，当设定时间完成后，解除警报信号，设定控制器以软启动方式对 U_1 输出进行控制，实现电脱水器警报自动恢复功能（图4-51）。

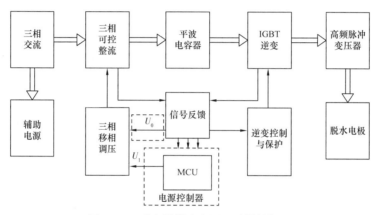

图4-51　脱水器供电电源电路结构框图

该装置在杏Ⅰ-1脱水站3号电脱水器安装应用后，运行电流由14A下降为11A，跳闸次数由每月6次下降为每月2次，下降66.7%。

3）脱水保运工艺流程优化

随着三元复合驱开发的不断推进，上游来液硅含量升高，造成脱水站硅酸絮体含量高，容易在电脱水器油水界面处产生高导电性的油水过渡层，同时管道清垢废液、压裂返排液、容器清淤污油、老化油回收等因素导致原油脱水体系进一步复杂，过渡层体积增加，造成电脱水器运行不稳垮电场，脱水难度加大。为减少过渡层对系统的影响，经过多次现场实践，优化完善了4项保运工艺：一是在游离水脱除器进口增加除垢留头，实现汇管可通球支管可除垢，缓解三元游离水脱除器进口管道结垢问题；二是增加游离水脱除器油出口至事故罐流程，将过渡层排入事故罐，降低游离水脱除器过渡层对下游水质的影响；三是增加电脱水器放水至事故罐流程，生产异常时将过渡层压入事故罐，降低过渡层对电脱水器的影响；四是增加电脱水器放水至沉降罐流程，解决电脱水器放水无法进沉降罐的问题，延长电脱水器放水沉降时间（图4-52）。

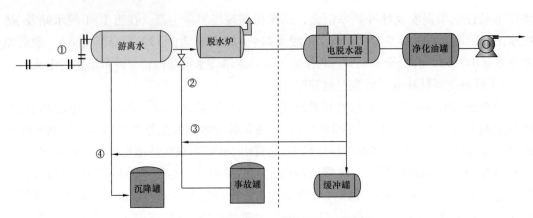

图 4-52　脱水保运工艺流程优化示意图

通过应用以上技术，保障了电脱水器稳定运行，三元复合驱开发以来，从未发生因外输油高含水导致的停输事故。

（三）三元复合驱污水处理及配套工艺技术

由于三元复合驱采出液性质更为复杂，油水分离难度更大。淤积结垢使得过滤罐筛管等部位容易结垢，造成堵塞、憋压，影响系统正常运行，为提高三元复合驱区块污水处理效果，先后应用并优化了"连续流气浮、序批沉降"处理技术、气水联合反冲洗技术、新型大阻力布水破板结过滤技术以及过滤罐在线清洗技术，最大限度改善了三元复合驱污水处理效果。

1. 三元复合驱污水处理工艺

2013 年，针对三元复合驱污水处理难题，在三元 -6 污水处理站应用了"两级连续流气浮、序批曝气沉降 + 一级石英砂磁铁矿压力过滤 + 一级海绿石磁铁矿压力过滤"的处理工艺，采用连续流沉降工艺时辅助气浮工艺，采用序批沉降工艺时辅助曝气工艺。两级双滤料过滤罐采用搅拌工艺，辅助气水联合反冲洗工艺及提温反冲洗工艺。

2014 年，对连续流气浮工艺运行参数进行优化试验，在不同见剂阶段优化了气浮工艺的溶气量、回流比，确定了不同见剂阶段的最佳运行参数。通过不断优化运行参数，实现了在见剂初期及见剂中期，水质稳定达标。

2015 年，为满足 XQ 区东部三元复合驱污水处理需要，新建 XEL 联三元复合驱污水处理站，充分借鉴前期三元 -6 污水处理站应用实践的经验，同时考虑建设成本控制，取消了气浮工艺（图 4-53）。

2. 三元复合驱污水配套工艺技术

1）气水联合反冲洗技术

在三元复合驱污水见剂高峰期，采用气水联合反冲洗工艺（图 4-54）能够更好地将滤料中的杂质清洗出来，提高滤料再生效果。气水联合反冲洗工艺主要通过空压机将空气排入过滤罐，将滤料中的杂质吹出后再通过反冲洗水将杂质带出滤罐。

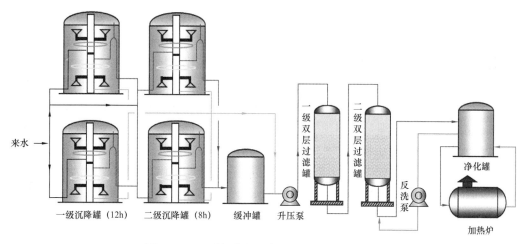

图 4-53　三元复合驱污水处理工艺流程示意图

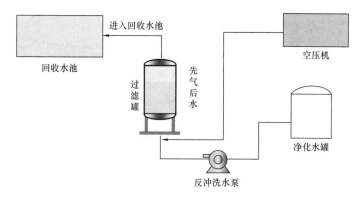

图 4-54　气水联合反冲洗工艺流程示意图

三元 -6 污水处理站、XEL 联三元污水处理站应用了气水联合反冲洗工艺。2017 年，开展了气水联合反冲洗运行参数优化试验，优化确定了反冲洗强度及反冲洗时间，从应用效果来看，一级气水洗除油率较常规水洗提高了 12%，除悬率较常规水洗提高了 28%；二级气水洗除油率较常规水洗提高了 31%，除悬率较常规水洗提高了 49%。同时气水联合反冲洗可减少反冲洗水量 40%。

2）新型大阻力布水破板结过滤罐技术

三元复合驱采出液性质复杂，含聚浓度高，水体黏度高，油和聚合物相互作用形成有机质胶团，这些有机质胶团在反冲洗过程中并不能有效地排出罐体，淤积在滤料顶部，导致上层滤料板结，严重影响了过滤效果。由于三元复合驱开发中氢氧化钠的使用，地层中的含硅岩层被溶蚀，硅离子随着采出液被带到地面，同时由于区块交替开发，XSS 区东部 I 块和 II 块两个区块采出液混掺后碳酸盐离子也成饱和态。通过化验检测，三元 -6 污水处理站污水中碳酸盐过饱和量为 12mg/L，硅酸过饱和量高达 40mg/L，在沉降和过滤工艺段中均会持续析出硅酸、非晶质二氧化硅和碱土金属碳酸盐等新生矿物微粒。由于过滤罐内的环境（压力、温度、离子饱和度）等适宜离子析出，离子析出后附着在过滤罐内部结构上成为垢质，造成过滤罐上下筛管等内部构件结垢严重，最短结垢周期不足 3 个月，结垢后反冲洗压力升高，反冲洗排量降低，影响滤料再生效果，同时降低了筛管及滤料的通过能力，使正常过滤无法进行，影响正常生产。

针对以上问题，2019 年，对三元 -6 污水处理站 10 座过滤罐进行内部结构改进（图 4-55），取消搅拌桨及上下筛管，采用新型大阻力布水结构，过滤罐中间采用钢片静态切割破板结器。其原理是利用预先在过滤罐内滤料上层设置多组钢片，反冲洗过程中，在反冲洗水的推动下，滤料层膨胀上升，在上升过程中，经过这些钢片板结层被逐级切割和破碎，滤料颗粒之间互相碰撞、搓洗，并在水流剪切力的作用下，使滤料颗粒表面的污染物脱离、剥落，最后污染物随反冲洗水经反冲洗排水管排出过滤罐，过滤罐下部改为穿孔管提高耐垢能力。

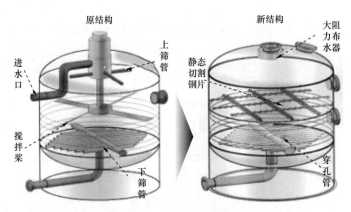

图 4-55 过滤罐结构改进

应用新型大阻力布水破板结过滤罐技术后，三元 -6 污水处理站 10 座过滤罐除油率有效提升 38.9%，憋压及跑料问题基本消除，取得了良好的试验效果。

3）过滤罐在线清洗技术

2018 年，为应对过滤罐筛管结垢问题，降低清洗成本，缩短清垢时间，减少清垢对生产的影响，开展了过滤罐筛管在线清洗试验。

一是开展室内试验，确定清洗剂配方及清洗参数，采用 TG/DTA 热重分析、XRD/XRF 组成分析等技术手段确定了滤料表面及过滤罐筛管附着物主要组分，附着物成分以硅酸盐为主，占比 75%，碳酸盐为辅，占比 23%，油、聚合物、泥沙等其他杂质占比 2%，从而确定了清洗剂主要组成为有机碱清垢剂、阻垢缓蚀剂、消泡剂等，并根据室内对滤料及筛管的清洗效果确定了药剂浓度、清洗温度及清洗时间，为下一步开展现场试验做好准备。

二是开展现场试验，现场试验时，首先对过滤罐进出口进行工艺改造（图 4-56），通过带压开孔增加清洗阀门，采用泵车将药剂与热水打入过滤罐中并循环，完成循环后闷罐，闷罐结束后进行反冲洗将杂质清除，单罐清洗剂用量为 5t，清洗用水温度为 65℃，加药及循环时间为 180min，闷罐时间为 8h。清洗后，反冲洗最大排量由清洗前的 210m³/h

上升至 521m³/h，反冲洗压力由清洗前的 0.54MPa 下降至 0.08MPa，解决了过滤罐结垢憋压问题，清洗后超过 180 天未出现憋压问题，效果明显。

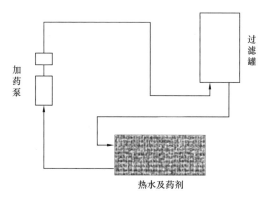

图 4-56　过滤罐在线清洗工艺示意图

三是进行技术推广，根据现场试验结果对杏北开发区 2 座三元复合驱污水处理站的 70 座过滤罐进行了技术推广，应用后，相比离线清洗，清洗周期由 3 个月延长至 6 个月以上，单罐清洗费用降低 4.55 万元，单罐清洗时间缩短 10 天，极大地提高了工作效率，保障了三元复合驱污水过滤罐平稳运行。

（四）污水平衡调配技术

随着杏北开发区三次采油规模逐步扩大，进入水驱、聚合物驱和三元复合驱并存的开发阶段，不同开发方式下注水需求、采出液性质有所差异，地面污水系统出现了分质不完善、三采产水过剩、深度水源不足、负荷不均衡、管理不到位的问题。针对以上问题树立系统化思维，精细化管理，确立了"分质处理、平衡水量、均衡负荷、节点管理"的 16 字水质治理方针，攻关形成 4 项污水处理技术。4 项技术的应用，有效缓解了多元化开发方式下污水系统的突出矛盾，使水质达标率保持在 70% 以上，其中水驱开发区块污水站水质全部达标。

1. 分质处理技术

水驱、聚合物驱和三元复合驱污水处理工艺各不相同，提高污水处理效果需实现污水处理工艺与处理水质相匹配，如果高含剂污水进入水驱污水处理站，将导致水质无法达标。

实施分质处理，要对以下 3 个环节进行重点管控：一是集输环节，从机采井到计量间再到转油站的集输过程要按照采出液性质进行分类集输，避免交叉窜网，确保三次采油采出液进入三次采油系统处理。二是脱水环节，要做到分质运行，结合脱水站游离水脱除器放水量大，电脱水器运行对采出液性质要求高的特点，在脱水站分质处理中实施"一段分、二段合"的运行模式，使脱水环节实现水驱、三次采油分开放水，并保证站库平稳运行。三是污水处理环节，通过更新完善原水及滤后水管道，实现不同水质分开处理，其中水驱产水经普通污水处理站处理后，进入深度污水处理站处理回注；三次采油产水按照性质，含聚浓度在 150～450mg/L 的聚合物驱采出水进入普通聚合物驱污水处理站处理后回注，含聚浓度大于 450mg/L 的聚合物驱采出水进入高浓聚合物驱污水处理站处理后回注，三元复合驱采出水进入三元复合驱污水处理站处理后回注。

"十二五"期间，应用分质处理技术新建 5 条集输管道、13 条污水管道，为水驱污水处理站水质达标奠定基础，实现了水驱污水处理站平均含聚浓度由 264mg/L 下降至 140mg/L。

2. 水量平衡技术

在三次采油规模不断扩大的背景下，三采产水不断增多，无法通过普通注水井网有效回注，水驱产水量有限，无法满足深度注水需求，水量平衡矛盾愈发突出。以 2012 年为例，三采产水存在 $1.5 \times 10^4 m^3/d$ 的剩余量，深度水源存在 $3 \times 10^4 m^3/d$ 的亏缺量。为此，2012 年至 2014 年，在分质处理的基础上，开展杏北开发区含油污水调配技术研究，制订"开源、节流"的水量平衡方法。

一是针对多元开发方式下水驱污水处理站对高含剂污水适应性差的问题，通过室内及现场试验，开展了含聚污水深度处理界限研究，明确了水驱污水处理站处理污水含聚浓度界限为 150mg/L，基于此含聚浓度界限将三次采油开发初期和后期的低含聚污水补充为深度水源，实现"开源"。

二是在杏北 7 号和杏北 8 号注入站开展现场试验，分别注入深度水及普通水，研究后续水驱注入水质调整为普通水的可行性。经过了两年的现场试验，杏北 7 号注入站所辖的 25 口注入井和杏北 8 号注入站所辖的 20 口注入井吸水能力、注入压力、采出液含水率、产液强度均无明显变化，明确了开发储层为高渗透层的后续水驱区块注入水质可调整为普通水，进一步提高了杏北开发区普通水注水需求，降低了深度水用量，实现"节流"。

该方法自 2015 年推广应用，陆续有 10 个后续水驱区块注入水质调整为普通水，减少深度水用量 $5.4 \times 10^4 m^3/d$，阶段性地将 7 个区块三采水作为深度水源，阶段平均增加深度水源 $2.9 \times 10^4 m^3/d$，缓解"三采产水过剩、深度水源不足"矛盾。

3. 均衡负荷技术

随着油田开发采出水量及注水需求不断增加，污水系统出现了负荷不均衡的问题，部分站库负荷率超过 100%。过高负荷会减少污水沉降时间，加快过滤速度，导致去除率下降，影响出水水质。为了发挥污水处理工艺最佳处理效果，保证污水系统高效运行，需要将站库负荷控制在 80% 以下。

针对同类污水站负荷不均衡问题，通过高压端和低压端两方面的调整，实现系统负荷均衡。高压端增加注水管网连通，实现注水站能力相互利用，均衡注水需求。低压端增加高负荷站库与低负荷站库之间管网连通，通过合理建设调水管网实现站库能力互用。最终通过均衡站库负荷，促进污水站高效、高质量运行。

截至 2021 年 12 月，杏北开发区 31 座污水处理站负荷率均控制在 80% 以下，平均负荷率为 60%。

4. 节点管理技术

油田最终注入水质的优劣受放水、脱水、沉降、过滤和注水 5 个环节影响，其中污水处理系统（沉降、过滤）起到承上启下的作用，既要满足上游来水的处理需求，监测来水水质，又要满足下游注水需求，优化参数。每个环节和节点应有严格的控制指标和治理措施。在水质管理的过程中应遵循自上而下的原则，确保标本兼治。

来水环节，控含油、控含聚，保障来水水质。强化油水界面控制，保持放水达标；优选高效破乳剂配方，优化节点加药浓度；严格执行沉降罐收油，加强外输水质监管，保证污水处理站来水含聚浓度在水驱时小于 300mg/L、在聚合物驱时小于 500mg/L、在三元复合驱时小于 1000mg/L，减轻下游负担。

处理环节，优化工艺、加强管控，保证外输水质。首先是明确各节点水质指标并加强跟踪，精准定位影响水质达标的重点环节。在此基础上细化节点措施。坚持沉降罐高液位运行，保证沉降时间；坚持小排量连续收油，有效控制沉降罐油厚；定期对容器储罐、回收水池等设备进行清淤，提高沉降环节运行效率；加强药剂管理，保证污水处理药剂有效投加；对过滤罐运行参数进行持续跟踪，根据反冲洗压差、定期开罐检查判断滤料污染情况，从而有序开展个性化反冲洗、加密反冲洗、在线清洗、滤料更换等工作，保障过滤罐高效运行；污水输送过程中，通过污水管道在线清洗，保障管道输送能力，减少管输过程中水质的二次污染。

注水环节实行常态化管理，提高注入水质。定期对注水储罐进行收油清淤，对注水干线进行冲洗，对注水井进行水质定点监测，保证末端水质达标。

第五章　扶余油层工业化开发技术

扶余油层是杏北开发区下部含油组合，属于低孔隙度、特低渗透油藏，含油面积36.7km²，受储层特征、原油性质等因素的影响，采用常规油的开发技术及工艺始终较难实现有效的工业化开发。受杏北开发区萨、葡、高油层的深度开发，常规水驱效果逐年变差、一类油层三次采油区块逐年减少、三类油层三次采油技术不成熟等因素影响，产量急剧递减已严重制约了原油的稳产。因此，为缓解常规油递减压力，"十四五"期间杏北开发区加快了扶余油层攻关动用步伐。通过转变思维、大胆创新，以"非常规理念解决非常规问题"为指导，不断深化扶余油层开发工作，探索并形成了边勘探、边评价、边认识、边完善的"一体化"高效建产模式，实现了扶余油层的滚动工业化开发。

第一节　勘探评价及工业化开发历程

一、勘探开发历程

杏北开发区对于扶余油层的勘探评价较早，1977年，XS区探井在扶余油层首次见到含油显示，但由于储层物性差，认为没有工业价值；1997年至2001年，对于扶余油层开展了相关初步评价工作，共部署探井和评价井8口，均获得了较好含油显示，但由于储层物性条件差、开发工艺技术相对落后，认为没有工业化开发潜力；2002年，按照油田公司油藏评价工作的总体安排，针对大庆长垣扶余油层评价和动用难题，开展了杏北开发区老三维地震资料的采集，资料覆盖面积328km²，标志着扶余油层全面进入评价阶段；2003年至2018年，进一步部署探井、评价井和试验井93口。随着评价工作的不断深入，陆续开展了扶余油层成藏规律和开发潜力评价研究等工作，基本搞清了扶余油层的构造、断层特征和储层宏观展布情况，对含油有利目标区分布有了更进一步的认识，并于2012年提交了探明地质储量。

2008年，为落实扶余油层开发潜力及注水开发可行性，杏北开发区紧紧围绕"老区新层"的地质特点，利用"上下结合、分时开采"技术，开展XLJ试验区先导性矿场试验，实现了扶余油层的有效开发。根据扶余油层与萨、葡、高油层特点部署一套井网，优先进行扶余油层开发，待扶余油层开发完毕后上返萨、葡、高油层。XLJ试验区先导性矿场试验结果表明：扶余油层具有一定注采能力，注水开发是可行的，初期采油强度可达0.77t/（d·m），视吸水指数0.35m³/（MPa·d）；扶余油层开发具有一定经济效益，满足工业化开发标准。

2012 年，为尽快形成低渗透油层开发配套相关技术标准，杏北开发区开展了 XQY 试验区扩大性矿场试验，试验区布井沿用了 XLJ 试验区开发布井技术，采用 200m×100m 五点法面积井网、井排方向沿最大主应力方向（北东 90°）进行布井，共部署油水井 41 口（采油井 25 口、注水井 16 口），整体普通压裂方式完井，取得较好试验效果，达到了扩大性矿场试验预期目标。形成了低渗透油藏精细描述、超前温和注水、多层系综合利用布井三项配套开发技术，为工业化开发奠定了基础。

2019 年，扶余油层进入工业化开发阶段。利用试验阶段取得认识，结合区块上部萨、葡、高油层井网部署情况，采用 280m×140m 五点法面积井网进行开发，率先开展了 XSW 区南块及 XXB 过渡带南 II 块工业化开发，初期效果未达到方案预期，开发效果不理想，存在单井产液量低、含水较高、注采比长期较高的难题。通过认真分析总结经验，认为在开发布井、压裂完井、产能建设、举升工艺、清防蜡工艺等方面仍然存在一些不足。后期不断转变观念，通过优化压裂思路、引入缝网压裂工艺、实施智能纳米黑卡解堵等技术，使得新投产区块初期效果明显提升，达到效益开发水平，取得较好开发效果。截至 2021 年底，已累计动用 7 个区块，基建油水井 303 口，建成产能 $10.8×10^4$t/a。

二、油藏基本特征

（一）构造特征

杏北开发区扶余油层与萨、葡、高油层构造特征具有一定的相似性，油层顶面构造为完整背斜，总趋势是北高（−1300m）南低（−1500m），东高（−1400m）西低（−1900m），以 −1400m 构造线为圈闭，圈闭面积 152.1km²，闭合幅度 104m，构造高点位于 XS 区。总体来看，西部构造较陡，向东变缓，可划分为西部陡坡、中央背斜及东部缓坡三大构造带，构造幅度相差 600m；断裂系统复杂，在剖面上构成"堑垒"相间的构造格局。扶余油层顶面断层比较发育，共解释 498 条，均为正断层，断层走向主要为北北西向和北西向，断距一般 20～80m，倾角 40°～50°，延伸长度一般 2.0～8.0km，油层顶面埋深 −1750～−1240m。

（二）储层特征

杏北开发区扶余油层属于下白垩统泉三段和泉四段沉积地层，沉积时期正处于松辽盆地由断陷向坳陷发展的过渡时期，即盆地大规模沉降的前期，在以沉降为背景的振荡运动控制下，具有较快的沉降速度。沉积物源主要受北部河流—三角洲沉积体系控制，为近湖湖泛型低能河控三角洲沉积，存在多种微相类型，有效储层大多为各类河道砂体。从河道发育宽度规模看，以特小型、小型和中型为主，单砂体走向以近南北向为主（图 5-1）。

1. 储层岩性特征

扶余储层石英含量 20%～28%，长石含量 24%～35%，岩屑含量 28%～38%，泥质含量 10%～20%，从储层粒度统计情况来看（表 5-1），以细砂、粉砂为主，粒度中值

0.135mm，为长石岩屑粉砂岩、细砂岩。砂岩以泥质胶结为主，次生孔隙发育。黏土矿物成分（表5-2）以伊利石为主，其次为高岭石和绿泥石。与中部含油组合萨、葡、高油层相比，扶余油层岩石颗粒较细，泥质含量较高。

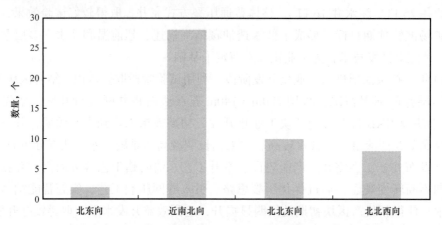

图 5-1　杏北开发区扶余油层沉积河道砂展布方向统计图

表 5-1　杏北开发区扶余油层与萨、葡、高油层粒度对比表

油层	粒度分级占比，%				粒度中值，mm
	中砂	细砂	粉砂	泥质	
扶余油层	0.1～0.6	5.1～53.5	36.6～66.9	14.77	0.135
萨、葡、高油层	1.1～22.1	50.0～57.5	11.6～38.0	10.00	0.160

表 5-2　扶余油层黏土矿物成分含量对比表　　　　　　　　　单位：%

油层	伊利石	高岭石	绿泥石	蒙/伊混层	蒙/绿混层
扶余油层	49.0	24.0	20.0	4.0	2.0
萨、葡、高油层	36.6	29.9	0.0	0.0	33.5

2. 储层物性特征

扶余油层孔隙度主要分布在10%～20%，最大孔隙度为21.6%，平均有效孔隙度14.9%，渗透率为0.1～30.4mD，大多数分布在1.0～6.0mD，平均空气渗透率4.06mD，属于低孔隙度、特低渗透油层。

3. 储层含油性特征

扶余油层含油饱和度平均57.8%，产状以油浸、油斑为主，其中，油浸占56.44%，油斑占20.73%。通过455块岩心的孔渗资料，建立了物性、岩性、含油性关系，随着储层有效孔隙度和空气渗透率的增大，岩性和含油性逐渐变好，杏北开发区储层岩性、含油性与物性之间有较好的相关性。

4. 油水相对渗透率特征

利用水驱油实验装置对 6 块样品进行了油水相对渗透率模拟实验，样品的空气渗透率为 5.59～30.4mD。从实验求得的相对渗透率曲线（图 5-2）可以看出，油水两相共渗区间较窄，共渗区含水饱和度跨度为 25.40%～28.54%，平均为 26.88%；束缚水饱和度较高，为 35.48%～46.18%，平均为 42.26%；油相相对渗透率下降和含水百分数上升较快。

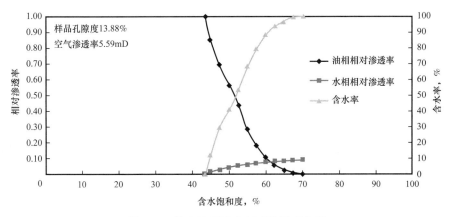

图 5-2　扶余油层油水相对渗透率曲线

5. 温压及流体特征

根据扶余油层 1493.4～1815.9m 段实测地层温度资料分析，平均地温梯度为 43.9℃/km，属正常地温梯度。根据扶余油层 1410～1710m 段试油测压资料，实测地层压力为 17.1～18.6MPa，平均压力系数为 1.125，属于正常压力系统。

根据扶余油层高压物性分析资料来看，地层原油密度平均为 0.7946g/cm³，黏度为 5.33mPa·s，饱和压力为 6.13MPa，体积系数为 1.094；地面原油密度为 0.8588～0.8675g/cm³，平均为 0.8647g/cm³，地面原油黏度为 23.40～58.90mPa·s，平均为 33.50mPa·s（表 5-3）。

表 5-3　杏北开发区扶余油层地面原油性质对比情况

油层	密度，g/cm³	黏度，mPa·s	含蜡量，%	含胶，%	凝固点，℃
扶余油层	0.8588～0.8675	23.40～58.90	21.30～29.90	13.50～19.21	33.00～39.00
萨、葡、高油层	0.7950～0.8535	13.86～19.00	23.41～27.26	9.32～10.15	25.14～34.00

根据试油井产出水水质分析资料来看（表 5-4），扶余油层地层水氯离子含量为 971.60～1160.00mg/L，平均为 1035.53mg/L；总矿化度为 2375.00～3530.00mg/L，平均为 3055.00mg/L，水型属于 $NaHCO_3$ 型。

（三）油藏类型和油水分布

通过对杏北开发区扶余油层沉积、构造和储层等研究认为，断裂密集带及其周边油层相对发育，同时油藏边界受砂岩尖灭和物性变化所控制，形成了扶余油层断层—岩性或岩性油藏。具有以下特点：

表 5-4　杏北开发区扶余油层地层水水质分析统计表

区块	氯离子含量，mg/L	总矿化度，mg/L	pH 值	水型
XS 区	971.60	2375.00	7.00	NaHCO₃
XS 区	975.00	3260.00	8.27	NaHCO₃
XL 区	1160.00	3530.00	7.78	NaHCO₃
平均	1035.53	3055.00	7.68	NaHCO₃

一是油源方向控制含油区分布。扶余油层油气来自齐家—古龙凹陷侧向运移至杏北，由于来自齐家—古龙凹陷的油源供给能力不足，形成了以构造轴部为界，西部含油而东部不含油的油水分布特点。

二是砂体展布形态及断层控制含油分布。扶余油层有三条运移路径：（1）从西北部排油强度高值区往东南方向运移；（2）从西北部排油强度高值区沿背斜轴部从北向南运移；（3）从西南部排油强度高值区往东北方向运移。扶余油层河道砂体总体近南北向、窄条带状分布，在油气运聚路线上，限制了油气自西向东运移。

三是扶余油层油水分布呈现"上好下差、西好东差"的特征。由于受断层切割破碎及储层岩性、物性条件限制，扶余油层没有统一的油水界面。据试验区 11 口井壁取心、试油及测井解释综合分析，杏北开发区扶余油层存在水夹层现象，但主要呈现上油下水组合特征。水层主要分布在扶Ⅱ2层以下；油层、干层、油水同层相间分布在扶Ⅱ2层以上。

第二节　杏北开发区扶余油层开发配套技术

一、油藏描述技术

扶余油层进入工业化开发以来，随着开发规模不断扩大，原有萨、葡、高油层开发配套技术及工艺已无法满足扶余油层开发需求，储层描述、开发布井、压裂完井、注水政策、举升及集输工艺等方面急需进行攻关。为此，杏北开发区技术人员不断加快相关技术攻关步伐，形成了一系列的技术成果，有效地保障了扶余油层滚动建产。

（一）储层参数解释技术

随着杏北开发区扶余油层工业化开发规模不断扩大，储层参数解释过程中，同层解释精度不高，孔隙度、渗透率、含水（油）饱和度参数解释模型适应性差的问题逐渐凸显，影响了后期的开发完井。因此，在深化评价和试验阶段的油藏精细认识基础上，通过优选电性参数，研制砂岩厚度划分标准，新建油水层识别图版，厘定孔隙度、渗透率、含水（油）饱和度解释模型，攻关形成了扶余油层密井网开发阶段的储层参数精细解释技术，为各项开发调整方案提供精准地质依据。该技术取得两方面突破：一是形成了基于取心井及核磁测井的油水层精细识别图版，大幅度提高了油水同层解释精度；二是建立了以取心井及核磁测井孔隙分析为基础的孔隙度、渗透率、含水（油）饱和度解释模型，储层"四性"关系更加明确，储层参数解释精度大幅度提高，为工业化开发打下了坚实的地质基础。

（二）储层刻画技术

1. 形成了井震结合的精细对比方法

扶余油层存在厚度跨度大、稳定标志层少、断层多且碎、砂体垂向分布零散、横向变化快特点，统层对比存在较大难度，工作量较大。为了更好地解决对比难题，提高对比准确度，杏北开发区技术人员剖析地层沉积旋回特点，突破萨、葡、高油层固有的对比曲线的限制；优选出适合扶余油层的自然电位、自然伽马作为对比；总结小区域内曲线旋回特征，包括 U 形加 Z 形、连续两个反 3 形、U 形加工字形等组合特点，形成了地震资料定框架、测井资料定断点、小比例尺定旋回、曲线组合定层位、溢岸砂体定单元、垂向追踪定边界的"六定"分层对比方法，大幅度提高了对比精度。

2. 建立了包含不同含油状况的沉积微相模式

扶余油层为"上生下储、侧向运移"形成的构造—岩性及岩性油气藏，油源主要来自与齐家—古龙凹陷青 I 段烃源岩，受整体运移动力不足、储层埋藏较深、成岩作用较强等因素影响，导致了储层非均质性较强、油气充注情况复杂，存在"有砂无油"情况，原有按砂划相的沉积相绘制方法无法满足开发挖潜的需求。因此，为了进一步表征扶余油层内部非均质性的特点、准确刻画不同沉积相内油气充注状况，结合产能区块实际开发需求，建立了不同沉积微相的测井相模式，将分流平原亚相细分为分流河道砂、溢岸薄层砂及分流间泥三种沉积微相，并结合有效厚度进一步划分为：含油河道砂、含油溢岸薄层砂、含水河道砂、含水溢岸薄层砂、分流间泥；前缘亚相则进一步细分为水下分流河道砂、席状砂、水下分流间泥三种沉积微相类型（表 5-5），结合有效厚度进一步划分为：含油水下分流河道砂、含油席状砂、含水水下分流河道砂、含水席状砂、水下分流间泥，形成规范化沉积相带图，满足开发调整需求。

表 5-5　扶余油层沉积微相判别标准

亚相	沉积微相	沉积微相判定厚度参考标准 砂岩厚度，m	含油性	含油性判别参数 有效厚度，m
水上分流平原亚相	分流河道砂	≥1.0	含油	≥1.0
			不含油	0
	溢岸薄层砂	>0 <1.0	含油	<1.0
			不含油	0
	分流间泥	0	—	—

续表

亚相	沉积微相	沉积微相判定厚度参考标准	含油性	含油性判别参数
		砂岩厚度，m		有效厚度，m
三角洲前缘亚相	水下分流河道砂	≥1.0	含油	≥1.0
			不含油	0
	席状砂	>0 <1.0	含油	<1.0
			不含油	0
	水下分流间泥	0	—	—

（三）构造描述技术

杏北开发区扶余油层断层数量多、断块小、断层密集，由于井资料较少，断层刻画依据长期不足。为进一步提高扶余油层构造描述精度，根据萨、葡、高和扶余两套油层位置重叠、断裂系统继承性强的特点，制订了"以上促下"的思路，形成断裂系统划分、分段生长断层识别等适用于扶余油层构造描述的关键技术，指导下部扶余油层稀井网条件下断层刻画。

1. 形成基于构造演化历程的断裂系统划分技术

杏北开发区断层经历多期构造运动、多次复活发育，深层和浅层断裂系统继承性强。因此，通过构造演化历程研究和断裂系统划分，明确了萨、葡、高和扶余两套油层断裂系统继承关系，从而指导扶余油层断层刻画，主要包括古地应力演化研究、古构造演化研究和断裂系统划分三个环节。

（1）古地应力演化研究。根据杏北开发区地应力演化特点，整体可以划分为三个阶段：第一阶段为构造反转前，受到北东—南西方向的弱挤压作用；第二阶段为构造反转期，受到北北西—南南东方向的强烈挤压作用；第三阶段为构造反转后，北东东—南西西方向的弱挤压作用。

（2）古构造演化研究。通过对各地质时期古构造的恢复，判断构造发生剧烈变化的几个阶段。杏北开发区主要经历三期大的构造运动：第一期为青山口组沉积末期，形成了大量北西走向的断层；第二期为姚家组沉积末期，先存的断层进一步复活，发育规模增大；第三期为明水组沉积末期，对应构造反转期，构造运动剧烈，断层的数量及规模均进一步增大。

（3）断裂系统划分。在古地应力和古构造演化认识的基础上，根据断层的断穿层位和消亡的部位，将扶余油层断裂系统划分为4种类型（表5-6）。

Ⅰ型：生成于青山口组沉积末期，主要在青山口组泥岩段以下发育，在青山口组塑性泥岩段消亡，发育数量多，占扶余油层断层总数的70%；

Ⅱ型：Ⅰ型断层中的少部分可以断穿青山口组泥岩段，向上延伸至葡萄花油层，但后期未多次发育，数量较少，占扶余油层断层总数的2%；

表 5-6 扶余油层断裂系统划分表

类型	发育期次	发育层段	断层数量，条	占比，%
I	青山口组沉积末期	在青山口组泥岩段以下发育	178	70
II	青山口组沉积末期	在葡萄花油以下发育	6	2
III	青山口组沉积末期—姚家组沉积末期	在萨零组以下层段发育	39	15
IV	青山口组沉积末期—明水组沉积末期	泉头组至明水组一体贯穿	33	13
合计	—	—	256	100

Ⅲ型：断穿至葡萄花油层的断层中，一部分断层在姚家组沉积末期再次复活发育，向上延伸至萨尔图油层顶部，在萨零组及以上的塑性泥岩段消亡，占扶余油层断层总数的 15%；

Ⅳ型：断穿至萨尔图顶部的断层中，一部分断层在明水组沉积末期再次复活发育，向上可以贯穿明水组，向下至泉头组，占扶余油层断层总数的 13%。

2. 形成基于成因机制的分段生长断层识别技术

从平面特征上看，扶余油层断裂系统具有明显的条带状分布特点，可以看作是多个断裂带的组合，从东到西，由 4 组北东向排列的断裂带构成，每组断裂带包含多个小型断裂带，多为倾向相对的地堑组合，断裂带之间成右阶斜列的组合方式（图 5-3）。从成因上分析，是受先存基底断裂和区域拉伸应力双重控制形成。其形成过程可以划分为三个阶段：

（1）在基底剪切力作用下，形成先存的北东向基底大型断裂；

（2）后期受北东向拉伸应力作用，形成北西向基底伸展断裂；

（3）随构造运动增强，形成受先存构造控制的北东向右阶斜列断裂带。

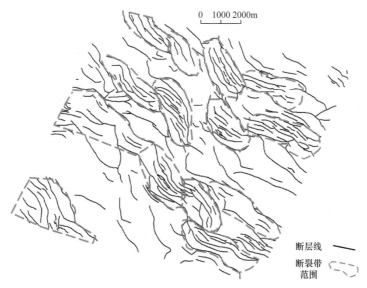

图 5-3 扶余油层断裂带划分平面图

根据扶余油层断层成因机制，总结三种断层分段生长模式（图5-4）：

（1）贯通型分段生长。为贯通多个层段的大型断层之间相互分段生长连接形成，断层规模大，平面延伸长，一般具有多个分段生长点，多呈现Z字形；

（2）断层带间分段生长。由于断层带内断层未经历多期发育，规模较小，走向有一定差异但差别较小，分段生长后转角相对较小；

（3）断层带内分段生长。未经历多期发育，规模较小，且断层带内断层走向基本一致，导致断层带内分段生长形成的断层仅存在微小转角。

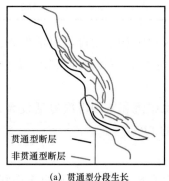 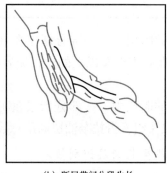 

(a) 贯通型分段生长　　　　(b) 断层带间分段生长　　　　(c) 断层带内分段生长

图5-4　扶余断层分段生长类型模式图

二、合理布井技术

为了进一步降低钻采投资成本，提高扶余油层油水井利用率，试验阶段及工业化初期，开发布井主要考虑扶余油层与萨、葡、高油层的井网综合利用，进行"上下结合"综合布井，以实现降低投资的目的。但随着工业化布井区块逐年增加，原有布井问题凸显：一是扶余新建产能区块上部萨、葡、高油层加密井网已部署完毕，无法实施"上下结合"布井；二是已部署区块实施钻井后，扶余油层钻遇率低、投产后低效井占比高，无法达到扶余油层效益开发的目的。针对上述问题，迫切需要攻关低渗透油藏的开发布井技术，以提高工业区开发效果。因此，在充分考虑扶余油层发育特点基础上，建立地震反演预测成果约束地质模型，利用数值模拟手段，对扶余油层的布井方式进行了优化，技术上实现了高效布井。一是利用数值模拟手段对比五点法、反七点法和反九点法不同布井方式，反九点法效果最佳，进一步优化井网类型，由传统五点法转变为反九点法方式进行布井；二是优化注采井间的有效渗透距离，引入非达西渗流启动压力梯度方法、低渗透极限驱动距离公式评价方法，论证扶余油层极限驱动距离为180m，考虑压裂缝长情况下，进一步优化注采井距，由200m转变为180m；三是优化井排方向，数值模拟表明，井排方向与主应力方向夹角越大，油层最终采出程度越高，井排方向由原来"井排方向为最大主应力方向"优化为"注采井对角线方向为最大主应力方向"。通过布井理念转变，实现了XLJ-1井区大平台高效布井。

三、规模压裂技术

在杏北开发区扶余油层压裂设计过程中，试验阶段油水井对应实施整体普通压裂取得了较好的试验效果。但随着工业化区块陆续投产，受单井钻遇砂体规模影响，沿用试验阶段的压裂方式完井，开发效果不理想，存在造缝效果差、单井产量低、油水井驱替关系建立难度大等问题。因此，急需不断丰富和完善压裂完井技术。通过对已开发工业区块压裂效果分析以及压裂技术的完善，实现了新投产区块的开发效果。一是在压裂选层上，通过取心井及微地震监测结果分析，认为河道型厚砂体（1.5m 以上有效砂岩）含油性最好、造缝效果最长，进一步明确了河道型厚砂体为重点压裂改造对象。压裂选层由原来"层层压"向"选层压、压厚层"转变，增加单层的加砂规模，实现了厚层发育井的有效建产。二是在压裂工艺上，为了进一步提高压裂缝复杂程度，产生分支缝、形成"缝网"系统，优选重点（发育厚层）井实施大规模"缝网"压裂试验探索，由"单一缝"向"复杂缝"转变，实现了试验井高效建产。通过开展以上工作，工业区基本形成了以普通压裂为主、"缝网"压裂为辅的压裂完井模式。但受储层发育条件影响，河道厚砂体（1.5m 以上有效层）发育井产量高、效果好，仅发育薄层溢岸砂（1.5m 以下）井产量低、效果差问题，仍需进一步攻关完善配套压裂完井技术。

四、超前注水技术

国内外研究表明，低渗透油层由于岩性致密、渗流阻力大、压力传导能力差，一般天然能量不足、油井自然产能低，如果仅仅依靠天然能量开发，油井投产后，地层压力下降快，产量递减大，一次采收率很低。同时，考虑杏北开发区扶余油层自身具有的中等偏强的压敏效应，压力、产量降低之后，很难恢复初始水平。因此，低渗透油田为确保开发效果，需采取保持压力的开发方式。在 XQY 试验区开展了超前注水界限研究，根据启动压力和压敏效应，建立特低渗透油藏渗流模型，定量研究了低渗透油藏合理压力保持水平、超前注水体积和油井投产时机，确定了 110%～120% 原始地层压力为最佳开发压力；科学计算了注水为 0.024 倍有效孔隙体积时为最佳投产前注水体积。

五、低成本高效配套工艺技术

扶余油井具有井深、低产、原油凝固点高等特点，使得原有萨葡高采油集输等配套工艺面临着巨大挑战，因此杏北开发区技术人员在配套采油工艺、集输工艺方面不断加大科研攻关及试验，取得较好效果，满足了现场开发需求。

（一）采油工艺技术优化

在扶余油层区块举升方式设计时，首先要满足地质预测的单井产能指标需求，其次要综合考虑举升方式和配套工艺的技术可靠性和经济合理性。

1.扶余油井举升工艺优化

杏北开发区在先期开发的扶余区块分别设计应用常规游梁抽油机和塔架式抽油机（图5-5），应用过程中发现常规游梁抽油机泵效低、系统效率低及耗电高的缺点，塔架式抽油机属于对称平衡式抽油机，存在配套工艺不成熟、平衡调整操作烦琐等缺点，在井深、低产、油稠和结蜡严重的扶余油井上出现频繁卡泵偷停等问题。

图5-5　塔架式抽油机现场应用

在2019年扶余首批工业化区块开发时，举升方式全部设计为长冲程抽油机，共23口油井。长冲程抽油机由长冲程无游梁式抽油机、柔性光杆、50m长组合泵筒抽油泵等关键设备组成（图5-6）。配套应用长冲程组合抽油泵可实现50m的冲程长度，采用的是"长冲程、低冲次"的运行方式，可实时测试电参数据，转换为电参功图，适用于低产低效井和偏磨严重井。

图5-6　长冲程智能抽油机现场应用

为了提高长冲程抽油机的运行效率，开展了4项配套技术研究工作：一是研究配套电参计产技术，依据电参示功图，可计算油井产液量；二是完善了电参示功图数据格式，符合中国石油采油与地面工程运行管理系统（A5）录入要求，解决了长冲程抽油机功图资料录取问题；三是优化了单井运行模式，通过配套智能控制系统，可根据充满度自动调节冲次，使供排关系更加合理，提高举升效率（图5-7和图5-8）；四是优化了长冲程抽油机屏幕多参数显示界面，可直观显示电参示功图、瞬时冲次、昨日平均冲次、瞬时产液量、日产液量、日耗电及累计耗电等数据（图5-9），方便了日常管理和资料查询、录取。

长冲程抽油机平均载荷利用率为60%，泵效71.23%，系统效率33.41%。目前扶余区块开发的主要举升方式为长冲程抽油机，长冲程抽油机使用过程中具有泵效高、系统效率高等优势（表5-7）。

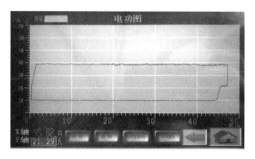

图 5-7 抽油机控制柜调整前电参功图界面

图 5-8 抽油机控制柜调整后电参功图界面

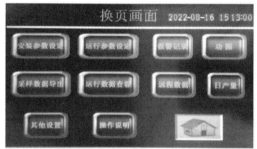

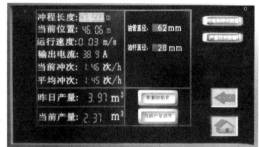

图 5-9 抽油机控制柜屏幕多参数显示界面

表 5-7 长冲程抽油机与常规抽油机生产数据对比表

举升类型	区块名称	井数口	理论排量 t/d	产液量 t/d	产油量 t/d	含水 %	沉没度 m	耗电量 kW·h/d	泵效 %	系统效率 %
长冲程抽油机	区块1	23	10.69	7.61	1.82	76.1	352.3	82.9	71.23	33.41
常规抽油机	区块2	38	17.81	1.64	0.45	72.6	62.8	145.9	9.2	10.42
对比			+7.12	−5.97	−1.37	−3.5	−289.5	+63.0	−62.03	−22.99

2. 扶余油层油井清防蜡工艺优化

扶余油层平均地面原油具有油稠、凝固点高等特点,油井存在结蜡严重、频繁卡泵等问题,常规热洗及高压热洗的效率低、洗井效果差,已不能满足扶余油层清防蜡需求。为此,先后开展 3 种清防蜡工艺试验。

(1)油管电加热清防蜡技术。该技术加热单元由三根发热的电阻芯线组成,芯线用快速卡扣固定在油管上,在芯线上通电后发出热量,芯线把热量传递给油管及管内流体,提升采出液温度。在结蜡严重井试验应用 32 口井,防蜡效果明显,但单井设备投入费用高且连续工作日均耗电 480kW·h,运行成本高。为此优化了间歇工作制度,优化后单井日耗电 216kW·h,运行成本仍然很高。

(2)杆式固体防蜡技术。杆式固体防蜡技术属于化学清防蜡技术,它是将固体防蜡药块安装在抽油杆上，随作业下入结蜡位置。固体防蜡药块由离子型氟酸盐、柠酸盐及非离子型柠檬酸酯三种表面活性剂和有机蒙脱土制成。防蜡药块溶解后可改变原油中的蜡晶形态，降低原油的析蜡点；能够改善含沥青质原油流动性，抑制沥青质的沉积。该技术具有费用低、一次性投入少、无须后期维护等优势。

杏北开发区应用井下固体防蜡器 81 口井，平均延长热洗周期 28 天，应用后取得了较好的防蜡效果，但有效期仅为 1.5 年，需要与其他清防蜡工艺配套使用。

（3）井口加药清防蜡技术。井口加药清防蜡技术是在井口安装加药箱，在加药箱中加入清防蜡药剂，通过加药泵，把清防蜡药剂加入油套环形空间内。清防蜡药剂中有效成分可使结蜡晶核被溶蚀和破坏，清防蜡药剂中的防蜡、清蜡成分交互作用使蜡晶间距增大，不易形成蜡的晶体。同时，清蜡成分可以促使蜡晶形成斜方晶体，减弱了正交型蜡晶的形成，不易连接形成三维网络结构，从而起到清防蜡的效果。

在清防蜡药剂筛选过程时，要依据标准评价防蜡剂，考察药剂的防蜡效果。对比 3 口试验井的原油挂壁量降幅大小（表 5-8），确定新型清防蜡剂作为现场试验用剂。

表 5-8　两种清防蜡剂技术指标

技术指标	试验井 1	试验井 2	试验井 3
温度，℃	40	40	40
加药量，%	0.15	0.15	0.15
传统防蜡剂原油挂壁量降幅，%	3.57	23.02	37.53
新型清防蜡剂原油挂壁量降幅，%	67.43	80.77	90.57

摸索加药浓度和温度对防蜡效果的影响。通过防蜡率曲线的变化情况（图 5-10），得出加药浓度 300mg/L 处是防蜡率曲线变化的拐点，当加药浓度达到 300mg/L 时井底、井内、井口的防蜡率均超过 90%，继续增大加药量防蜡率效果变化不大。试验结果，最终确定加药浓度控制在 300mg/L 时为最佳值。

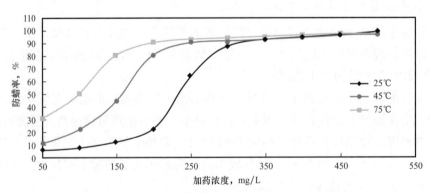

图 5-10　防蜡剂不同浓度和温度的防蜡率变化曲线

根据油井的生产状况和结蜡情况分析，扶余油井适合采用井口连续加药装置（图 5-11），该装置由加药罐、进气阀、加药阀、放空阀及连通阀组成，药剂通过加药泵投加至油井油套环形空间，实现连续加药，保证清防蜡效果。同时，制订了《机采井化学清防蜡加药管理办法》和《机采井投加清防蜡剂操作规程》，并形成现场加药记录台账，保证加药浓度的准确率和加药箱的运行时率。

图 5-11 井口加药箱安装示意图

目前扶余区块的清防蜡方式主要采取以井口加药为主，固体防蜡器为辅的组合防蜡工艺。2021 年，已安装井口点滴加药箱 46 口井，加药油井最长免修期为 867 天，最长检泵周期为 852 天，平均交变载荷下降 2.52kN。冲击加药 4 口井，加药后交变载荷下降 10.51kN，电流运行平稳。

（二）地面工艺完善定型

2019 年，杏北开发区扶余油层进入工业化开发阶段，与萨、葡、高油层相比，扶余油层产油具有高凝、高黏、高含蜡、间歇出油的特点，开发对象渗透率超低，对水质的需求也更为精细。经过不断的实践认识，地面工艺逐步完善定型。

1. 油气集输工艺

为保证正常生产，扶余开发区块转油站平均掺水温度较全厂平均温度（57.0℃）相对偏高，地面系统能耗大。针对扶余油层特点，在集输、计量和节能三方面开展研究，满足扶余开发需求。集输工艺方面：一是集油工艺主体复用水驱"两就近"挂接及丛式井平台工艺，采取多井挂接及平台井共同集输的方式，增加集输液量，降低沿程温降损失；二是开展井口防倒灌装置研究，在 171 口扶余油井井口和组合阀之间加装单流阀，防止采出液井口倒灌；三是研究低温输送免清蜡技术，在系统中投加原油流动增强剂，提高乳状液的动态稳定性，同时将管线内壁转变为水润湿性，形成亲水膜，以减少或防止油相在管壁的黏附，从而达到减小采出液管输摩阻系数、减轻石蜡在油井和集油管线内壁的沉积、实现油井免清蜡和采出液低温输送的双重目的。计量工艺方面，开展翻斗计量工艺现场试验和差压式计量现场试验，通过翻斗的称重量油及管道压力变化计算的方式，解决间歇出油计量困难问题。节能方面，开展扶余油井掺水优化集输研究，筛选集输半径小于 350m、回压小于 0.5MPa、含水大于 60% 的井，执行过程中逐步下调单井掺水量

（不低于 0.3m³/h），直至进计量间温度达到凝固点为止，通过观察井口回压等参数确定最佳的掺水量和掺水温度，降低能耗。

2.精细水处理工艺

2011 年，地面系统在扶余 QY 井区试验了"气浮＋一体化微生物除油单元＋曝气生物滤池＋高分子烧结滤芯精细过滤器"的污水"5、1、1"处理工艺，将 XYY 污水处理站水质满足"20、20、5"处理工艺的滤后水处理至满足"5、1、1"处理工艺的水质。进入工业化推广阶段，为了实现扶余油层"5、1、1"的注水水质要求，逐步采用清水作为精细处理水源，2019 年开始，逐步建成 XEY、新 XJ 精细水质注水站，采用 PVC 中空纤维膜超滤工艺（图 5-12）将清水处理至满足"5、1、1"处理工艺的水质。

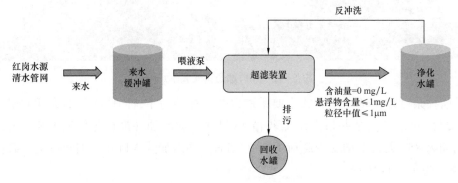

图 5-12 PVC 中空纤维膜超滤工艺示意图

另外，随着杏北开发区扶余油层开发规模的逐步扩大，持续采用清水作为处理水源将导致水源紧缺、污水系统产注不平衡。2019 年，在杏北开发区采出水全面见聚背景下，在 XSW 区南块聚杏北四精细水质注水站试验应用了陶瓷膜超滤工艺（图 5-13），实现含聚污水精细处理。聚杏北四精细水质注水站主要工艺流程为"含聚污水→微生物处理→固液分离（高级氧化）→陶瓷膜→净化水罐"。其中微生物处理装置具有收油、破乳的功能；固液分离装置对水中多余的悬浮物起到截留过滤作用；高级氧化装置可以降低污水的黏度，减小对陶瓷膜的污染；最终经过陶瓷膜过滤使出水达到"5、1、1"处理工艺水质。

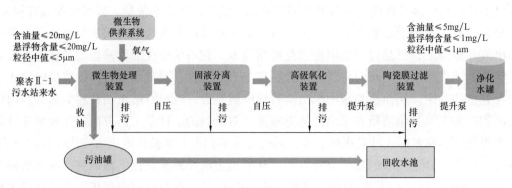

图 5-13 陶瓷膜超滤工艺示意图

　　从两种工艺的应用效果来看，两种工艺均可以达到"5、1、1"处理工艺水质指标，采用PVC中空纤维膜超滤工艺处理清水的站库，工艺较为稳定，出水稳定达标，能够满足开发注入需求。采用陶瓷膜超滤工艺处理含聚污水的站库，在来水水质稳定达标的情况下，出水水质能够达标，产水量可以满足注水需求，但陶瓷膜处理效果受来水水质影响较大，来水水质波动会影响出水水质、产水量，同时在生产运行中发现，微生物和陶瓷膜的污染具有不可逆的特点，设备维护难度较大。因此，对于扶余油层的开发，注水工艺上推广采用PVC中空纤维膜的清水处理工艺。

第六章　油水井套管损坏防护技术

油水井是油田开发的最基本单元，油水井正常生产是完善井区注采关系、保持地下开发形势稳定、减缓产量递减速度、控制开发投资成本的最基本需求。但随着生产时间的不断延长，开发方案的不断调整和实施，油水井套管状况变差甚至损坏是油田开发不可避免的问题。杏北开发区开发调整过程中，不断有套管损坏井（以下简称套损井）的出现，对此，杏北开发区一直致力于套损井防控及治理的各项工作，并形成了系列化的防治标准及技术系列，为控制套管损坏速度及套损井的成功治理发挥了重要作用。

第一节　油水井套管损坏的总体形势

杏北开发区自 1972 年出现第一口套损井后，陆续出现了三次套损高峰期。

第一次套损高峰出现在 1986 年，XYE 区东部嫩Ⅱ段底部成片套损。针对 XYE 区东部嫩Ⅱ段底部成片套损，开展了大量的分析研究工作，主要研究结果是：因一次加密调整井固井质量差，导致注入水上窜至嫩Ⅱ段底部标准层。因此，为控制嫩Ⅱ段底部成片套损，杏北开发区从 1988 年开始将纯油区内上部油层萨Ⅱ1—萨Ⅱ4 停注，新钻注水井萨Ⅱ1—萨Ⅱ4 不射孔，防止注入水上窜至嫩Ⅱ段底部标准层。

第二次套损高峰出现在 20 世纪 90 年代至 2000 年，1996 年 XYS 区丙北块南部嫩Ⅱ段底部成片套损，2002 年 XDB、XXB 过渡带边部萨Ⅰ—萨Ⅱ夹层套损相对集中，XSL 区（行列）套损井数较多，套损层位集中在嫩Ⅱ段底部和萨Ⅱ5—萨Ⅱ16 油层上。二次成片套损高峰的主要原因：一是套损集中区块一次加密井固井质量差，导致注入水上窜至嫩Ⅱ段底部标准层形成浸水域，降低了岩石的抗剪强度；二是套损集中区块由于断层遮挡和切割注水导致区块内部压力不均匀；三是钻关后压力恢复不均衡，导致区块内部地层压力失衡，在三种因素共同作用下，导致嫩Ⅱ段底部标准层成片套损。通过重新研究认识后，形成了一套防止嫩Ⅱ段底部标准层成片套损的保护措施：一是在提高固井质量上，研究出一套钻关及钻关恢复方法；二是对新钻井采取嫩Ⅱ段底部标准层下水泥面控制工具，对嫩Ⅱ段底部标准层不封固，当岩石发生变化时，留出缓冲空间，使其不能接触到套管，起到保护套管作用；三是对嫩Ⅱ段底部标准层下入高强度套管，加强套管抗剪切能力。

2015 年开始，进入第三次套损高峰期，年套损井数超过 200 口，本次套损高峰期持续时间长，套损规模大，治理难度大。截至 2021 年，杏北开发区共发现套损井 4525 口，占投产总井数的 25.63%。从区块分布来看，主要集中在 XYS 区（行列）和 XSL 区（行列），占比分别为 24.99% 和 39.03%。从井网分布来看，主要集中在基础井网、一次加密井网和二次加密井网，占比超过 80%。其中，基础井网和一次加密井网的本井网套损率超过 50%。从套损层位分布来看，非油层部位套损以嫩Ⅱ段为主，嫩Ⅱ段套损井占非油层部位套损井的 51.68%，油层部位套损以上部萨尔图油层组为主，占油层部位套损井的 77.97%。

油水井套管的大量损坏，已经对油田开发产生了影响，不仅会破坏注水开发的基本条件，使注水量减少，造成注采失衡，而且会使油田含水猛升，产量下降，对油田稳产形成很大的威胁，具体表现在以下几个方面：一是注采系统遭到严重破坏。受套损关井及防套关控影响，对区块注采关系造成严重影响，注采井数比、控制程度、注采比均大幅下降。二是产量递减及含水上升速度加快。受套损形势影响，注水井开井数较低，油井受效较差，自然递减速度相对较快。另外，受关井控注影响，方案调整余地小，单位厚度累计产油较低，套损区块含水波动较大，年均含水上升速度加快。三是油层动用状况较差。从吸水剖面来看，套损区薄差储层动用状况明显变差。四是地层压力持续下降。套损集中区块地层压力持续下降，地层压力呈现较低水平，地层能量有所下降。因此，随着油田开发的深入，套管保护和套损井的治理已成为油田开发管理的一项重要课题。

第二节　油水井套管损坏的主要影响因素

杏北开发区出现三次套损高峰，是油田开发过程中多种因素长时间作用造成的，不同时期套损所反映的主要矛盾不同，但是油水井套损的核心是系统压力控制的问题，包括注水压力、油层压力以及它们之间的匹配优化，造成套损的各种压力积累是一个缓慢过程，而非油层部位浸水等因素进一步加快了套损的速度。

一、泥页岩和油页岩浸水并形成浸水域——导致套管损坏的根源

杏北开发区的套管损坏，主要发生在油层以上的嫩Ⅱ段底部油页岩和萨零组至萨Ⅱ组顶部的泥页岩井段。该部位套管损坏给油田开发带来的危害最大，三次套损高峰套损层位均集中在嫩Ⅱ段底部油页岩部位。嫩Ⅱ段厚 200m 左右，为大段的黑色、灰黑色泥岩和页岩，底部为厚度 10m 左右的油页岩，在全区稳定分布，为大庆长垣油田一级标准层。全层含介形虫、叶肢介和蚌化石（图 6-1）。从标准层油页岩结构看，其水平层理发育，沿水平层理分布大量密集介形虫叶肢介化石，化石面存在微裂缝，有助于注入水的迅速浸入，形成不断扩大的浸水域，诱发成片套损（图 6-2）。

二、注入水窜入地层——造成非油层部位套管损坏

杏北开发区自投入开发以来，按照注水压力的变化可分为低压注水、增压注水、高压注水、转抽降压、下调压力、提压注水、上调压力和合理压力 8 个不同开发阶段（图 6-3）。在不同开发阶段，套管损坏的速度与注水压力的变化密切相关，当注水压力低

于原始地层压力时，没有套损井出现；当注水压力超过上覆岩压时，套损井数激增；当注水压力在原始地层压力和油层上覆岩压之间时，套损井数处于稳定状态。注入水通过固井质量差、嫩Ⅱ段底部错断、报废不彻底的注水井，也会窜入嫩Ⅱ段底部油页岩中，形成的浸水域降低了油页岩的抗剪强度，在剪切力作用下，造成套管损坏。

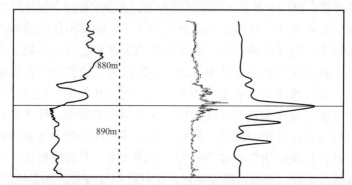

图 6-1　嫩Ⅱ段底部标志层 2.5m 视电阻率曲线

图 6-2　嫩Ⅱ段底部标志层中化石层分布特征和微裂缝

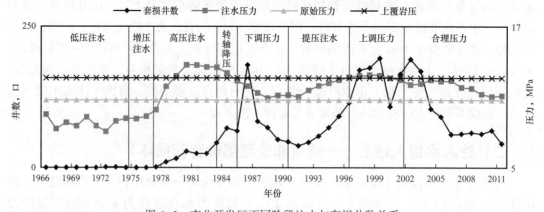

图 6-3　杏北开发区不同阶段注水与套损井数关系

三、区块内地层压力失衡——导致成片套损

导致杏北开发区区块内部压力失衡的原因：一是由于行列注水有一定的局限性，断层分布导致区块内部压力失衡。对于基础井网和一次加密井网而言，由于行列注水有一定的局限性，且受断层遮挡影响，造成区块内部有注水井排注水的形成高压区，受断层遮挡影响没有注水井排注水的形成低压区，区块内压力失去平衡，导致成片套损。二是钻关影响导致区块内压力失衡。钻关以及钻关恢复不合理，地层压力频繁波动，容易导致区块内压力不均衡，使岩体处于不稳定状态，加剧了套损的发展。

四、断层浸水后局部滑移

杏北开发区的套损是从断层附近的注水井开始的。统计 1700 口钻遇断层的套损井，有 34.0% 的井套损点发生在断点处，套损与断层的相关性较强。这是由于在构造运动过程中，断层的产生表明该处曾是地应力最集中的地方，当构造运动过后，断层面及其附近的稳定性是最差的，其内聚力或抗张强度是最小的。因此，在断层附近注水，即使注采比合理，但由于断层遮挡也会导致地层憋压，致使断层两侧地层压力失去平衡，应力场稍有变化就会引发集聚能量的释放，导致套管损坏。其特点是套损井的平面分布不受油层限制，而是顺着断层面延伸。

五、异常高压层——导致油层部位套损

油层部位套损与异常高压层有着密切的关系。杏北开发区 70 口 RFT 测井资料表明，纵向油层压力分布非常复杂，油层组由上至下，萨零组至萨Ⅱ组地层压力最高，葡Ⅰ组地层压力最低，并且每个油层组中高压层和低压层分布也不均衡。萨零组至萨Ⅱ组顶部的压力总压差大于 1MPa 的有 58 个小层，占统计层数的 72.5%，该层段套损情况也非常严重，套损井数占总套损井数的 40.75%。异常高压层是造成油层部位套损的主要原因，在注水开发过程中，形成异常高压层主要原因是单砂体注采关系不完善，表现形式为：注大于采、有注无采、厚注薄采，其中以注大于采形成异常高压层为主。因此，在动态调整上要严禁有注无采、控制注大于采。

第三节 油水井套管损坏的防护技术体系

杏北开发区经历几次套损高峰期后，能够深刻认识到套管防护工作相当于油田生产中的安全工作，既有整体控制和细节调整的需要，又有长期性和持续性的要求。为了做好套损预防工作，保护套管不受损坏，保障原油产量不受损失，同时减少套损修复投入的资金费用，杏北开发区制定了套损综合防护技术标准，并形成了一系列套损防护技术。

一、套损综合防护技术标准

杏北开发区始终深入贯彻落实《大庆油田有限责任公司套管保护管理规定》，严格执行"四级报警制度""关控查制度"等相关套损防控制度，在坚持"预防为主、防治结合"原则的基础上，制定了杏北开发区"七七七"套损综合防护技术标准，该技术标准将套损防护融入油田开发工作全过程中的每一个环节，具体内容如下：

一是七个坚持。（1）坚持断层两侧第一排不布注水井的原则；（2）坚持对新钻井区块注水井关井降压的原则；（3）坚持钻关时先钻关高压区注水井的原则；（4）坚持对新钻油水井嫩Ⅱ段到萨Ⅱ组顶界下入高强度套管的原则；（5）坚持对新钻油水井下入水泥面控制工具的原则；（6）坚持射孔时提高注采对应率的原则；（7）坚持新建产能区块油水井投产时间间隔不超过30天的原则。

二是七个严禁。（1）严禁超破裂压力注水；（2）严禁超强度注水；（3）严禁井况不清注水；（4）严禁异常井注水；（5）严禁未大修直接注水；（6）严禁不报废或报废不彻底更新注水；（7）严禁有注无采油层注水。

三是七个严格。（1）严格控制注大于采油层注水；（2）严格控制新增嫩Ⅱ段套损区注水量；（3）严格控制注水开发区块各井网年注采比在合理范围内；（4）严格控制区块间压差在0.8MPa以内；（5）严格控制区块平均地层压力年升降幅度在0.5MPa以内；（6）严格执行注水异常井的四级报警制度；（7）严格执行新发现套损井周分析制度。

二、套损防控监测技术

在套损监测需求的驱动下，发展形成了较为完备的系列测井技术，利用不同测井原理，从不同侧面监测套管技术状况，为套损防控、修复与报废措施提供真实、准确、有效的依据。

（一）套管损坏监测技术

一是打铅印测量套损的形态和位置。判断、证实井下状况是处理井下事故和油水井大修作业的首要前提。杏北开发区一直应用打铅印的方法证实套管损坏，利用通径规可以获得套管变形的位置和大致最小内径，再利用铅印材料较软、容易变形的特点，即可得到套管变形形态和基本准确的最小内径。

二是应用电磁探伤监测套管状况。电磁测井是根据钢套管铁磁性介质变化引起的电磁效应来测量套管状况。电磁探伤测井常用来检测两层钢管的损坏情况，在油管内检测油管和套管的损坏情况，节省了检查套管情况时起、下油管的作业费用，主要用于进行普查"体检"。电磁探伤测井作为一种可为油井与水井井身结构做"体检"的方法，对及时发现井身结构的变形、控制套管损坏的进一步发生发挥重要的作用。在需查套损井较多，作业能力有限的情况下，杏北开发区通常采取电磁探伤的方法来快速检查套损状况。

三是应用多臂井径监测套管状况。通过测量臂与套管内壁接触，将套管内径的变化转化为井径测量臂的径向位移，通过电阻变化把井径变化转变为电信号变化，对电信号进行记录，从而得到井径。多臂井径测井可检测套管结垢、内外壁腐蚀和损伤、形变、壁厚及孔眼等状况，指示井下管柱结构和工具位置，进而准确测定套管变形和破损情况类型。在井下情况较为复杂、难以判断的情况下，通过多臂井径测井结果来指导套损井修复。此外，方位井径测井还能提供套损受力方向，为分析套损原因提供依据。

（二）套管外水泥固井质量监测技术

通过测量声波在介质中传播的反射、传播特性和衰减特性，检测套管和水泥环状况。从早期的声幅测井、声波变密度测井发展到具备分区能力的扇区水泥胶结测井和声波—伽马密度测井，检测参数逐步增多，周向分辨能力逐步增强。扇区水泥胶结测井技术评价结果更客观，可以识别大于 45° 的周向水泥缺失井段，减小了单一声波变密度无法识别方向的不确定性，有利于开发方案的制订。声波—伽马密度测井不仅具备八分区检测能力，还能通过水泥密度检测识别微环等疑难问题，评价固井质量更为准确，可作为疑难井治理合格与否的判别手段；评价为微环的井段不适宜挤水泥作业，可为挤水泥修复方案提供准确资料。应用扇区水泥胶结测井和声波—伽马密度测井方法，在杏北开发区完成套管外固井质量检测数十口，为分析固井质量变化提供了依据。

（三）报废井报废质量监测技术

采用井间干扰试井技术，通过测试报废井的邻井开井或关井引起的压力干扰，判断井间连通情况，套损防护工作主要将该测试方法用于判断报废井的水泥报废质量。在确保油层夹层稳定，层间不窜的前提下，检查固井质量及井筒状况。根据测试井射开小层情况、隔层发育状况、同位素吸水剖面测试结果以及管柱设计要求，确定激动层和反应层，对测试井进行同井垂向干扰试井，来判断报废井与邻井间是否存在窜流，检查报废井的水泥报废质量。通过开展多组的井间干扰试井，已证实有 3 口注入井与报废井间存在窜流，并将这 3 口注入井立即关井停注，控制注入水沿报废不彻底通道上窜至标准层引发套损。

三、套损风险调整技术

针对嫩Ⅱ段底部浸水和开发套损风险不稳定因素，借鉴已治理套损区成功做法，分别制订了控制进水、排出存水、均衡区块压力三个方面调整技术对策。

（一）控制进水

嫩Ⅱ段底部浸水后，会使岩石抗剪强度明显下降，导致套损的发生，分析认为有三种原因可导致浸水：固井质量差注水上窜、报废不彻底注水上窜、错断水井发现不及时注水上窜。针对这三种浸水原因，形成了一系列控制进水的技术方法。

一是上部油层萨Ⅱ1—萨Ⅱ4停注。杏北开发区在经历第一次套损高峰期后，研究认为一次加密调整井固井质量差，导致注入水上窜至嫩Ⅱ段底部标准层。因此，杏北开发区从 1988 年开始将纯油区内上部油层萨Ⅱ1—萨Ⅱ4停注，新钻注水井萨Ⅱ1—萨Ⅱ4不射孔，防止注入水上窜至嫩Ⅱ段底部标准层。

二是套损集中区块降压注水。针对套损形势比较严峻的 XLQ 区西部，主动将压力空间在 0.5MPa 以内的注入井，实施降压注水，将注入压力下调 0.5MPa 左右，通过控制注入压力，减小注入水上窜的风险。

三是固井质量差井注水政策调整。近年来，对杏北开发区 12629 口井细分 6 大段进行固井质量普查，并建立固井质量数据库。从普查结果来看，三次加密井网、三次采油井网的嫩 II 段—萨零顶固井质量优质率相对较低，也是注水上窜的隐患所在（表 6-1）。基于固井质量数据库的建立，进一步探索固井质量与套损之间的关系，认识到射孔顶界至嫩 II 段固井质量越差，嫩 II 段及夹层段套损比例越高（图 6-4）。依据固井质量差程度对注水井偏 I 层段分级注水，制定顶段控注防套技术界限，从而降低固井质量差注水上窜的风险（表 6-2）。

表 6-1　固井质量分段普查统计表

分类	普查井数口	优质井数口	合格井数口	不合格井数口	全井优质率%	分段固井质量优质率，%					
						嫩 II 顶以上	嫩 II 段	嫩 II 段底部—萨零顶	萨零顶—萨 II 顶	萨 II 顶—萨 II 4 底部	萨 II 4 底部以下
基础井网	1388	905	352	131	87.1	19.3	55.3	83.1	90.4	89.6	89.6
一次井网	2382	1822	402	158	90.2	64.3	82.9	89.1	91.5	91.1	94.2
二次井网	2431	1821	374	236	87.4	20.4	74.2	85.5	89	90.6	90.4
三次井网	2968	1852	680	436	79.4	52.7	65.6	79.8	86.1	87	87.7
水驱小计	9169	6400	1808	961	85.5	45.3	62.6	84.2	88.9	89.4	90.4
三采井网	3460	2016	912	532	76.9	45.8	59.3	74.2	78	80.3	85.6
合计	12629	8416	2720	1493	83.2	45.5	69.8	81.5	85.9	86.9	89.1

表 6-2　顶段控注防套技术界限

风险级别	注水强度控制范围，m³/（d·m）
高（3 段差）	停
中（2 段差）	0~1
低（1 段差）	1~2
无（全优）	2~3

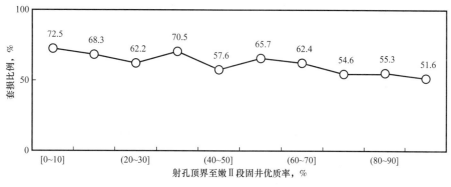

图 6-4　固井质量与套损关系曲线

四是报废不彻底井周围注水井调整。为了排查杏北开发区报废井报废不彻底的隐患，对报废井细分 12 种类型进行普查，并建立报废井数据库，同时调查报废不彻底井周围井的套损情况（表 6-3）。1 类报废不彻底井周边套损井比例较高，而且易造成嫩 Ⅱ 段及萨零夹层套损，风险隐患较大；2 类、4 类和 7 类报废不彻底井次之，说明嫩 Ⅱ 段完全无通道井隐患最大。在建立报废井分类普查数据库的基础上，依据报废程度以及周围连通井情况，对报废不彻底井周围重点隐患连通注水井制订注水政策：一是侧钻斜及更新井依错断点报废程度，优化停控井层；二是跨井网全井不停，共射连通层单卡停注（图 6-5）。

表 6-3　报废不彻底井分类方法

不彻底类别	落物情况		风险点位置	风险描述	分类
完全无通道	不考虑井下落物		嫩 Ⅱ 段及以上	嫩 Ⅱ 段底部进水	1 类
			萨 Ⅱ 顶以上	萨零—萨 Ⅰ、萨 Ⅰ—萨 Ⅱ 夹层进水	2 类
			油层段	油层段注入水窜层	3 类
小通道	井下有未解封的封隔器等胶筒类工具	封隔器在原位置，未自由活动	萨 Ⅱ 顶以上	萨零—萨 Ⅰ、萨 Ⅰ—萨 Ⅱ 夹层进水	4 类
			油层段中部	油层段注入水窜层	5 类
			油层底部	无风险	6 类
	井下有已解封封隔器及其他落物	落物直径 >114mm	萨 Ⅱ 顶以上	萨零—萨 Ⅰ、萨 Ⅰ—萨 Ⅱ 夹层进水	7 类
			油层段中部	油层段注入水窜层	8 类
			油层底部	无风险	9 类
		落物直径 ≤114mm	无风险	无风险	10 类
鱼变同步	井内注清水，压力 10MPa，注 10min，求注入量	注入量 1m³ 以下	处理方式与完全无通道等同		11 类
		注入量 1m³ 以上	处理方式与有小通道等同		12 类

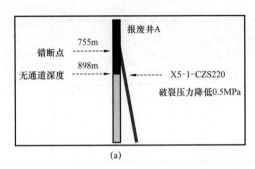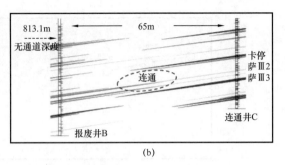

图 6-5　报废不彻底井周围隐患井注水政策调整

（a）对报废不彻底井的同井网钻打的侧斜井或更新井，按照错断和无通道报废程度进行关井或停连通层；（b）与报废不彻底井跨井网的注水井，有连通层的层进行单卡停注

（二）排出存水

针对嫩Ⅱ段套损区，采取嫩Ⅱ段补孔泄压的方式，排出存水，控制浸水域的扩散。制订了补孔泄压井选井原则、出液周期长井的处置对策以及补孔后生产参数控制要求。

补孔泄压需按照以下原则进行选井：一是新增套损较多区域；二是选择不进行注采系统调整的采出井；三是选择构造低部位；四是与错断采油井应协调布置；五是布置在套损扩散方向上（断层走向和构造低部位）；六是与错断注水井距离应控制在 250m 以内；七是选择低产低效井。同时，补孔井必须保证有效开井时率，流动压力控制到 3.0MPa 以下，以便尽快排出存水。补孔后如果长期稳定出液或出液量增加，需检查周围注水井固井质量，以及报废注水井的报废质量，同时，调查周围注水井井况，判断是否存在新的浸水井点。目前，已对 XYS 区甲北块、XLQ 区西部套损区进行多井次的补孔泄压，补孔初期单井增液量明显，为阻止套损区浸水域扩散发挥了重要作用。

（三）均衡区块压力

针对压力系统存在的平面压力分布不均衡、水驱三采压差大、层间压力差异大的问题，努力做到"问题清楚、对象明确、对策具体"，制订了针对性的调控对策。一是水驱、三采压差大，双向调整促平衡；二是平面压力不均衡，以注定采保压力；三是同井网层间压差大，根据压力和含水制订调整对策。最终实现缩小平面压力差异、保持注采平衡的目标。应用该方法，针对 XLQ 区西部套损区压力不均衡的问题，分区域、井组、层间进行压力系统调整，已实施调整 48 井次，区块压力不均衡的问题得到了一定改善（图 6-6）。

四、套损区稳定性评价技术

XLQ 区西部位于杏北开发区背斜构造南部西翼，该区块在 2015 年发生嫩Ⅱ段集中套损。针对该区块严峻的套损形势，在开展注水井关控查套、降压注水、采油井补孔泄压等大量套损防控工作的同时，形成了套损区稳定性评价方法，对 XLQ 区西部套损区稳定状况进行了全面评价。

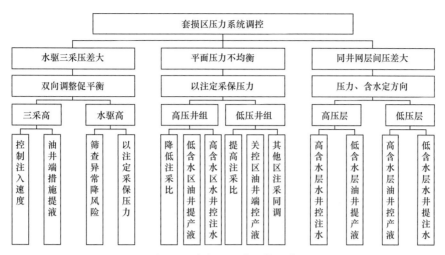

图 6-6 套损区压力调控对策

通过分析该区块套损风险因素，建立了套损区稳定性评价方法，开展了 XLQ 区西部套损区稳定状况的全面评价，落实套损区当前套损形势及可能诱发集中套损加剧的风险隐患，已制订下步稳定性调控措施（图 6-7）。

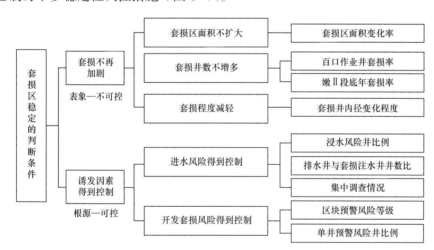

图 6-7 稳定性评价判断标准

从"套损不再加剧"和"诱发因素得到控制"两个方面进行评价，通过计算"套损区面积变化率"和"百口作业井套损率"等 9 项指标，分析判断该套损区套损形势不稳定，主要表现为：作业过程中发现套损井比例较高、且新发现套损井套损程度较重，套损形势依然严峻；以报废不彻底为主的浸水高风险，以及受注采比水平较低、地层压力持续降低、平面压力差异较大影响，套损风险依然较高（表 6-4）。

为了细化评价套损区的稳定性，根据纯油区和过渡带套损井分布情况，考虑井网情况、产能区块情况、地质构造等因素，将 XLQ 区西部套损区划分为 6 个区域，运用大数据的方法对 6 个区域分别进行稳定性分析。该方法融合地质灾害滑坡预警思路，建立基于确定性系数模型的区块地质风险等级评价方法，从海量数据中挖掘主控因素，应用大数据分析，考虑套损影响因素复杂、样本数量有限，优选支持向量机 SVM、模糊综合评价方法，分别建立风险评价模型，实现了区块的套损风险稳定性评价。

表 6-4　XLQ 区西部套损区稳定性评价结果

指标分类		指标	指标控制范围	指标现状	是否需要调控
套损形势指标	面积变化	套损区面积变化率，%	[0, 1]	0	
	井数变化	百口作业井套损率，%	[0, 3.5]	5.2	
		嫩Ⅱ段年套损率，%	[0, 1]	0.1	
	程度变化	套损井内径变化程度，%	[0, 9]	9.5	
诱发套损因素指标	浸水风险	浸水风险井比例，%	[0, 5]	22.9	重点调控
		排水井与套损注水井井数比	[0.8, ∞]	3.1	
		集中调查情况	完成	完成	
	开发套损风险	区块预警风险等级	中低风险	高/较高风险	重点调控
		单井预警风险井占比，%	[0, 9]	10.5	是

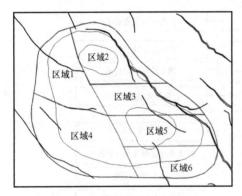

图 6-8　套损区划分区域情况

应用该方法分别对这 6 个区域进行稳定性评价，评价结果为 6 个区域均不稳定（图 6-8）。因此，针对嫩Ⅱ段底部标准层浸水和开发方面易进一步加剧套损的不稳定因素，从提高套损区整体稳定性的全局出发，按照"统筹协调，分步实施"的原则，逐一制订了控制进水、排出存水、均衡压力等调整对策，来控制套损形势恶化（表 6-5）。

五、套损区综合治理技术

XYS 区甲北块位于杏北开发区西北部，在2013 年发生了嫩Ⅱ段集中套损。在经历了 7 年的关控查监测阶段，2020 年评价区块套损形势稳定，开展了综合治理工作，在治理过程中总结形成了套损区综合治理技术。套损集中区综合防治工作按照"1，3，9"的总体思路，以《大庆油田套管保护管理规定》为中心指导，紧紧围绕 3 大方案，开展 9 项工作（图 6-9）。

（一）围绕关控方案遏制套损形势

嫩Ⅱ段套损井区第一时间严格执行注水井关控政策，必须在 24h 内制订关控方案并实施，必须关停周围 300m 内全部注水井，必须治理完毕确保无隐患后方可恢复注水。区块累计关控 138 井次，累计控制水量 $236 \times 10^4 m^3$。同时，根据套管损坏程度、地层压力水平等情况划分了重点危险区、套损缓冲区以及相对安全区，划分套损区的隐患级别，为下一步开展查套、治理等工作提供依据（图 6-10 至图 6-12）。

表 6-5 套损区不稳定因素调控工作量统计

风险隐患	对策	调控工作	工作量，井次
浸水隐患大	控制进水	固井质量差注水上窜风险调控	7
		报废不彻底邻井注水风险调控	4
		高套压井浸水风险调控	11
	排出存水	补孔泄压	14
注采比过低、差异大，压力低、区域间压差过大	均衡压力	采油井降液	12
合计			48

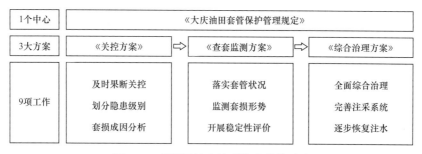

图 6-9 套损区综合治理技术总体思路

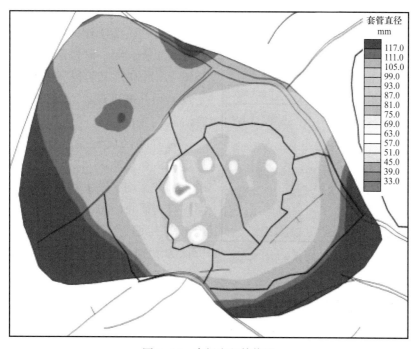

图 6-10 套损变径等值图

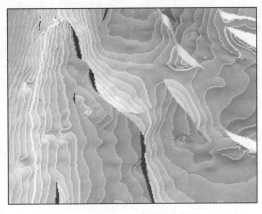

图 6-11　构造图示例

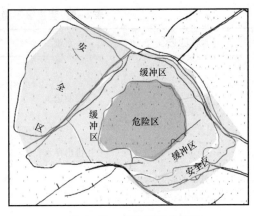

图 6-12　危险区划分情况

套损区形成后，从影响套损的三大因素入手，对套损原因进行分析：一是地质因素，嫩Ⅱ段沉积的泥岩、油页岩在全区稳定分布，浸水后易形成大面积浸水域，且该区域地层倾角相对较大，套损率相对较高，套损程度也相对严重。二是工程因素，该区块中心区域固井质量优质率整体较低，且报废不彻底井相对集中，为注水上窜提供通道。地质因素、工程因素是引发套损的内因。三是开发因素，甲北块 2011 年钻打聚合物驱井，经历钻关、聚合物驱投产、防套关控、停止注聚，地层压力波动频繁，平面上、井网间出现了压力不均衡，是引发集中套损的外因。

（二）围绕查套监测方案评价区块稳定性

按照考虑套损规律、安全级别、优先顺序、全面覆盖、跟踪调整的查套原则，分阶

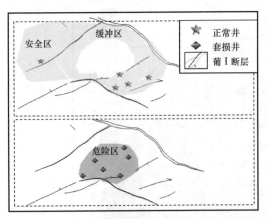

图 6-13　套损区定点监测井井位图

段开展管柱落实工作，依据查套原则开展管柱落实工作，第一阶段落实水井异常率高达 45%，因此在第二阶段只关井不落实，只对定点监测井进行查套，待形势稳定后开展综合治理。

为监测区块套损形势，评价套损区的稳定性，在缓冲区和安全区连续监测 5 口井况正常井，均未发生套损；在危险区连续监测 6 口套损井，2017 年之后套损变径基本稳定不变，而且作业异常率也呈下降趋势，分析认为套损形势稳定，可以开展综合治理（图 6-13 和图 6-14）。

（三）围绕综合治理方案全面恢复注采系统

2020 年，在确认套损形势稳定后，编制了综合治理方案。依据综合治理方案编制原则：要根据井区安全级别，分阶段合理安排治理次序；要考虑产量影响程度，努力将产

量影响降到最低；要结合井区泄压需求，合理安排油水井大修次序；要依据套损严重程度，先易后难保证大修井进度；要跟踪井区套损形势，适时制订更新侧斜井计划。根据安全级别，划分为危险区、缓冲区和安全区，根据油水井情况，划分为10个井组，分区域、分井组、分阶段统筹规划全面开展综合治理工作（图6-15）。依据综合治理安排，共治理113口井。纵向上对比不同区域的治理情况，横向上对比不同阶段的治理情况，整体上，套损形势与前期的分析与预想完全一致。

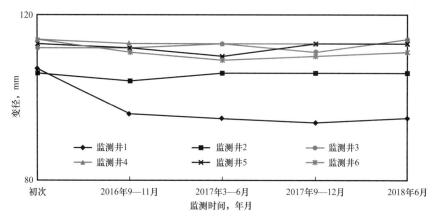

图6-14　套损区定点监测井变径变化情况

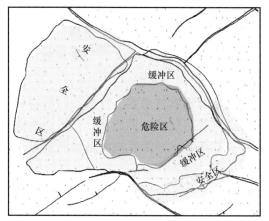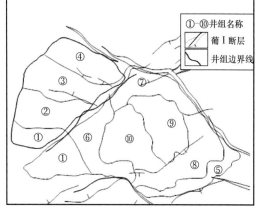

图6-15　套损区分井组治理划分情况

受套损影响，报废后井点的缺失是影响区块注采关系的最主要因素。因此，制订了套损区注采系统的完善方法。总体思路是以过渡带和纯油区为基础，结合缺失井点，分5个部分、50个井组进行分析，主要通过3种方式进行恢复：方式一，对于报废彻底井直接钻打更新井；方式二，对于无法钻打更新井的报废井，邻井直接补孔替代；方式三，对于无法更新井，且周围没有水井的可以直接实施补孔，采取邻近油井转注替代。此外，部分井组剩余油潜力小、井组相对完善，则无须治理。

套损区治理后，开展区块注水恢复工作。为确保区块平稳恢复，经过大量分析调研，认为分步恢复有利于套管保护，总体原则是分阶段逐步恢复，分区域平衡压差。具体方法是：平面上，温和注水；纵向上，均衡注水；时间上，分步恢复；问题井，分类注水。此外，为继续监测区块治理恢复后的套损形势，及时调整注采关系，防止区块二次套损，部署了定点监测井、全井同位素测井等监测井点，重点区域重点监测。

开展综合治理以来，区块累计恢复产油 0.47×10^4t，开井率明显升高，控制程度明显恢复，水驱自然递减率明显减缓，含水上升幅度明显降低，开发形势逐步向好。

六、套损井修井技术

随着油田开发的深入，套管损坏的程度越来越严重，每年在新发现套损井的同时，也会发现一定数量的二次套损井，伴随着砂卡、蜡卡、垢卡、钢丝卡、小件落物卡以及吐砂吐岩块等情况的出现，给修井工作带来极大的难度。按照套损的严重程度以及井内落物复杂情况又可分为常规修井技术和疑难井修井技术。

（一）常规修井技术

根据套损程度及井下落物情况，相应发展完善了胀管整形、落物打捞、密封加固等技术，随着新工艺、新材料的出现，以及技术人员对套损机理认识的不断深入，油水井的密封加固技术也有了较大的改进。

1. 胀管整形技术

对于通径较大的套管变形井，打印确定套损通径，将梨形胀管器由小到大分多次下入套损井段进行逐级胀管整形，将变形的套管恢复至通径120mm以上。该技术的优点是可保持套管的完整性，不需要密封加固，缺点是施工周期较长，整形后套管强度降低。

2. 落物打捞技术

井下落物主要有管类、杆类、绳类、测试仪器以及小物件落物，针对不同落物应用了锥类、矛类、筒类、钩类打捞工具等，同时针对现场可能出现的砂埋、套损点夹持落物等复合情况，发展了套铣打捞、过活性错断口打捞等技术，为实现补贴加固或无落物报废提供了技术支持。

3. 正向段铣技术

错断严重的井找通道困难，打通道成功率低，针对此问题研究了套损井段铣打通道技术，将弯曲变形或错断的套管铣掉，并扩大井眼的直径，使错断井段上、下未损坏的套管能够顺利通过找通道工具，进一步提高修井水平，为后续实现加固修复措施奠定基础。

4. 膨胀管加固技术

膨胀管技术是20世纪90年代在国外出现的一种新技术，在国外广泛应用于钻井、完井、采油、修井等作业中。它是利用低碳钢具有良好的塑性变形特性，在外力的作用下推动胀头在膨胀管内运动，同时保持应力在膨胀管屈服极限之下，使膨胀管产生塑性变形，用以解决井眼变径问题。针对常规密封加固技术中密封效果差、锚定力低的问题，研制了膨胀管加固技术，该技术具备4个优点：一是加固后膨胀管本体与套管实现完全补贴，提高了密封加固质量，具有修复后内通径大（通径达到108mm）、锚定力高、密封可靠（密封承压15MPa以上）等特点；二是膨胀后的膨胀管抗内压、抗外挤等机械性能相当于同等规格N80套管的性能；三是膨胀管加固技术满足了小直径生产管柱分注分采的要求；四是膨胀管连续加固长度达到了150m，不仅可用于单点套损井、多点套损井、大段套损井和腐蚀外漏套损井的修复，还可用于封堵作业。

杏北开发区经过多年的研究，形成了"自主设计、自主加工、自主施工"的膨胀管加固技术系列，作为油田的常规技术大规模应用于套损井整形加固修复，并成功应用于封堵作业。研制成功活性错断井膨胀管加固技术，解决了活性错断井难以加固修复的问题；研制成功ϕ146mm、ϕ168mm和ϕ178mm套管井膨胀管加固技术，满足了大庆油田套损井加固的需求；研制成功膨胀管加固修复水泥环技术，为进一步提高套损井加固修复质量奠定了基础，并制定了《ϕ139.7mm套管井膨胀管补贴作业技术规范》中国石油天然气集团有限公司企业标准。2007年，"ϕ139.7mm套管井实体膨胀管补贴加固技术"获得大庆油田公司技术创新一等奖；2011年，"膨胀管技术应用试验"获得大庆油田公司技术创新一等奖；2013年，"膨胀管技术应用试验"获得黑龙江省科技进步二等奖。至2021年底，膨胀管加固技术在杏北开发区已应用500多口井，一次成功率达99%以上。

（二）疑难井修井技术

所谓疑难井，是对套损通径较小、落物情况复杂、修井成功率较低、施工周期较长套损井的总称。包括70mm以下的小通径套损、活性错断、鱼变同步、多点套损、长段套损、套管弯曲错断、压裂砂卡并吐砂严重、吐砂吐岩块井等，或者是上述的两种或多种情况并存的井。常规修井工具已不能满足疑难井修井工艺的要求，因此发展了针对不同类型疑难井的修井技术，通过现场应用试验，取得了较好的效果。

1. 活动导杆铣锥找通道技术

对于通径为70mm及以下的套管错断严重井，钻杆笔尖插入错断口后，在钻柱旋转磨铣过程中，容易被扭断，卡在错断口，使大修施工变得更加复杂，这样的井一般采取组合钻具打通道、段铣打通道等技术，但成功率及效率相对较低。为此，自主研究了活动导杆铣锥打通道工艺，活动导杆铣锥的导杆是弯曲的，下井时，呈楔形的末端与套管壁贴在一起，容易插入较小通径的套损通道，顺时针转动钻柱时，导杆与铣锥体一同转动，能够在各个方位探找套损通道。找到套损通道后，将导杆完全插入套损通道，逆时针转动钻柱，对套损部位进行磨铣，导杆不随铣锥体旋转，不易被扭断，而且导杆起引导作用，避免磨铣出套管外。该工艺技术在套损通径为70mm及以下的套损井试验应用16口井，较常规修井工艺成功率提高了43.7个百分点。

2. 逆向段铣技术

对于无通道或笔尖找通道无效的井，应用逆向段铣技术进行找通道，其工艺原理是：首先采用平底磨鞋修整下断口，增大下断口与上断口的距离，为逆向段铣刀的应用作准备，然后下入段铣刀，打压将段铣刀片张开，上提一定负荷，证实段铣刀挂刀成功后，重新下放段铣刀，打压使段铣刀片张开，同时地面开动转盘旋转钻具，缓慢上提段铣刀，逆向向上段铣，修整上断口，将弯曲严重的井段处理掉，加大上下断口间的距离，从而在下笔尖找下断口通道时，增大了找到下断口通道的概率，为下步打通道提供了技术准备。该工艺技术试验应用 10 口井，成功率达到 90%。

3. 广角液压找通道技术

对于逆向段铣处理后仍找不到通道的井，证实该类井下断口弯曲严重或已严重偏离原套管轴心线，采取三翼扩径磨鞋或肘节磨鞋处理下断口，其工艺原理是：下入肘节磨鞋（或三翼扩径磨鞋）至下断口遇阻，上提一定高度，打压使肘节磨鞋（或三翼扩径磨鞋）刀片张开，同时地面开动转盘旋转钻具，缓慢下放肘节磨鞋（或三翼扩径磨鞋），磨铣处理下断口，工具在工作状态下最大外径大于套管外径，下在上下断口之间后旋转磨铣，可以将下部弯曲的套管处理掉，使上下断口处的套管恢复至原始轴心线，然后再应用笔尖找通道技术进行找通道。该工艺技术试验应用 5 口井，成功率达到 80%。

4. 多级组合打通道技术

对于小通径套损井或已经逆向段铣修整上断口的井，采用弯钻杆笔尖 + 加长钻铤 + 钻杆结构的钻具进行找通道，笔尖材质采用高强度钢材，提高其抗疲劳强度及抗冲击能力，并在笔尖上部铺焊球形的硬质合金，调整笔尖的弧度，用笔尖上部的球形合金磨铣扩径，并由小到大不断更换球形合金钻具，逐级分段对下断口扩径磨铣，将呈现自由状态的下断口磨铣掉，避免磨铣工具损坏及磨铣出套管外的问题，并使修整后的上下断口保持原有的同心度，为打捞落物及密封加固提供了条件，进一步提高找通道效果及修井成功率。该工艺技术试验应用 10 口井，成功率达到 80%。

以上技术即可以单独应用，也可以通过多种组合方式应用，同时根据疑难井情况及找通道效果，合理制定措施。通过对上述修井技术的实施应用，疑难井修复率由 35.33% 提升至 65.52%，大修井修复率由 82.57% 提升至 87.1%。

（三）报废技术

水泥封固永久报废就是对射孔井段、错断和破裂部位的井筒循环挤注固井水泥浆，使人工井底至射孔井段或错断、破裂部位以上充满水泥浆，固化后，封固所有油层井段及套损井段，达到永久封固报废的目的。报废井挤注水泥浆前，需对错断口及井内的落物进行处理，可允许至少 $\phi38mm$ 小油管通过，达到在油层底界以下循环挤注水泥浆的目的。

在实施水泥浆永久封固前，井内必须保证无落物且套损井段打开的状态。常规报废工艺分为丢手封隔器挤注报废工艺和光油管循环报废工艺，但由于部分井射孔井段内的管柱未捞净，采用常规报废工艺可能会留下套损隐患，因此，发展了异井眼报废工艺，最大限度地消除了套损隐患。

1. 常规报废工艺

下入管柱至人工井底或错断口以上 3m，用热水将井筒冲洗干净；并注清水求取单位时间的注入量。

对于注入量较大的井，下入挤注报废管柱（图 6-16），将封隔器卡在射孔井段（损坏井段在射孔井段内）或套损井段（损坏井段在射孔井段以上）以上 100m，首先地面打压坐封封隔器，然后提高压力打开定压开关，挤注水泥浆至射孔井段及套损井段，最后旋转管柱丢手，使挤注管柱与丢手管柱分离，并循环水泥浆至设计深度，起出油管关井候凝 24h，探水泥面深度；对于注入量较小的井，则下光油管至人工井底，循环水泥浆至设计深度，注完水泥浆后顶替设计所需的清水，起出油管关井候凝 24h，探灰面深度，完成报废施工。

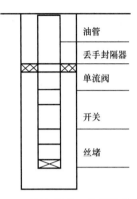

图 6-16 挤注报废工艺管柱示意图

2. 异井眼报废工艺

针对落物捞不出的坍塌型套管错断井，在错断井段开窗侧钻，紧靠原井筒钻出与原井筒平行的异井眼至井段底界，并定向射孔，沟通原井筒，下入光油管至新井眼底界，循环水泥浆，对未捞净落物的原井筒及新井眼挤注水泥浆，实现彻底报废。2021 年试验 1 口井，成功实现无隐患报废。

2021 年实施无隐患报废 41 口井，其中 40 口井无落物报废，1 口井有落物报废，为异井眼报废。

第七章 杏北开发区发展的趋势与展望

中国特色社会主义已经实现第一个百年奋斗目标，正向第二个百年奋斗目标行进。在这承前启后、继往开来的历史新起点，油田面临形势发生重大而深刻的变化，当前正处于百年变局和世纪疫情相互交织的特殊时期，能源安全形势日趋严峻复杂，这对能源保障提出了更加迫切的需求。伴随着新一轮科技革命和产业变革的深入发展，数字技术与传统产业深度融合，数字经济辐射范围越来越广，影响程度越来越深，数字化、智能化油田建设已是大势所趋。杏北开发区长期高效开发，已经进入"高含水、高采出程度"的"双特高"开采阶段，剩余优质潜力逐年变少，储量挖潜难度越来越大，为实现油田有效挖潜，成本投入越来越大，直接导致油田开发效益逐渐变差，面对稳产要求，亟待攻关稳产技术，靠实稳产潜力，支撑杏北开发区持续稳产；油田生产规模不断扩大，员工总量逐年减少，生产一线员工严重不足，用工压力越来越大，数字化油田建设尚在初期，亟待加快油田数字化建设速度，提升用工效率，助力油田振兴发展；当下，"油公司"模式改革仍处于初期，管理模式与现代化企业目标存在一定差距，制约着企业发展的质量及水平，亟待加快"智慧油田"建设，改善油田运行模式，打造油田竞争新优势。当前正处于建设百年油田新征程中的第一阶段——转型升级高质量发展阶段，面对转型期困难与挑战，直面挑战、主动作为，努力攻关油田采收率新技术，储备油田稳产上产新潜力，加快数字化建设步伐，践行"智慧油田"战略，贯彻新发展理念，突出高质量发展主题，奋力开创杏北开发区新时代油田高质量发展新局面。

第一节 油田开发形势及潜力

近年来，通过技术创新积累，管理实践探索，攻破了油田开发历程中的各个难点，确保了杏北开发区长期高水平、高效益开发，实现了原油持续稳产及合理高效运营。但随着长期高效开发，目前油田已进入矛盾凸显期和叠加期，开发难度越来越大。面对开发困难，积极挖潜上产潜力，保障产量贡献。

一、油田开发面临的形势及主要问题

从当前的油田开发形势来看，两驱挖潜难度越来越大，成本压力逐年增加，油田开发经济效益难以保障。两驱精准挖潜时效性、精准性要求越来越高，现有数字化油田建设与实现自动采集油气生产数据，还做不到对油田的全面感知和互联，距离建成数字油田的总体目标，还存在一定的差距。

（1）增储品质越来越差，效益达标难度大。

杏北开发区长期高速高效开发，年采油速度始终居高不下，自"十三五"以来，面对稳产压力，对于新建产能区块，用"两块合一块，两年并一年"的基建速度，实现了钻建井数基本翻倍，2011年至2021年，11年累计钻井6574口，占全厂总井数的40%，成熟增储技术提前5年全面部署完毕。目前全区优质资源潜力区块所剩无几，且套损形势严峻，短期内钻建风险极大。剩余可采储量越来越少，稳产难度越来越大，新增可采储量以低孔隙度、低渗透率扶余油层及开采技术尚处于攻关阶段化学驱后潜力及三类油层三次采油潜力为主，扶余油层普通压裂调整效果差、井口电加热清防蜡技术成本高，两类油层提高采收率配套基建工作量大，成本投入高，内部收益率低，百万吨产能建设投资高。由于油藏品质差，产能贡献率、产能到位率低，且国际油价长期低位振荡风险依然存在，产能区块效益达标难度大。

（2）水驱调整潜力越来越小，成本投入加大。

随着油田开发的不断深入，一类油层储量逐渐转变为三次采油开采，储量品质变差，经济效益变差；以三类油层为主要开发对象的水驱各个区块、各套井网即将全面进入特高含水后期开采阶段（含水大于95%），为完成原油产量任务，需保持更高的采液强度，同时，低产低效井和高含水井增多，低效无效循环严重，能耗管控难度不断增大；重复措施井层越来越多，措施效果逐渐变差，大型压裂技术单井费用较高，若大规模投入使用，势必增加费用成本；长关井、套损井逐年增加，治理费用成本越来越高；在实际生产中仍存在非节能及老旧的抽油机、电动机、配电箱等，受原油价格下跌、生产成本紧缩等影响，节能设备应用和改造更新规模不能满足实际需求，在短时间内有效挖潜难度大。

（3）三次采油开发难度增大，开发效益变差。

杏北开发区较早投产的14个工业化三次采油区块已进入后续水驱开发阶段。从目前实际生产情况看，开发和管理过程中存在较大的难度：一是剩余油挖潜难度大。注聚合物结束后区块含水级别较高，含水大于97%的井数比例达到59.2%，剩余油分布高度零散，而目前没有较好的聚合物驱后剩余油挖潜技术，进入后续水驱后剩余油挖潜难度大，同时，随着含水的不断升高，产出效益逐渐变差；二是地面管线穿孔影响注入时率。受长期注聚合物影响，注聚合物后期区块地面管线腐蚀严重，穿孔频繁，严重影响了注入时率。管线维修、更换工作量的大幅度增加，也同样增加了使用成本；三是聚合物驱管柱转入后续水驱后适应性差。转入后续水驱后，目前采用的聚合物驱管柱无法满足水驱的测试要求，需尽快更换适合水驱测试的水驱管柱；四是测试难度大。受长期注聚合物影响，聚合物溶液在油层井筒及油层中大量滞留，测试过程中容易造成水嘴投捞困难，无法完成测试，给开发调整带来一定难度，同时测试过程中容易造成井筒堵塞及注入困难。

（4）两驱进入精准挖潜阶段，现有管理模式适应难度大。

截至2021年底，两驱共有油水井16128口，油水井现场管理及资料录取工作量大。

生产一线仍需要人工录取数据、人工传递数据，操作员工逐年减少，在现有管理模式下，采油厂将面临巨大的用工压力，人工录取数据工作效率低、质量低且工作强度大；两驱精准挖潜需要依靠以精准数据为核心的分析和调整，动态数据依靠现场录取，数据录取周期长，尚不能实现数据的实时录取、自动录取、精准录取，数据不连续、不及时、准确性差直接影响两驱精准开发及挖潜效果；井下分层采油工艺，尚不能实现精准调控，层间矛盾突出，低效、无效循环严重，特高含水后期剩余油挖潜难度增大，油田采收率及开发效益受到影响。

二、杏北开发区稳产潜力研究

要实现油田持续高质量发展，稳产是硬道理。随着油层动用越来越高，剩余油高度分散，开采难度越来越大，为实现油田持续稳产，要在继续推广成熟技术，深入挖掘增储潜力的基础上，积极开展两类油层提高采收率等瓶颈技术攻关，挖掘油田上产潜力，实现剩余地质储量有效开采，支持可采储量平稳接替。

（一）成熟技术增储潜力研究

杏北开发区经过多年开发实践以及技术创新积累，目前已形成了两驱精准开发调整技术、高效井以及层系优化调整等成熟技术系列，为杏北开发区持续稳产提供技术支撑。2007年，杏北开发区 XL 区东部首次采用"两三结合"模式协同布井，即一类油层三次采油和三类油层三次加密井网协同布井，避免了重复钻关影响，注采井距为 141m，该技术的工业化推广，获得了一类油层继续挖潜，薄差储层有效动用的成功实践，进一步提高了油田采收率，可继续推广应用；2013年，率先在 XS 区东部开展层系井网优化调整试验，该种布井方式打破一套层系多套井网的格局，将储层物性和潜力状况相近的油层重新进行层系组合，实现高、低渗透层的分采，减小了层间干扰，同时，降低了井段长、射孔跨度大带来的非均质干扰，提高不同油层组的动用水平。老井、新井综合利用，新井增能的同时，盘活老井利用。该增储技术为特高含水后期进一步缓解层系井网矛盾和最大程度提高采收率奠定了基础。

（二）"上下左右"增储潜力研究

"上"——萨零组潜力。杏北开发区上部萨零组储层属白垩系下统嫩江组Ⅰ段下部，发育为一套深灰色、灰色泥岩、粉砂质泥岩与棕黄色细—粉砂岩互层，与萨Ⅰ组有 17m 左右的稳定泥岩隔层，地层厚度 25～37m。1988年至2004年陆续试油 5 口井，3 口为工业油层井、2 口为低产油层井。2017年以来，通过开展萨零组井震结合砂体精细刻画和储层参数精细解释方法研究，深化了"构造控藏、河道控富、非连续含油"的成藏新认识，研究结果表明杏北开发区萨零组具有较好的资源潜力。

"下"——高Ⅲ组加扶余油层组潜力。杏北开发区下部高Ⅲ组储层位于青山口组沉积时期，地层厚度 85m 左右，以深色、深灰色泥岩为主，可划分 8 个砂岩组 22 个小层，全区砂岩发育厚度一般在 10～35m。在 1996 年部署的 3 口探井见到含油显示，2 口井试油获得工业油流。共试油 4 口井，平均单井日产油 2.8t，显示出一定的开发潜力。杏北开发区扶余油层探明地质储量未动用部分主要集中在 XLJ 井区以及 XQY 井区，具有较大开发潜力。同时，随着扶余油层工业化区块开发，钻井、测井和录井等资料不断增加以及储层预测资料的不断更新，对于全区扶余油层认识也更加准确，仍具有一定的资源潜力，这是杏北开发区资源潜力升级的重要组成部分。

"左右"——过渡带加密和现实未动用储量潜力。杏北开发区 XDB 过渡带及 XXB 过渡带南块由于储层发育、原油性质、经济效益等因素未进行二次加密，仍留存一定的增储潜力。下步将积极研究与现有水驱井网协调较好、能有效改善薄差储层动用状况、提高薄差储层采收率的加密调整井网部署方法挖潜过渡带开发潜力。

（三）一类油层化学驱后提高采收率潜力研究

截至 2021 年底，杏北开发区一类油层三次采油共有后续水驱区块 14 个，其中三元复合驱后续水驱区块 4 个，聚合物驱后续水驱区块 10 个，随着时间的推移，后续水驱区块规模将进一步加大，待一类油层三次采油区块全部投产、投注完毕后，未来一类油层后续区块将达到 30 个，其中，聚合物驱后区块将达到 21 个，储量占总后续水驱储量的 73.3%。从注聚合物区块采出程度看，聚合物驱后期，油层中仍有 40% 左右的地质储量未被采出，具有开采潜力。从大庆油田先后开展变流线高浓度聚合物驱、聚合物—表面活性剂驱和复合驱现场试验看，提高采收率 8～12 个百分点。

（四）三类油层化学驱增储潜力研究

杏北开发区三类油层地质储量丰富，遵照"沉积环境控大类，砂体发育控亚类"的原则，依据砂体连片率和碾平系数等参数，建立了适合杏北开发区储层沉积特点的储层分类方法，将杏北开发区三类油层划分为ⅢA、ⅢB 和ⅢC 三种类型。其中，萨Ⅲ组三次采油潜力区块 22 个，萨Ⅱ组三次采油潜力区块 30 个。今后一段时间，随着一类油层化学驱、一类油层化学驱后三次采油相继结束，为保证产量有序接替，需要加快三类油层化学驱技术攻关步伐。预计萨Ⅱ组三类油层三次采油提高采收率 8～10 个百分点。

第二节　油田未来发展技术研究

资源有限，科技无限。大庆油田的发展史，更是一部科技进步史。进入新时代，大庆油田保持什么样的产量水平，关系到国家油气战略安全，关系到标杆旗帜的责任担当，关系到大庆油田的发展全局。因此，攻关稳产技术至关重要。当前，数字技术辐射范围之广、影响程度之深前所未有，数字化油田建设已是大势所趋。将增储技术与数字技术融合发展，努力建成"无人、简单、美丽、超强"油田，实现推动油田的绿色环保和可持续发展。

一、杏北开发区持续稳产技术方向

目前，杏北开发区成熟技术可直接部署潜力区块即将部署完毕，为实现资源有序接替，需按照"同步开展、分区挖潜、由下至上、逐级上返"的总体思路，攻关两类油层提高采收率的增储新技术，实现以技术换资源，以资源换稳产，为发展杏北开发区接续力量提供保障，以科技创新驱动杏北开发区高质量发展。

（一）一类油层聚合物驱后提高采收率技术

围绕剩余资源储量评价、井网重构、驱油体系优选及配套调整4项关键技术开展科研攻关。储量资源评价方面，重点开展剩余油分布、剩余油类型和剩余油丰度三项研究；井网重构方式方面，重点开展三次采油井网、三次加密井网协同布井方式、井网井距优化、储层再认识研究；驱油体系优选方面，重点研究自适应复合驱体系、调堵剂驱油剂相结合、抗盐聚合物三种体系；配套调整技术方面，重点研究动态调整技术、站库系统优化技术、高效调堵技术。下一步，依托XL区西部自适应堵调驱现场试验，加快关键技术攻关，力争"十四五"期间在聚合物驱后进一步提高采收率上实现较大突破，提高采收率10个百分点以上。

（二）三类油层化学驱提高采收率技术

立足现场试验，按照"先易后难"的原则，制订了"5352"攻关策略，推行"两步走"："十三五"末及"十四五"期间主攻萨Ⅱ和萨Ⅲ油层组，"十四五"之后转攻其他三类油层。围绕三类油层化学驱开发对象不清楚、层系井网不明确、驱油体系不系统、实验效果不明确和配套技术不定型的"五大难题"，开展油藏方案设计技术、筛选提高采收率技术和完善配套调整技术"三项攻关"，研究地质特征及化学驱潜力评价、层系组合井网井距优化技术、筛选不同油层最佳驱油体系、三类油层提采现场试验研究和完善采油地面配套技术系列"五项内容"，实现"两个突破"，即室内筛选出适合萨Ⅲ油层的最佳驱油体系，实现萨Ⅱ油层现场试验提高采收率10个百分点，最终形成适合杏北三类油层化学驱的大幅度提高采收率技术。针对萨ⅢA油层，下步重点推进XE区中部强/弱碱三元复合驱矿场试验、XYS区西部DS800抗盐聚合物驱现场试验及XW西无碱二元复合驱现场试验，探索适用于萨ⅢA油层驱油体系及配套调整技术；针对萨ⅢB油层，选取XL区东部上返萨Ⅲ组三类油层提高采收率现场试验，利用老井老站上返萨Ⅲ油层组，初步筛选体系为活性水和聚合物—表面活性剂驱油体系，探索萨ⅢB油层三次采油技术适应性。

（三）扶余油层高效工业化开发技术

针对扶余油层开发布井技术不完善、压裂效果参差不齐、有效调整技术缺乏、配套开发工艺技术不成熟等难点问题，"十四五"期间将不断加快新技术攻关。在井网部署方面，根据储层发育特点开展布井方式及多井型攻关，重点开展水平井、大平台布井等技术适应性评价，通过优化井位部署，从而提高地下井控砂体程度，以达到进一步提升开发效果的目的。在开发技术方面：一是不断丰富完善储层描述技术，借助新钻井及录井资料，进一步丰富完善储层参数解释标准、开展储层分类研究、加深成藏认识；二是不断优化压裂选井选层标准，针对不同储层地质条件实施个性化压裂设计，努力做到储层参数与工艺参数最优匹配，提升单井开发效果；三是加快有效开发调整技术攻关，要加大智能纳米解堵、大规模缝网压裂、表面活性剂解堵等新型措施实施力度，摸索形成适合扶余油层低孔隙度、特低渗透储层开发调整技术。在工艺技术方面：一是加快高效举升工艺技术定型，针对油层产液能力及特点加快对比游梁式抽油机、长冲程智能抽油机、塔架机适应性评价，定型举升工艺；二是加快定型清防蜡工艺，针对扶余油层原油稠、含蜡量高的特点，加大伴热带、化学加药等清防蜡工艺适应性评价，确定最优清蜡方式；三是完善计量工艺，针对扶余油层产液量低、含水低，玻璃管计量难度大的现状，加快功图电参计量、称重计量等工艺适应评价，定型相关工艺技术，全面保障扶余油层高效开发。

（四）超前储备提高采收率前沿技术

在推广成熟技术，攻关两类油层提高采收率技术的同时，超前储备提高采收率前沿技术，实现科技进步推动杏北开发区持续稳产。提高采收率前沿技术主要围绕新材料、新领域、新方法等方面，超前储备，支撑油田接续发展。

纳米膜驱油：纳米膜驱油技术是一种高效多用的综合采油技术，纳米膜分子能在多种溶液中均匀分布，自动吸附在岩石表面，从而置换出已吸附的烃类。该技术的优点是纳米膜分子能在微毛细管孔隙中自由渗流，以提高驱替效率。纳米膜分子在地下分布范围广并且具备天然的强静电作用，对于防止水敏、盐敏等具有显著的功效。室内试验结果显示，纳米膜能在地下岩石表面形成单分子膜层，从而降低岩石与原油之间的黏附力，使得岩石表面的原油更容易被剥离，原油的流动性增强，通过试验计算得出纳米膜驱油采油技术可将石油的采收率提高10%以上。纳米膜驱油目前已经在长庆油田开展了"10注36采"的探索性应用，随着纳米膜驱油技术研究的进一步深化、完善和扩大，必将在特低渗、超低渗、非常规油藏等油田开发方面发挥重要的战略支撑作用。

二氧化碳驱油：将二氧化碳注入地层中，石油的原油体积能够被二氧化碳影响发生膨胀，使原油能够流动于孔隙之中，提高三次采油效率。同时，二氧化碳还能够带动二次开采中残留的石油流动，注入的二氧化碳越多，对石油黏度的降低效果越好，其流动性越强，对三次采油的帮助越大。需要注意的是，二氧化碳驱油技术主要是利用原油分子的扩散，因此需要在原油分子扩散充足的情况下，将二氧化碳注入其中才能够使驱替的效果达到最好。除此之外，二氧化碳还能够与油层中的物质发生反应形成碳酸。酸性物质能够将油层中的岩石堵塞的情况大大缓解，对其通道有一定的疏通作用。

微生物驱油：微生物类驱油是将生物学的原理有效利用起来的一种驱油技术，通过把微生物以及适量的营养物质放入油层之中，在油层中加快微生物的繁殖，使其总量获得快速增加，进而利用其代谢产物对石油进行性质改善，增强其流动性，提高三次采油阶段采收率。该技术的应用成本不高，并且微生物获取的途径较多，既可以从自然界提取，也可以人工培养，其繁殖也较为轻松。除此之外，应用的微生物表面具有一定的黏膜，该黏膜能够将油层中的岩石进行适当地湿润，进而提高洗油效率，帮助石油分子快速离开岩石的表层，还可以有效解决岩石堵塞问题。

泡沫驱油：泡沫驱油技术作为提高石油开采率的重要措施之一，是利用起泡剂实现驱油效率的提高。通常将起泡剂融入油层中使其产生泡沫，大量携带油气的泡沫利用井筒中蕴含的上升作用把石油运输至井口，进而增加石油产量。目前泡沫驱油是洗油效率最高的技术，其应用效果与泡沫的体积有所关联，体积越大则驱油效果越好。并且大部分起泡剂的价格较低，该技术的使用成本不高，在三次采油的性价比方面较好。

注氮气驱油：氮气属于惰性类的气体，无法与油层中的流体发生反应，因此，可以在开采的过程之中注入氮气提高其气驱。氮气的地层体积系数较大，应用少量的氮气就能够较好地保持地层压力，使油井能够持续生产石油，提高石油采收率。

二、杏北开发区数字化转型探索

党的十八大以来，以习近平同志为核心的党中央放眼未来、顺应大势，做出建设数字中国的战略决策。当前，中国正大力推进数字革命，将建设数字中国提升到国家发展战略高度，将以信息化培育新动能作为新时代发展的一项重要举措。大庆油田紧紧抓住信息化这一千载难逢的历史机遇，1999年率先提出数字化油田的概念。"十三五"以来，杏北开发区面对特高含水期增储挖潜需要精准数据支撑及严峻用工形势，举全厂之力推进数字化建设，迈出了由传统型油田向数字化油田转型的第一步，并取得了一定的数字化油田建设成果。但面对日益增加的油田精准开发需求，当前数字化建设与建成数字油田、智慧油田的总体目标还存在一定的差距。

（一）数字化建设现状

"十三五"以来，杏北开发区始终坚持顶层设计，坚持问题导向，坚持业务主导，采取"投资多元、先进适用、讲究效益"的思路，积极推进数字化油田建设，并取得了一定成效。

数字化建设推进了提质增效。部分站库通过取消传统分岗管理模式，集中建设中控室，实现了集中监控，在提高运行效率的同时，有效缓解劳动用工紧张的矛盾，为提质增效打下坚实基础；部分变电所率先实现集中监控、无人值守、专业化管理的新模式，精简了岗位用工；后续水驱注入站通过开展数字化自主建设的探索工作，实现注水远程调控、压力远程预警、视频远程巡检，节约了数字化改造成本；机采井数字化建设模式可实现一套设备完成多种参数采集，可智能控制油井运行模式和运行参数，现场设备结构简单、不易丢失、后期维护方便；通过自主研发低成本的水井数据集控箱实现数据远传，实现瞬时流量、压力和温度等数据实时监测与流量远程调控，工作效率大幅度提升，管理难度大幅度下降，同时节省劳动用工。

数字指挥促进了管理提升。结合油区治安实际，科学布局，建立了以智能化预警、集成化管理、高效化指挥、科技化防范为核心的红外雷达成像预警系统，有效提高了安防保卫数字化、智能化水平，实现快速反应、综合防控、精准打击的目标；利用视频远程监控、语音调度指挥、轨迹实时管理等方式，建立了后勤保障综合指挥系统，实现食堂明厨亮灶、燃气报警远程联动、重要场地出入规范管理、食品配送车辆全程可视的目标，大幅度提升管理水平和管理效率。

信息化助力了专业化服务。杏北开发区推广实施生产服务保障系统重组，将安全风险高、技术要求高、劳动强度大的7项生产保障业务统一到作业区管理，专业化管理后，用工效率得到提升，同一工种的工作量更加均衡，岗位用工得到控制，节省了从业人员，生产保障能力得到增强，工作质量和效率比过去有了明显的提高；为进一步提升化验专业管理水平，开展化验专项集中整合工作，配套研发化验管理系统，通过智能终端上报、二维码加密的方式，达到采集位置有效监控、化验过程全程可溯、化验数据真实有效的目标；围绕油水井基础资料录取工作，在全厂推广自主研发的油水井智能终端录传系统，实现了资料录取工作的前移，同时，资料员管理由宽泛型向专业型转变，由手工录入向自动化传输转变，室内资料整理由单项性向综合性转变，实现专业化管理集中整合，降低成本、提升效率。

杏北开发区积极探索实践，重塑管理模式，促进生产方式创新、工作流程优化、劳动组织变革，稳步实现生产力整体跃升，努力走出了一条工业化与信息化高度融合的创新转型之路。

（二）数字化建设的探索规划

杏北开发区按照"先易后难、统一规范、注重实效、试点先行、稳步拓展"的原则，继续开展数字化油田建设。数字油田建设核心是井筒控制与地面系统的一体化运行、一体化组织、一体化管理，通过油井智能控制、水井智能分注实现智能注采，污水、注水系统利用数字化，实现污水平衡、注水量的随时调整和自动控制，最终实现采出、注入总量平衡和实时优化调整，形成"井站一体、电子巡护、远程监控、智能管理"的智能油田开发管理模式。

1.油井建设

采油井按照数字采集、有线供电、无线传输的方式进行建设。井口主要采集压力参数、电参数、示功图、冲程、冲次等参数，井下采集分层压力、温度和产液量等参数，并对采集的数据进行上传。包括采油井地面智能控制技术和智能化井下分层采油工艺。采油井地面采用智能控制技术，通过电参示功图计算油井日产液量、动液面、平衡比和系统效率等参数。对供液不足井可以设定液面或者泵的充满度，实现自动化的不停机间抽启停；对于供液充足井，可以定流压、定产量、低功耗运行。智能化井下分层采油工艺，能够实现油井分层压力、分层温度的监测及分层产液量的调控。井下下入分层采油管柱，将指令发布到配产器的电动机控制模块，进而控制配产器的开采产量，实现分层配产，对于缓解层间和平面矛盾，扩大注入波及体积，减小无效、低效循环，实现剩余油深度挖潜，提高采收率以及油田整体开发效益具有积极作用。通过在油层非均质性严重、含水上升速度较快的井开展智能分层采油试验，可实现控制高渗透层段产液量，提高油层动用较差、剩余油相对富集层段产液量，控制含水上升速度，改善开发效果。

2. 水井建设

注水井通过采用井口自控系统及井下智能配注工艺，实现注水井从井口到井下的全方位数字化管理，保证流量、压力的实时监测与自动化调整，高效地完成地质开发需求。井口自控系统是由压力传感器、流量传感器、流量控制阀及自动控制系统4部分组成的机电一体化装置。控制器采集流量传感器的各种信号，与预先设定的量值进行分析和比较。如果流量传感器采集的各种信号偏离预先设定的量值，控制器将发出正确的调整指令给执行机构，由执行机构调整阀门的开启度，使得自控仪达到预先设定的量值（图7-1）。

井下智能配注工艺是将带有生产参数传感器、流量控制阀及电源管理设备的智能配注器

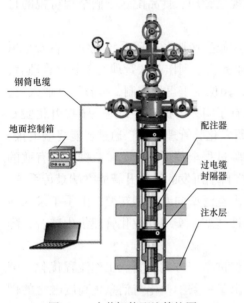

图7-1 水井智能配注管柱图

下入井下，通过地面调控系统发出指令，电缆供电并传输信号，控制井下智能配注器实现分层流量、压力的实时监测及调配。通过地面数据远传系统，将井下数据和井口数据从地面无线传送到办公室，技术人员可以在办公室实时监测注水井的分层参数，实时动态调整分层注水量。

通过在油层非均质性强、层间差异大所导致测试周期短、注水合格率低，经常出现注水量和注入压力异常问题的水井上开展智能分注试验，实现参数定时监测，流量自动调整，实现时时精准注入，提高注入合格率。利用可以测试水嘴后压力的技术优势，可在套损区块选取井监测层段压力变化情况，用于分析套损隐患，达到控制套损的目的。

3. 智能注采一体化建设

受技术成熟度与适应性、投资成本等因素影响，分层注水和分层采油还未同步开展，也未大规模应用。"十四五"期间，要广泛开展以电参示功图为依托的地面智能化建设，小范围开展以水井智能分注工艺和无线对接式缆控分层采油工艺为依托的分层注采区块一体化应用。分层采油、分层注水方案协同设计，强化注采两端层段的对应分析，即利用同一区块注入端和采出端多层段连续、长期、丰富的井下监测数据，开展大数据驱动的精细地质建模，深化对油藏非均质性及流动条带的认识。最终通过智能调控技术进行

参数匹配调整，实现开发实时优化，智能化调控层段间和平面上的注采压差，控制高含水层段的注采，加强低含水层段的注采，控制高含水方向的产出，加强低含水方向的注入，从而提高油层动用程度和采收率，实现注采一体化，改善开发效果。

4. 小型站场建设

（1）计量间采用"人工选井、自动量油、区域巡检"建设模式，采集掺水温度、压力和回油温度。量油采用"计量分离器＋U形管计量技术"，单井掺水量采取远程监控、自动调节模式，该模式可以大幅度降低操作人员劳动强度，同时通过监测的实时数据，通过自控系统实现远程调节单井掺水量的操作。

（2）配水间采用在间内每口注入井安装流量自控仪，可以远程调控每口单井注入量，实现"区域巡检、无人值守"的建设模式。

5. 中型站场建设

杏北开发区中型站场主要包括转油站、注水站、注入站。

1）转油站

转油站将生产数据、视频图像和安防报警信息上传至上级指挥中心，仪表系统的转油站新建PLC控制系统，该系统对全站仪表、控制阀、变频调速装置及加热炉第三方控制系统进行统一管理。设置火灾报警系统，对机柜间、配电间、泵房及厂区等进行区域监测，采集参数上传至上级系统；设置外输油管线在线监测系统，实现外输油管道泄漏报警实时监测。

2）注水站

注水站采集重点生产参数、视频图像、增加控制功能，单独建设的注水站数据上传作业区生产指挥中心，根据生产需要增加必要检测仪表及远程控制阀门，注水站数据上传至联合站的中控室，实现无人值守站场远程监控综合安全防范功能。

3）注入站

根据生产需要在注入站增加必要检测和控制仪表及远程控制阀门，同时，按区块实施多个注入站的集中监控，统一在调配站设置中控室，将注入站的视频监控信息实时准确地传输至中控室，实现对各注入站的监控，实现"区域巡检、无人值守模式"。

6. 大型站场建设

大型站场包括转油放水站、放水站、脱水站、污水处理站及配制（二元调配）站，以及两座及两座以上生产站场合建的联合站。对于以二次仪表进行显示及控制的大型站场，重新规划控制系统建设方案，新建中心控制室及控制系统；集中监控系统在中心控制室设计数据库服务器及操作员站，采用B/S或C/S的系统架构，并且预留上传大型站场数据至上级管理中心的通信接口；对所辖站场内岗位进行数据采集，并通过站内网络传输至中控室；建设火灾探测报警系统，设有自动和手动两种触发装置，由火灾报警控制器、火灾感烟探测器、手动火灾报警按钮、火灾声光警报器等设备组成，完成火灾探测报警功能。实现"集中监控，少人值守模式"管理模式。

7. 构建污水系统智能联动系统

为实现地面系统全过程联动，污水系统需建成数据采集、分析、调控为一体的操作平台。针对污水系统各节点数据缺少瞬时数据，信息反应相对滞后的问题，利用数据采集技术实时采集现场运行数据；污水系统处于中间环节，对上游要满足原油集输系统产出的含油污水处理需求，对下游要满足不同水质注水站供水需求，对自身环节要满足不同来源污水"分质处理、平衡水量、均衡负荷"处理需求。在上、下游及污水系统数据全面采集基础上，开展大数据分析，即满足上游来水和下游注水需求，又形成污水系统内最优的污水调运方案，并以此为指令，对污水系统各节点进行控制，最终形成与集输和注水系统的上下联动，指导系统精细化管理。

8. 构建注水系统智能联动系统

基于数字油田建设体系，建成采集、分析、调控的技术体系。针对注水系统应用的平台报表均采用日平均或日累计的方式，缺少瞬时数据，信息反应相对滞后的问题，利用采集技术，实现数据实时推送，实现精确注水、精细调控；基于大数据分析技术，根据注水开发压力需求与水量需求，在满足注水能耗最低的约束条件下，通过数据分析和模拟计算，给出注水泵最佳启停布局以及注水泵、注水井阀门开合，将控制指令输出给下游调控端进行控制，构建智能管理平台，指导系统高效低耗运行；注水系统连锁调控主要涉及泵的启停、阀门的开合以及参数的优化。注水井井口调控阀门根据智能平台已设定的开发水量约束与破裂压力约束，对阀门开合进行调整，满足油田开发注水量、压力需求；注水泵根据智能平台给出的启停泵及参数调整命令，通过控制开关及电动机转速进行调整，形成智能连锁调控，实现在满足开发需求基础上，注水系统运行能耗最低。

9. 网络建设

采油井、计量间、集油间、注水井、配水间和注水间按照无线传输的方式进行建设，各类站场采取光缆传输，考虑投资运维成本，SDH网不再建设，新建网络采用光缆加交换机模式建设。自动采集数据在生产网传输，生产网和办公网交汇处采用安全网关实现数据的交互和边界隔离；作业区设置边界防护，防止其他区域出现安全问题影响本区域；对安全风险较大的大型站场设置边界防护、划分安全区域；为节省投资，中型站场使用内置防火墙功能的交换机进行防护。

10. 综合管理平台建设

按照油田公司"一个整体、两个层次"总体要求，以系统工程思想为指导，以公司原有技术架构为基础，以梦想云技术架构为支撑，设计总体技术架构。总体架构由基础设施层、数据采集层、技术支撑层、业务应用层和门户层构成。基础设施层面向生产现场、技术管理和生产管理场景需求，采集的数据经过质控和同步等流程进入数据湖，技术支撑层建设数据分析应用支撑环境及数据可视化应用支撑环境，业务应用层以应用开发与运行环境和专业软件共享环境为支撑，部署油气勘探、开发生产、协同研究、经营管理、安全环保和其他业务应用。门户层通过业务界面集成、统一身份认证、访问权限配置、资源目录检索等标准服务，为用户提供信息资源统一访问入口（图7-2）。

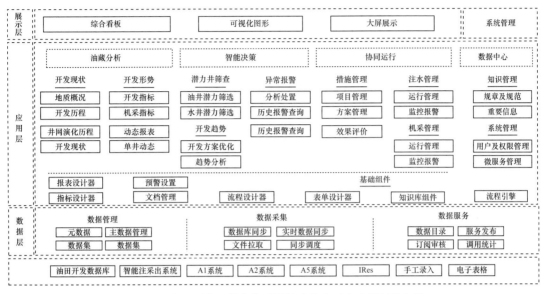

图7-2　杏北开发区数字化建设综合管理平台建设总体架构

11.数据采集与应用分析智能化

加强数据建设与治理是数字油田发展的必要，是推动油田转型升级的重要手段。一是加强数据采集治理。数字油田建设会从油田大量的传感器中获取多种多样的高频数据，传感器与大量的企业数据系统进行连接，通过减少人工录入环节，确保数据的真实性。二是加强数据流转监控。通过可靠的数据管理程序定位错误或者有问题的数据，修正错误提高数据质量，实现数字油田系统数据有效管理。三是加强数据共享。采取数据的分布式存储，实现数据共享，打破"数据孤岛"，促进一体化数据融合。有利于各专业各部门协同配合，用最短的时间、最少的费用掌握地下油气藏的真实储存状态，实现油气资源勘探开发效益最大化。四是建立采油厂"金数据"，筛分优选数据资源。在生产数据系统中，"金数据"是在整个油田生产过程中贯穿使用的核心关键数据，对于油气勘探和生产有着重要的作用。五是建立专业的数据维护机构。建立数据中心，强化生产数据的管理，以数据贯标工作为抓手，完善数据的管理体系、提高数据质量、指引数据开发应用；提升数据质量控制，完善数据标准，确保数据准确，为数据分析应用建立基础。

12.红外雷达成像预警系统深化应用

红外雷达成像预警系统自2019年10月底投入运行，在打击盗油犯罪工作中取得了较好的效果。随着数字化油田建设的推进，红外雷达成像预警系统将打造成专业化视频监控平台。可辅助无人值守管理，为生产指挥平台提供更深层次的联动功能，为应急抢险、生产指挥、站库安防等提供支持。

三、杏北开发区稳产趋势展望

油田要想实现稳产，资源和技术是关键。油田开发到后期，资源减少的客观事实无法改变，只能依靠成熟技术与攻关技术的不断突破创新，才能实现资源的有效接续。面对种种制约油田稳产发展的矛盾和问题，要认清当前开发形势，辩证地看待这些矛盾，同时顺应时代发展趋势，以数字化推进提质增效，以信息化助力专业化管理，以数字指挥促进管理提升，积极探索挖潜技术与数字化转型的融合一体化发展，重塑管理模式，创新生产方式，助力油田持续高效发展。

（1）特高含水后期剩余储量较多，仍是重要的开发阶段。

截至 2021 年底，杏北开发区累计地质储量采出程度 50.13%，地下剩余储量可观。我国大多数陆上老油田都已经进入高含水甚至特高含水期，尽管含油饱和度较原始状态降低很多，但剩余油饱和度仍普遍高于残余油饱和度，且局部还存在剩余油富集区，极限驱油效率不断取得新的认识：由相对渗透率实验获取的传统驱油效率在注入倍数 50 倍的条件下仅为 50%～60%；而密闭取心资料证实，水驱油效率可达 70% 以上甚至可到90%；胜利油田室内试验研究发现，增大注入倍数和驱替压力梯度，驱油效率可提高到70%～80%；大庆油田高注入倍数下（26331PV），驱油效率接近 100%。随着驱油效率的提高，油田采收率将不断提高。

截至 2021 年底，俄罗斯的罗马什金油田动用储量已经达到 81%，罗马什金油田的开发经验证明：在油田开发晚期，可通过采取措施使油田产量保持稳定。在该油田的规划中，特高含水期是重要的开发阶段，通过提高采收率方法研究，油田的开发期可维持 200年，特高含水期将占到整个油田开发期的 70%。在地质条件方面，罗马什金油田与大庆油田有很多类似的地方，罗马什金油田的开发历程及各个阶段开采技术，对大庆油田科学开发有很大参考价值。借鉴其他油田成功开发经验，且随着油田采收率方法的不断进步，油田可采期将不断延长。

（2）油田含水进一步上升，但含水上升速度减缓。

任何一个水驱油藏，含水率变化有一定的规律，一般是由高到低的变化趋势。杏北开发区在含水率低于 80% 时，含水上升率最快，各套井网含水进入 90% 以后，上升趋势逐渐变缓（图 7–3）。罗马什金油田通过循环注水，储层非均质对驱油过程负面影响大大降低，从而从根本上降低含水上升速度。他们的开发经验也表明，注水油田不同开发含水阶段，含水上升速度不同。一般在中低含水期，随着含水上升，含水上升速度逐渐增大，到中高含水期以后，含水上升速度明显变缓。威明顿油田在中低含水期，含水上升速度较高，大于 5%，进入中高含水期，含水上升减缓，含水上升速度变低，基本稳定在 1%。

杏北开发区基础井网已提前进入特高含水后期开发阶段，通过精细开发调整，水驱含水上升值等指标控制较好，上升速度明显减缓。因此，通过借鉴其他油田含水率变化规律及基础井网控制含水率上升的成功实践，继续实施高含水井堵水、低含水井层的压裂的挖潜调整，加大以细分、测调为重点的注水结构调整力度，努力控制含水上升速度。

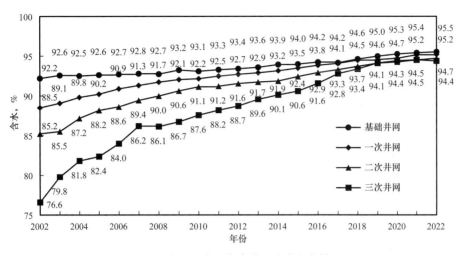

图 7-3　杏北开发区各套井网含水变化情况

（3）油田产量有所下降，产量递减速度变缓。

杏北开发区共有基础井网、一次加密井网、二次加密井网和三次加密井网 4 套水驱井网，各套井网均表现为含水越来越高，产量递减率越来越小，即将全面进入特高含水后期开发阶段，结合国内外提前进入特高含水后期开发阶段的油田，产量递减率将逐渐变缓（图 7-4）。

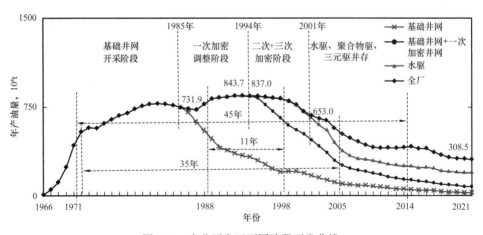

图 7-4　杏北开发区不同阶段开发曲线

开发阶段早于杏北的美国东得克萨斯油田、福特杰拉尔丁油田和俄罗斯的库列绍夫油田等含水已经达到 97%，美国东得克萨斯油田开发初期年产油量年均递减率为 12.1%，中后期为 7.5%，特高含水期产量递减继续减缓，降低到 7% 左右。他们通过加密补充钻井、强化注水采液、关闭高含水井及周期注水技术，改善了油藏开发效果，实现了产油递减率的减缓。从杏北开发区不同含水率递减曲线也可得到：含水率越高，产量递减率越小。下步将借鉴其他油田控制产量递减速度的成功开发实践经验，结合杏北开发区实际开发特征，做好精细注采结构调整的各项工作，减缓产量递减速度（图 7-5）。

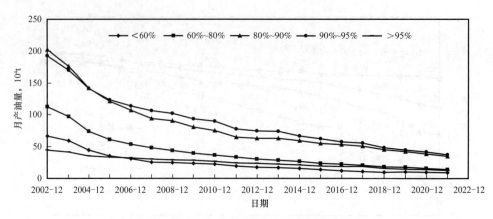

图 7-5 杏北开发区不同含水率产量递减曲线

（4）"逐级上返"技术工业化推广后，可实现储量平稳接替。

随着两类油层提高采收率技术的持续攻关，成熟后将陆续进入工业化推广阶段。若一类油层化学驱后提高采收率部署完毕后，再部署三类油层三次采油，则在"十六五"后动用储量及产量会出现断崖式下降，如何实现产量平稳接替，需要远近兼顾，科学规划，因此，杏北开发区充分研究各产能区块增储潜力，与"自下而上、逐级上返"攻关思路相结合，明确了"自下而上、好差结合、均衡动用"的部署原则，一类油层上返区块、一类油层化学驱后再开采区块、三类油层三次采油区块合理搭配，各区块自下而上有序动用，合理规划部署未来产能动用，预计在 2050 年仍可实现有效增油，以储量的均衡动用控制产量的递减幅度。

（5）智慧油田建设，助力杏北开发区高效稳产运行。

数字油田是信息化时代一个伟大的创举，杏北开发区已经坚实的迈出了由传统型油田向数字化油田转型的步伐，同时经过多年发展，数字化让油田的工作、生产模式发生了巨大变化。百年油田，"智慧"先行，油田数字化建设是"智慧油田"建设的前提，智慧油田是数字油田的全面升级，智慧油田建设必须充分利用和整合数字油田建设的成果。对于石油企业而言，建设"数字油田、智能油田、智慧油田"就是建设数字中国的使命担当，推进开发技术与数据充分融合就是培育转型发展新动能。应牢牢把握"三步走"的发展战略：第一步，力争用 3~4 年的时间，实现油井、水井和地面站库等油气生产数据的自动采集，做到对杏北开发区的全面感知和互联，建成数字油田。第二步，在"十四五"中后期，依托大数据、云计算和人工智能等技术，深入研究油田开发生产的智能算法和模型，实现井、间、站、库和装置的自动化控制和智能化管理，初步建成智能油田。第三步，紧跟信息技术的发展和进步，运用油田完整的数学模型和数字孪生体，实时模拟油田运行动态，预测油田变化趋势，辅助进行勘探开发研究部署、油气生产及经营管理决策的一体化运行、一体化组织、一体化管理，使管理更科学、决策更精准、研发更高效，向智慧油田迈进。"数字化、智能化、智慧化"油田建设实践是开发技术与信息化的深度融合，可实现现场数据录取更加全面、快速、准确，为油田精准分析开发形势，精准制订调整措施提供基础支撑；"数字化、智能化、智慧化"油田建设实践，可实现地下分层开采精准调控，对提高注水效率、缓解层间矛盾、控制低效无效循环具有积极作用；"数字化、智能化、智慧化"油田建设实践，可实现采集、分析、调控一体化，实现油田机械化、数字化、让机器代替手工劳动，使油田实现全面信息化，对于提高用工效率、提升管理精度，指导两驱精准开发具有重要推动作用。"数字化、智能化、智慧化"油田建设是油田适应改革新形势、变革油田生产方式、提升油田竞争优势的内在需求，最终建成"无人、简单、美丽、超强"的油田，推动油田的绿色环保和可持续发展。

善弈者谋势，善谋者致远。面对新形势、新任务，既要充分认清各种风险和考验，切实增强大局意思、忧患意识、危机意识和责任意识，也要看到油田所拥有的政治优势、潜力优势、技术优势，进一步统一思想、坚定信心，直面挑战、勇毅前行。牢记"我为祖国献石油"的政治嘱托，心存"国之大者"，把"端牢能源饭碗"作为重大责任，直面压力、主动作为。面对开发挑战，着力在资源接替、精准开发、科技攻关上下功夫，身处新一轮科技革命与产业变革交融的重要时期，把握数字化转型，突出数字智能化发展，推进信息技术与业务深度融合。树立"一切难题皆可破、一切成本皆可降、一切潜力皆可挖"的开发理念，坚持"高水平、高质量、高效益"的稳产方针，落实公司"数字油田、智能油田、智慧油田"三步走战略，向更难的开发对象拓展，向更优的前沿技术聚焦，向更高的采收率目标迈进，保持油田发展向上态势，构建形成稳油增气、绿色发展的新格局，共赢油田百年未来。

参考文献

邦德ＤＣ，等，1982.残余油饱和度确定方法［Ｍ］.北京：石油工业出版社.

郦绍献，2013.基于特高含水期油水两相渗流的水驱开发特征研究［Ｄ］.成都：西南石油大学.

蔡敏，2010.龙虎泡油田低渗透薄差水淹层解释标准研究［Ｄ］.杭州：浙江大学.

曹广胜，李福军，袁涛，等，2002.杏北油田三次加密试验区入井液性能评价［Ｊ］.钻井液与完井液（4）：36-37，59.

巢华庆，等，1999.大庆油田开发实践与认识［Ｍ］.北京：石油工业出版社.

陈方文，卢双舫，薛海涛，等，2013.三肇凹陷扶杨油层断裂密集带样式及有利成藏部位［Ｊ］.地球科学（中国地质大学学报）（6）：1281-1288.

陈浩，2017.强碱三元复合驱成垢机理及防垢剂合成与评价［Ｄ］.大庆：东北石油大学.

陈剑，2015.加密井井间干扰影响因素及对邻井产能的影响［Ｊ］.中外能源，20（4）：54-57.

陈新萍，徐克明，李睿，等，2003.三元复合驱高含硅垢除垢剂的研制［Ｊ］.大庆石油学院学报（6）：37-39.

陈星，2015.压缩式封隔器密封机构的设计与分析［Ｄ］.北京：中国地质大学（北京）.

程杰成，等，2013.三元复合驱油技术［Ｍ］.北京：石油工业出版社.

程杰成，王德民，李群，等，2002.大庆油田三元复合驱矿场试验动态特征［Ｊ］.石油学报（6）：37-40.

慈建发，何世明，李振英，等，2005.水淹层测井发展现状与未来［Ｊ］.天然气工业（7）：44-6.

崔宝文，周永炳，刘国志，2006.特低渗透油水同层油藏油层初期含水率解释图版［Ｊ］.石油学报（S1）：151-154.

大庆油田建设设计研究院，2000.大庆油田建设设计研究院地面工程技术发展史［Ｍ］.上海：上海科学技术出版社：148-155.

邓庆军，王佳，李自平，2019.嫩二底油页岩标准层套损成因与防控方法［Ｊ］.复杂油气藏，12（1）：69-72.

董长银，2009.油气井防砂技术［Ｍ］.北京：中国石化出版社.

段冬平，侯加根，吴勇，等，2011.低可容纳空间曲流河河道砂体划分与识别——以羊二庄油田明化镇组Ⅲ-5小层为例［Ｊ］.油气地质与采收率，18（2）：26-29，112.

范丹婷，2014.杏北地区扶余油层储层特性及矿场试验［Ｄ］.大庆：东北石油大学.

冯增昭，王英华，刘焕杰，等，1994.中国沉积学［Ｍ］.北京：石油工业出版社.

付斌，2017.杏六区东部Ⅱ块三元复合驱中后期动态特点及控水提效对策研究［Ｊ］.化学工程与装备（11）：74-78.

付青春，2017.强碱三元复合驱采出井结垢机理及影响因素研究［Ｊ］.化学工程师，31（9）：7-10，17.

付晓飞，郭雪，朱丽旭，等，2012.泥岩涂抹形成演化与油气运移及封闭［Ｊ］.中国矿业大学学报，41（1）：52-63.

冈泰麟，1998.论我国的三次采油技术［Ｊ］.油气采收率技术，12（4）：3-9，80.

高浩，任志刚，赵星烁，等，2016.强碱三元复合驱套管除垢工艺［Ｃ］.采油工程文集（第2辑）：64-67，104-105.

高军，2008.碳纤维复合材料连续抽油杆的特点及应用［Ｊ］.内蒙古石油化工（24）：26-28.

高敏，2014.压缩式封隔器接触应力分析与结构优化［Ｄ］.青岛：中国石油大学（华东）.

高清河，等，2006.三元复合驱机采井缓释防垢技术［Ｊ］.油气田地面工程（12）：13.

高清河，等，2012.三元复合驱钙镁硅钡成垢特征研究［Ｊ］.油田化学（1）：94-97，115.

高玮，2010.岩石力学［Ｍ］.北京：北京大学出版社.

关德范，1981. 大庆长垣成因及油气生成条件的探讨［J］. 大庆石油学院学报（1）：11–22.

何永宏，杨孝，王秀娟，等，2016. 鄂尔多斯盆地姬塬地区低渗透储层流体识别技术［J］. 中国石油勘探，21（6）：110–115.

洪黎，2018. 大流道稠油泵的研制与应用［J］. 钻采工艺（3）：17–20.

侯景儒，尹镇南，等，1998. 实用地质统计学［M］. 北京：地质出版社.

胡博仲，2004. 聚合物驱采油工程［M］. 北京：石油工业出版社.

胡兴中，郭元岭，黄杰，等，2005. 含水率与含水饱和度直线模型的物理意义及变化特征［J］. 断块油气田（3）：55–57，92–93.

胡忠益，2011. 杏北扶余油层开发井网优化及试验方案设计［D］. 大庆：东北石油大学.

霍明宇，2020. 超长冲程抽油机举升工艺技术研究［D］. 大庆：东北石油大学.

贾振岐，赵辉，汶锋刚，2006. 低渗透油藏极限井距的确定［J］. 大庆石油学院学报（1）：104–105，111，132.

姜贵璞，2017. 松辽盆地杏北地区扶余油层运移路径及控藏作用研究［D］. 大庆：东北石油大学.

蒋建华，李传乐，户贵华，等，2014. 油井堵水工艺管柱的研制［J］. 石油矿场机械，43（11）：72–74.

蒋平，穆龙新，张铭，等，2015. 中石油国内外致密砂岩气储层特征对比及发展趋势［J］. 天然气地球科学，26（6）：1095–1105.

焦阳，赵玉珍，2011. 套损区注采系统完善方法研究［J］. 职业技术（1）：85.

金艳鑫，2020. X 区块特高含水期层系井网优化调整技术及其应用［J］. 大庆石油地质与开发，39（2）：86–93.

靳占杰，2015. 萨中开发区特高含水期开发指标变化规律及影响因素研究［D］. 大庆：东北石油大学.

孔令维，2016. 水平井不动管柱找堵水工艺技术［J］. 大庆石油地质与开发，35（5）：100–103.

李勃，2015. 一种新型抗盐聚合物的合成与性能评价［J］. 长江大学学报（自然科学版）（16）：8–10，17，3.

李程彤，刘性全，2006. 萨南开发区水驱高含水后期合理注采比的确定方法研究［J］. 大庆石油地质与开发（4）：54–56，122.

李春兰，1998. 水平井九点井网产能研究［J］. 西南石油学院学报（自然科学版）（1）：64–66，6.

李连平，康红庆，姜贵璞，等，2007. 杏北开发区套损成因机理新认识及套损综合防治技术［J］. 大庆石油地质与开发（1）：83–87.

李维岭，2013. 东营凹陷博兴洼陷正理庄砂体沉积相及储层特征研究［D］. 北京：中国地质大学（北京）.

李欣宇，2016. 杏北扶余油层特低渗储层特征及含油性评价［D］. 大庆：东北石油大学.

李振英，2004. 水淹层测井解释方法研究［D］. 南充：西南石油学院.

李作光，梅万会，孔令维，等，2005. 杏北开发区非主力油层调整挖潜对策研究［J］. 石油天然气学报（江汉石油学院学报）（S1）：228–230，8.

梁玉杰，2013. 大庆杏树岗油田北部杏一——二区东部葡Ⅰ1—3 油组储层沉积特征研究［D］. 吉林：吉林大学.

凌宗发，王丽娟，胡永乐，等，2008. 水平井注采井网合理井距及注入量优化［J］. 石油勘探与开发，35（1）：85–88.

刘宝珺，谢俊，张金亮，2004. 我国剩余油技术研究现状与进展［J］. 西北地质（4）：1–6.

刘炳勤，2007. 杏北开发区三次加密井开发效果及影响因素［J］. 黑龙江科技信息（9）：29.

刘波，赵翰卿，于会宇，2001. 储集层的两种精细对比方法讨论［J］. 石油勘探与开发，28（6）：94–96.

刘春发，1996. 砂岩油田开发成功实践——大庆油田杏北开发区注水开发三十年［M］. 北京：石油工业出版社.

刘东升，等，2008.油气井套损防治新技术［M］.北京：石油工业出版社.

刘东升，李金铃，李天德，等，2007.强碱三元复合驱硅结垢特点及防垢措施研究［J］.石油学报（5）：139-141，145.

刘合，郑立臣，杨清海，等，2020.分层采油技术的发展历程和展望［J］.石油勘探与开发，47（5）：1027-1038.

刘清友，黄云，湛精华，等，2005.井下封隔器及其各部件工作行为仿真研究［J］.石油仪器（1）：1-4,1.

刘群杰，2021.套管损坏机理分析及治理对策研究［J］.石化技术，28（12）：35-36.

刘学，2014.大庆油田老化油处理工艺［M］.大庆：油气田地面工程，33（12）：47-48.

刘研，2014.强碱三元复合驱含水低值期动态调整技术研究［J］.长江大学学报（自然科学版）（20）：110-112，5.

刘燕宁，2009.含聚浓度对抽油泵柱塞下行阻力影响的实验研究［J］.油气田地面工程（9）：32-36.

刘颖，2019.国内外老油田套损特征及大庆油田套损防控建议［J］.大庆石油地质与开发，38（6）：58-65.

刘玉章，2006.EOR聚合物驱提高采收率技术［M］.北京：石油工业出版社.

路克微，2013.聚合物驱油数值模拟参数估算技术及应用［J］.石油地质与工程，27（1）：114-116.

罗明高，1997.定量储层地质学［M］.北京：地质出版社.

吕晓光，赵淑荣，高宏燕，1999.三角洲平原相低弯度分流河道砂体微相及水淹变化特征［J］.新疆石油地质，20（2）：130-13.

苗丰裕，2010.测调联动双向调节技术［J］.油气田地面工程，29（11）：81-83.

苗丰裕，等，2008.三元复合驱举升配套技术［M］.北京：石油工业出版社.

宁海川，叶鹏，刘华，等，2003.杏北油田稳产参数的确定及稳产趋势分析［J］.大庆石油地质与开发（2）：38-40，69.

牛一琼，2022.无隔层精准机堵工艺研究与应用［J］.石油石化节能，12（3）：17-19，8.

裴亦楠，薛叔浩，等，1997.油气储层评价技术［M］.北京：石油工业出版社.

裴怿楠，薛叔浩，应凤祥，1997.中国陆相油气储集层［M］.北京：石油工业出版社.

任成峰，祝英俊，2020.多级软柱塞抽油泵的研制与应用［J］.采油工程（4）：59-61，82-83.

任冬珏，2021.污水过滤罐闷罐提温反冲洗参数优化［J］.大庆：油气田地面工程，40（9）：37-44.

尚作源，1987.地球物理测井方法原理［M］.北京：石油工业出版社.

邵洋，2017.博孜区块深层高压高含蜡凝析气井防蜡工艺技术研究［D］.北京：中国石油大学（北京）.

师斌，2020.LH2500万抗盐聚合物配制工艺参数研究［J］.油气田地面工程（5）：6-10.

石海东，2011.杏树岗地区扶余油层储层评价［D］.成都：成都理工大学.

宋茹娥，2011.杏北油田厚油层强碱三元复合驱后剩余油分布研究［D］.杭州：浙江大学.

宋小刚，2021.延长油田化学清防蜡剂现场实验评价［J］.化学与黏合（43）：481-484.

宋占胜，2019.固体防蜡器在某区块三次采油井上的应用［J］.化学工程与装备（5）：104-106.

隋军，吕晓光，赵翰卿，等，2000.大庆油田河流－三角洲相储层研究［M］.北京：石油工业出版社.

隋欣，2006.三元复合驱硅垢形成规律与主要控制因素研究［D］.大庆：大庆石油学院.

隋新光，2006.曲流河道砂体内部建筑结构研究［D］.大庆：大庆石油学院.

孙刚，李勃，2019.大庆油田抗盐聚合物研制与应用［J］.大庆石油地质与开发（5）：265-271.

孙同文，付广，王芳，等，2014.源外隆起区输导脊对油气运聚成藏的控制作用——以大庆长垣杏北地区扶余油层为例［J］.中南大学学报（自然科学版）（12）：4308-4316.

孙伟，2007.特高含水期油田开发评价体系及方法研究［D］.青岛：中国石油大学（华东）.

孙艳萍，鲍泽富，钟功祥，等，2006.注水井井下分层测试监控系统设计［J］.石油机械（8）：36-38，

87.

孙赞东，贾承造，李相方，等，2011.非常规油气勘探与开发［M］.北京：石油工业出版社.

唐兴建，杜建芬，郭平，等，2008.应力敏感对低渗透油藏影响研究［J］.钻采工艺，31（5）：49-50.

田晓东，魏海峰，朱宝君，2008.预测特高含水期自然递减率的一种新方法［J］.大庆石油地质与开发（1）：54-57.

田晓雷，2014.杏北地区河口坝构型及其控剩余油物理模拟［D］.大庆：东北石油大学.

王德民，程杰成，吴军政，等，2005.聚合物驱油技术在大庆油田的应用［J］.石油学报（1）：74-78.

王广宇，2008.聚驱二类油层上返封堵试验及分层配产技术研究［D］.大庆：大庆石油学院.

王贵文，郭荣坤，2000.测井地质学［M］.北京：石油工业出版社.

王国锋，2018.稠油井油管电加热间歇加热制度优化［J］.大庆石油地质与开发（37）：96-100.

王建新，计秉玉，宋吉水，等，2003.大庆油田开发历程［M］.北京：石油工业出版社.

王琳，2006.桥式偏心分层注水测试管柱平衡密封段的研制［J］.石油机械，34（11）：59-60.

王明信，张宏奇，于曼，2017.油田地面工程基础知识［M］.北京：石油工业出版社：78-83.

王伟男，童茂松，等，2004.泥质砂岩的物理性质及应用［M］.北京：石油工业出版社.

王卫学，2013.大庆油田A区块层系井网优化调整技术［J］.长江大学学报（自然科学版），10（10）：119-122.

王文乐，2012.大庆油田枝状三角洲储层内部构型沉积模拟研究［D］.荆州：长江大学.

王学仁，1982.地质数据的多变量统计分析［M］.北京：科学出版社.

王玉普，计秉玉，郭万奎，2006.大庆外围特低渗透特低丰度油田开发技术研究［J］.石油学报（6）：70-74.

王玉普，罗健辉，卜若颖，等，2003.三次采油用抗温抗盐聚合物分析［J］.化工进展，22（3）：271-274.

王玉艳，袁昭，2008.鄯善油田自然递减影响因素及技术对策［J］.内蒙古石油化工（3）：124-125.

王远翔，2015.有机碱除垢剂在强碱三元复合驱采出井的应用［J］.采油工程（3）：31-34，80.

王云峰，1995.表面活性剂及其在油气田中的应用［M］.北京：石油工业出版社.

王志章，石占中，等，1999.现代油藏描述技术［M］.北京：石油工业出版社.

王中国，王清发，贺贵欣，2005.井下测调仪［J］.油气田地面工程（2）：0.

王中专，2020.杏北油田含油污水水质提升面临形势及对策分析［J］.油气田地面工程，39（10）：47-52.

文华，2017.特高含水期油藏大孔道非线性渗流机理与动态评价模型［D］.大庆：东北石油大学.

吴文祥，刘洋，2002.聚合物驱后岩心孔隙结构变化特性研究［J］.油田化学，9（3）：253-256.

吴锡令，2004.石油开发测井原理［M］.北京：高等教育出版社.

席国兴，沈忠山，王玉祥，等，2006.杏北地区精细油藏描述技术的深化与应用［J］.大庆石油地质与开发（5）：41-44，121.

夏连晶，2015.杏北开发区层系井网演变研究［J］.石油化工高等学校学报，28（4）：49-53.

谢坤，卢祥国，姜维东，等，2017.抗盐聚合物储层适应性及其作用机制［J］.中国石油大学学报（自然科学版），41（3）：144-153.

谢晓庆，姜汉桥，刘同敬，等，2008.非均质油藏分层配水理论［J］.大庆石油地质与开发，27（6）：83-86.

徐国民，杜冰鑫，张淑利，等，2016.杏北开发区一类油层三元复合驱堵水工艺技术研究［J］.采油工程（2）：36-40，102.

徐国民，蒋玉梅，2008.强碱三元复合驱化学防垢技术研究［J］.油气田地面工程（10）：23-24.

徐国民，刘亚三，米忠庆，2010. 特高含水期精细分层注水需要解决的问题［J］. 石油科技论坛（4）：19-24.

徐国民，任志刚，祝英俊，2018. 三元复合驱采出井计量间集中加药防垢工艺研究［J］. 采油工程文集（1）：48-51，92-93.

徐国民，孙宇飞，肖丹凤，等，2014. 电动收胀式测调仪的研制［J］. 采油工程（4）：1-6.

徐罗滨，张伟，唐文峰，等，2003. 聚合物驱油数值模拟中的参数敏感性分析［J］. 大庆石油地质与开发，22（6）：65-66.

闫百泉，2004. 萨北开发区北二西剩余油分布特征研究［D］. 大庆：大庆石油学院.

闫百泉，2007. 曲流点坝建筑结构及驱替实验与剩余油分析［D］. 大庆：大庆石油学院.

闫百泉，马世忠，王龙，等，2008. 曲流点坝内部剩余油形成与分布规律物理模拟［J］. 地学前缘（1）：65-70.

杨冰，2011. 强碱三元复合驱采出井结垢特征［J］. 油气田地面工程（9）：93.

杨思玉，宋新民，2001. 特低渗透油藏井网形式数值模拟研究［J］. 石油勘探与开发，28（6）：64-67.

杨通佑，范尚炯，陈元千，等，1998. 石油及天然气储量计算方法［M］. 北京：石油工业出版社.

杨洋洋，吴伟，2022. 柔性超长冲程抽油机运动特性及悬点载荷分析计算［J］. 机电工程技术，51（3）：63-66，173.

姚洪田，2019. 油管电加热井加热功率优化［J］. 石油工业技术监督（35）：51-53.

叶庆全，袁敏，2002. 油气田开发常用名词解释［M］. 北京：石油工业出版社.

雍世和，张超谟，1996. 测井数据处理与综合解释［M］. 北京：石油工业出版社.

袁赫，2015. 杏六区东部特高含水期剩余油分布规律及挖潜措施优化研究［D］. 大庆：东北石油大学.

苑丽，2005. 冷家油田储采比与递减率关系及合理性研究［J］. 断块油气田（6）：33-36，91.

苑盛旺，2016. 抗盐聚合物缔合程度及其油藏适应性研究［D］. 东北石油大学.

岳青，付聪，李敏，等，2021. 水平井三元复合驱渗流机理室内试验［J］. 化学工程与装备（7）：23-24，27.

曾流芳，李林祥，卢云之，2004. 聚合物驱水淹层测井响应特征［J］. 测井技术，28（1）：71-74.

曾文冲，欧阳健，1981. 测井地层分析与油气评价［M］. 北京：石油工业出版社.

张昌民，尹太举，喻辰，等，2013. 基于过程的分流平原高弯河道砂体储层内部建筑结构分析——以大庆油田萨北地区为例［J］. 沉积学报，31（4）：653-662.

张广福，2006. 杏北油田套损认识及防治研究［D］. 大庆：大庆石油大学.

张凯波，2019. 柔性控制超长冲程抽油机在大庆油田的应用［J］. 石油石化节能（7）：28-30.

张莉莉，2015. 强碱三元复合驱含水低值期动态调整技术研究［J］. 大庆师范学院学报（3）：75-78.

张凌德，2014. 萨尔图油田南三东葡一组储层构型研究［D］. 荆州：长江大学.

张兴波，2017. LH2500抗盐聚合物稀释污水曝氧氧限研究［J］. 石油规划设计（6）：25-27.

张英志，2006. 萨北开发区特高含水期层系井网演化趋势研究［J］. 大庆石油地质与开发（S1）：4-7，113.

赵翰卿，付志国，吕晓光，等，2000. 大型河流—三角洲沉积储层精细描述方法［J］. 石油学报，21（4）：109-113.

赵辉，2006. 低渗透油藏非线性渗流理论及其应用［D］. 大庆：大庆石油学院.

赵静，刘义坤，赵泉，2007. 低渗透油藏采液采油指数计算方法及影响因素［J］. 新疆石油地质（5）：601-603.

赵淑荣，2009. 喇萨杏油田特高含水期开发指标变化趋势研究［D］. 大庆：东北石油大学.

赵树成，2017. 杏树岗油田厚油层顶部剩余油水平井强碱三元复合驱试验效果［J］. 大庆石油地质与开发

（6）：109-114.

赵星烁，徐国民，徐广天，等，2019.高压水射流套管除垢技术在强碱三元复合驱采出井的应用［J］.采油工程（3）：36-41.

赵秀娟，左松林，吴家文，等，2019.大庆油田特高含水期层系井网重构技术研究与应用［J］.油气地质与采收率，26（4）：82-87.

周浩，王天逸，曹瑞波，等，2015.大庆油田抗盐聚合物筛选及试验［J］.大庆石油地质与开发，34（5）：97-101.

周洪亮，2019.稠油井油管电加热功率优化与应用［J］.石油机械（47）：99-103.

周建堃，2011.多层系上下返封堵技术研究［D］.大庆：东北石油大学.

周万富，2006.砂岩油田酸化技术研究［D］.廊坊：中国科学院研究生院（渗流流体力学研究所）.

周锡生，李艳华，徐启，2000.低渗透油藏合理加密方式研究［J］.大庆石油地质与开发，19（5）：20-23.

周亚洲，殷代印，张承丽，2014.水平井三元复合驱在曲流河点坝砂体的应用［J］.特种油气藏（3）：87-89，155.

祝英俊，2018.三元复合驱结垢油管复合清洗除垢技术应用［J］.化学工程与装备（10）：62-63.

邹德健，2003.水溶性和油溶性清防蜡剂研制与应用［D］.大庆：大庆石油学院.

祖小京，冯长山，司淑荣，等，2006.杏北开发区三次加密调整技术研究［J］.大庆石油地质与开发（5）：34-36，121.

Erling Rykkelid，Haakon Fosson，2002. Layer rotation around vertical fault overlap zones：observations from seismicdata，field examples，and physical experiments［J］. Marine and Petroleum Geology（19）：181-192.

Fasrseth R B，Johnsen E，Sperrevik S，2007. Methodology for risking fault seal capacity：Implications of fault zone architecture［J］. AAPG Bulletin，99（9）：1231-1246.

Fasrseth R B，2006. Shale smear along large faults：continuity of smear and the fault seal capacity［J］. Journal of the Geological Society，163：741-751.

Leeder M R，1973. Fluviatile fining-upwards cycles and the magnitude of palaeochannels［J］. Geological Magazine，110（3）：265-276.

Soliva R，Benedicto A，2004. A linkage criterion for segmented normal faults［J］. Journal of structural geology，26：2251-2267.

Soliva R，Benedicto A，Schultz R A，et al.，2008. Displacement and interaction of normal fault segments branched at depth：Implications for fault growth and potential earthquake rupture size［J］. Journal of Structural Geology，30：1288-1299.